普通高等教育"十三五"规划教材

普通高等院校物理精品教材

# 大学物理简明教程（下册）

主　编　王安蓉　刘定兴　邹　星　魏　勇

副主编　贺叶露　何成林　许　刚　孙　跃
　　　　舒纯军　刘利利

主　审　陈立万　聂祥飞　赖于树

华中科技大学出版社

中国·武汉

## 内 容 简 介

本书以物理学的基本概念、定律和方法为核心,在保证物理学知识体系完整的同时,重点突出以物理学的思想和方法来分析问题、解决问题的综合能力的培养和训练。结合地方普通高等院校的特点,增补了一些物理学在相关交叉学科的发展和应用实例,理论联系实践,既激发学习兴趣,又丰富知识面,不断提高读者的综合素质。

本书共分为 8 章,分别介绍了气体动理论、热力学基础、真空中的静电场、导体和电介质的静电场、恒定电流的磁场、电磁感应、相对论基础、量子物理基础等内容。每章均配有习题,并给出了部分参考答案。

本书为适应不同地区、不同专业的本科生及高职类学生大学物理课程教学和自学而编写的,可作为不同专业本科生、高职类学生、大专及成人教育的大学物理课程教学的教材和自学用书。

**图书在版编目(CIP)数据**

大学物理简明教程.下册/王安蓉等主编.—武汉:华中科技大学出版社,2017.9(2020.1重印)
ISBN 978-7-5680-3274-2

Ⅰ.①大… Ⅱ.①王… Ⅲ.①物理学-高等学校-教材 Ⅳ.①O4

中国版本图书馆 CIP 数据核字(2017)第 188381 号

**大学物理简明教程(下册)**
Daxue Wuli Jianming Jiaocheng(Xiace)

王安蓉 刘定兴 邹 星 魏 勇 主编

策划编辑:范 莹
责任编辑:余 涛
封面设计:潘 群
责任校对:祝 菲
责任监印:周治超

出版发行:华中科技大学出版社(中国·武汉)      电话:(027)81321913
　　　　　武汉市东湖新技术开发区华工科技园      邮编:430223
录　　排:武汉市洪山区佳年华文印部
印　　刷:武汉科源印刷设计有限公司
开　　本:710mm×1000mm　1/16
印　　张:18.25
字　　数:372千字
版　　次:2020 年 1 月第 1 版第 2 次印刷
定　　价:42.00 元

# 前 言

进入 21 世纪,我国的高等教育已从"精英教育"逐步走向"大众教育",为适应新形势下科学技术的发展对人才培养的新要求,高等教育越来越强化基础教育课程,注重学生综合素质的培养。另外,随着科学技术的发展,学科之间的交叉与结合尤为突出,物理学正进一步向电子、机械、土木、生物、化学、材料科学、医学等学科领域渗透与发展。因此,良好的物理基础是学好其他自然科学与工程技术科学的基本保障。物理学所阐述的基本原理、基本知识、基本思想、基本规律和基本方法,不仅是学生学习后续专业课的基础,也是全面提高学生科学素质、科学思维方法和科学研究能力的重要内容。大学物理课程是理工类各专业的必修公共基础课,在培养学生辩证唯物主义世界观、科学的时空观等方面起着重要的作用。

本书在保持大学物理课程体系的完整性、科学性、系统性和逻辑性等特点的前提下,适当调整了部分内容的顺序和结构,对内容难度大的部分进行删改,在注重陈述物理学的基本知识、概念、规律的同时,适当减少综合性、运算繁复的例题,选用一些切合实际的应用题,增加了一些物理学的交叉发展和应用实例。

《大学物理简明教程》分为上、下两册。上册包括力学、振动与波和波动光学;下册包括热学、电磁学、相对论和量子物理学。上册中力学、振动与波由贺叶露老师编写,波动光学由何成林老师编写。下册中热学由邹星老师编写,电磁学由刘定兴老师编写,相对论和量子物理学由王安蓉老师编写,习题由魏勇老师编写,最后由王安蓉老师负责全书的修改和定稿工作。参加讨论和编写的还有许刚、舒纯军老师。陈立万、聂祥飞和赖于树教授仔细审查了此书,华中科技大学出版社有关工作人员在本书的编辑出版过程中付出了大量的辛勤劳动,在此一并表示感谢。

不同院校不同专业的物理教学计划学时数可能存在差异,在使用本教材时可根据其具体情况对内容进行重组或取舍,书中带"*"号部分内容可根据实际教学课时自行处理,可选择讲授或让学生自己阅读。

由于编者学识和教学经验有限,书中难免存在不当和疏漏之处,恳请各位读者批评指正。

编 者
2017 年 8 月

# 目　　录

## 第 3 篇　热　　学

# 第 4 篇　电场和磁场

# 第 3 篇

# 热

# 学

热学研究的是物质分子的热运动。大量分子的无规则运动导致了物质热现象的产生。本篇共有两章，第九章介绍气体动理论，第十章介绍热力学基础。前者着重于阐明热现象的微观本质，后者侧重于阐明热现象的宏观规律。两者所用方法虽不同，但对热运动的研究来说却相辅相成，缺一不可。

　　在气体动理论中，我们将首次运用统计方法进行概率性的描述，以弥补经典力学决定论的不足。热现象是大量分子运动的集体表现，各个分子的位置、速度实际上无从一一测定，但为了从大量分子运动和相互作用出发推导气体的宏观性质，就必须引入这些分子位置、速度分布的概率假设，并运用统计方法。

　　热力学定律是以大量的实验事实为基础的，从能量的观点出发，分析研究热功转换的关系和条件，以及如何提高能量效率等一系列技术问题。这种研究方法和气体动理论所采用的方法迥然不同，它的实用价值很高。通过对热力学理论的介绍，将进一步证明能量、内能、功、熵等概念的重要性和实用性，这是学习物理学所必须掌握的。

# 第9章 气体动理论

　　气体动理论是在物质结构的分子学说的基础上,为说明人所熟知的气体的物理性质和气态现象而发展起来的。在这些熟知的性质和现象中,我们可以举出理想气体定律,微小悬浮粒子的布朗运动,流动气体的黏性,热的传导和比热,物体的热胀冷缩,固、液、气三态的相互转变,非理想气体的状态方程,等等,这些与温度有关的物理性质的变化统称为热现象。与力学研究的机械运动不同,气体动理论的研究对象是分子的热运动,热现象就是组成物质大量分子、原子热运动的集体表现。分子热运动由于分子的数目十分巨大和运动的情况十分混乱,而具有明显的无序性和统计性。就单个分子来说,由于它受到其他分子的复杂作用,其具体运动情况瞬息万变,显得杂乱无章,具有很大的偶然性,这就是无序性的表现。但就大量分子的集体表现来看,却存在一定的规律性。这种大量的偶然事件在宏观上所显示的规律称为统计的规律性。正是由于这些特点,才使热运动成为有别于其他运动形式的一种基本运动形式。在本章,我们将根据所假定的理想气体分子模型,运用统计方法,研究气体的宏观性质和规律,以及它们与分子微观量的平均值之间的关系,从而揭示这些性质和规律的本质。

## 9.1　平衡态　温度　理想气体状态方程

### 9.1.1　平衡态　温度

　　气体平衡状态是一个非常重要的概念(我们首先给它一个初步的定义,再逐渐完善)。在一定条件下,一定质量的气体在一定容器内,不管气体内各部分原有的温度和压强如何,经过足够长时间后,气体内各部分终将达到相同的温度和压强,并且不再随时间发生变化,那么该气体就处于平衡态。考虑到组成气体的微粒间的热运动存在,气体的平衡状态也称为热动平衡态。气体分子的热运动是永不停息的,通过气体分子的热运动和相互碰撞,在宏观上表现为气体各部分的密度均匀、温度均匀和压强均匀的热动平衡态。

　　当气体处于平衡态时,其状态保持不变,这时就可以使用一些物理量来描述气体的状态属性,如几何的体积($V$)、力学的压强($p$)、热学的温度($T$)和化学的物质的量($n$)等,这些用来表征状态属性的物理量称为状态参量。

　　对于给定的气体,它的状态一般用下面 3 个状态参量来表征:气体的体积是气体分子所能达到的空间,单位为立方米($m^3$)。气体的压强是气体分子作用在容器壁单位面积上且指向垂直壁方向上的作用力,单位是帕斯卡,简称帕(Pa)。它与 1 个标准大气压(atm)及毫米汞柱(mmHg)的关系为

$$1 \text{ atm} = 760 \text{ mmHg} = 1.013 \times 10^5 \text{ Pa}$$

温度的概念比较复杂,它的本质与物质分子运动密切有关,温度的不同反映物质内部分子运动剧烈程度的不同。简单地说,在宏观上我们用温度来表示物体的冷热程度,并规定较热的物体有较高的温度。温度的分度方法即温标,常用的有两种:一是热力学温标 $T$,单位是 K;另一个是摄氏温标 $t$,单位是℃。热力学温度 $T$ 和摄氏温度 $t$ 的关系是:$T = t + 273.15$。

一定质量的气体的平衡状态,可用状态参量 $p$、$V$、$T$ 的一组参量值来表示。例如,一组参量值 $p_1$、$V_1$、$T_1$ 表示某一状态,另一组参量值 $p_2$、$V_2$、$T_2$ 表示另一状态,等等。当气体的外界条件改变时,它的状态就发生变化。气体从一个状态不断地变化到另一状态,所经历的是各状态变化的过程。过程进展的速度可以很快,也可以很慢。实际过程常是比较复杂的,如果过程进行十分缓慢,所经历的一系列中间状态都无限地接近平衡状态,这个过程就称为准静态过程或者平衡过程。显然平衡过程是个理想的过程,它和实际过程毕竟是有差别的,但在许多情况下,可近似地把实际过程当作平衡过程处理,所以平衡过程是个很有用的模型。

## 9.1.2　理想气体状态方程

实验表明,表示平衡态的三个参量 $p$、$V$、$T$ 之间存在着一定的关系。我们把反映气体的 $p$、$V$、$T$ 之间的关系式称为气体的状态方程。一般气体,在密度不太高、压强不太大(与标准大气压比较)和温度不太低(与室温比较)的实验范围内,遵守玻义耳(R. Boyle)定律、盖-吕萨克(J. L. Gay-Lussac)定律和查理(J. A. C. Charles)定律。应该指出,对于不同气体来说,这三条定律的适用范围是不同的。不易液化的气体,如氮、氢、氧、氦等适用的范围比较大。实际上在任何情况下都服从上述三条实验定律的气体是没有的。我们把实际气体抽象化,提出理想气体的概念,认为理想气体能无条件地服从这三条实验定律。理想气体状态的三个参量 $p$、$V$、$T$ 之间的关系即理想气体状态方程,可从这三条实验定律导出。当质量为 $n$、摩尔质量为 $M$ 的理想气体处于平衡态时,它的状态方程为

$$pV = \frac{n}{M}RT \tag{9.1}$$

式中:$R$ 称为摩尔气体常量,在国际单位制中,

$$R = 8.31 \text{ J/(mol·K)}$$

从式(9.1)可以看到,如果气体的温度 $T$ 不变,则 $p$、$V$ 之间的关系在 $p$-$V$ 图上是一条等轴曲线,这条曲线称为理想气体的等温线。图 9.1 所示的是不同温度下的

几条等温线,位置越高的等温线,相应的温度越高。上面曾指出,一定质量气体的每一个平衡状态可用一组($p$、$V$、$T$)的量值来表示,由于 $p$、$V$、$T$ 之间存在着式(9.1)所示的关系,所以通常用 $p$-$V$ 图上的一点表示气体的一个平衡状态。而气体的一个平衡过程,在 $p$-$V$ 图上则用一条相应的曲线来表示,如图 9.2 所示,曲线 Ⅰ、Ⅱ 表示从初状态($p_1$,$V_1$,$T_1$)向末状态($p_2$,$V_2$,$T_2$)缓慢变化的一个准静态过程。

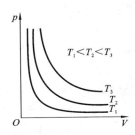

图 9.1　一定质量理想气体的等温线　　图 9.2　平衡态和准静态过程的示意图

**例 9.1**　某种柴油机的气缸容积为 $0.827 \times 10^{-3}$ m³。设压缩前其中空气的温度是 47 ℃,压强为 $8.5 \times 10^4$ Pa。当活塞急剧上升时,可把空气压缩到原体积的 1/17,使压强增加到 $4.2 \times 10^6$ Pa,求这时空气的温度。如把柴油喷入气缸,将会发生怎样的情况?(假设空气可看作理想气体)

**解**　本题只需考虑空气的初状态和末状态,并且把空气作为理想气体,由式(9.1),我们有

$$\frac{p_1 V_1}{T_1} = \frac{p_2 V_2}{T_2}$$

已知 $p_1 = 8.5 \times 10^4$ Pa,$p_2 = 4.2 \times 10^6$ Pa,$T_1 = 273$ K$+47$ K$=320$ K,$\dfrac{V_2}{V_1} = \dfrac{1}{17}$,所以

$$T_2 = \frac{p_2 V_2}{p_1 V_1} T_1 = 930 \text{ K}$$

这一温度已超过柴油的燃点,所以柴油喷入气缸时就会立即燃烧,发生爆炸,推动活塞做功。

**例 9.2**　容器内装有氧质量为 0.10 kg,压强为 $10 \times 10^5$ Pa,温度为 47 ℃。因为容器漏气,经过一段时间后,压强降到原来的 5/8,温度降到 27 ℃。问:(1) 容器的容积有多大?(2) 漏去了多少氧气?(假设氧气可看作理想气体)

**解**　(1) 根据理想气体状态方程 $pV = \dfrac{n}{M} RT$,求得容器的容积 $V$ 为

$$V = \frac{n}{Mp} RT = 8.31 \times 10^{-3} \text{ m}^3$$

(2) 设漏气一段时间之后,压强减小到 $p_1$,温度降到 $T_1$。如果用 $m'$ 表示容器中剩余的氧气的质量,则由状态方程求得

$$m' = \frac{Mp_1 V}{RT_1} = 6.67 \times 10^{-2} \text{ kg}$$

所以漏去的氧气质量为

$$\Delta m = n - m' = 3.33 \times 10^{-2} \text{ kg}$$

# 9.2　分子热运动和统计规律

## 9.2.1　分子热运动的图像

　　物质结构的分子原子学说是气体动理论的重要基础之一,按照物质结构理论,自然界所有物体都由许多不连续的、相隔一定距离的分子组成,而分子则由更小的原子组成,所有物体的原子和分子都处在永不停息的运动之中。实验告诉我们,热现象是物质中大量分子无规则运动的集体表现,因此人们把大量分子的无规则运动称为分子热运动。1827 年,布朗(R. Brown)用显微镜观察到悬浮在水中的花粉颗粒,不停地在做纷乱的无规则运动(见图 9.3),这就是所谓的布朗运动。布朗运动是由杂乱运动的流体分子碰撞花粉颗粒引起的,它虽不是流体分子本身的热运动,却如实地反映了流体分子热运动的情况。流体的温度越高,这种布朗运动越剧烈。

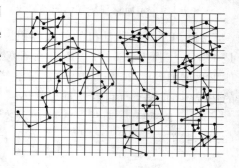

图 9.3　布朗运动

　　在标准状态下,对同一物质来说,气体的密度大约为液体的 1/1000。假设液体分子是紧密排列着的,那么气体分子之间的距离大约是分子本身线度（$10^{-10}$ m）的 $\sqrt[3]{1000}$ 倍,即 10 倍左右。所以可把气体看作是彼此相距很大间隔的分子集合。在气体中,由于分子的分布相当稀疏,分子与分子间的相互作用力,除了在碰撞的瞬间以外,极为微小,因此在一定情况下可以省略。在连续两次碰撞之间分子所经历的路程,平均约为 $10^{-7}$ m,而分子的平均速率很大,约为 500 m/s。因此大约平均经过 $10^{-10}$ s,分子与分子之间碰撞一次,即在 1 s 内,一个分子将遭到 $10^{10}$ 次碰撞。分子碰撞的瞬间时长,约等于 $10^{-13}$ s,这一时间远比分子自由运动所经历的平均时间 $10^{-10}$ s 小。因此在分子的连续两次碰撞之间,分子的运动可看作由其惯性支配的自由运动。每个分子由于不断地碰撞,速度的大小和方向也在不断地改变着,在连续两次碰撞之间所自由运行的路程或长或短,参差不齐。因此它们在我们面前呈现出一幅纷繁动乱的图像。至于上述数据的由来,我们以后自会明白。

## 9.2.2　分子热运动的基本特征

　　上面的图像告诉我们：分子热运动的基本特征是分子的永恒运动和频繁的相互碰撞。显然具有这种特征的分子热运动是一种比较复杂的物质运动形式，它与物质的机械运动有本质上的区别，因此我们不能简单地用力学方法来解决它。如果我们想追踪气体中某个分子的运动，那么我们将看到它忽东忽西、时上时下、时快时慢，对它列出运动方程是很困难的。而且在大量分子中，每个分子的运动状态和经历（状态变化的历程）都可以和其他分子有显著的差别，这些都说明了分子热运动的混乱性或无序性。值得注意的是，尽管个别分子的运动是杂乱无章的，但就大量分子的集体来看，却又存在着一定的统计规律，这是分子热运动统计性的表现。如在热力学平衡状态下，气体分子的空间分布，按密度来说是均匀的。据此我们假设：分子沿各个方向运动的机会是均等的，没有任何一个方向上气体分子的运动比其他方向更占优势。也就是说，沿着各个方向运动的平均分子数应该相等，分子速度在各个方向上的分量的各种平均值也应该相等。气体分子数目越多，这个假设的准确度就越高。当然这并不意味着我们所假设的分子数目的精确度能达到每一个分子，由于运动的分子的数目非常巨大，即使该数目有几百个，甚至有几万个分子的偏差，但在百分比上仍是非常微小的。这一切说明分子热运动除了具有无序性外，还服从统计规律，具有鲜明的统计性，两者的关系十分密切。

　　每一个运动着的分子或原子都有大小、质量、速度、能量等，这些用来表征单个分子性质的物理量称为微观量。一般将在实验中测得的表征大量分子集体特征的物理量称为宏观量，如气体的温度、压强、热容等就是宏观量。分子热运动的无序性和统计性，使我们认识到：在气体动理论中，必须运用统计方法，求出大量分子的某些微观量的统计平均值，并用以解释在实验中直接观测到的物体的宏观性质。用对大量分子的平均性质的了解代替个别分子的真实性质，这是统计方法的一个特点。与这个特点密切相关的统计方法的另一个特点是起伏现象的存在，如我们多次测量某体积中的气体密度，可以发现各次测得的分子数都略有差别，根据多次的测量值，可以建立分子数的平均值。对此平均值而言，个别测量值有微小的偏差，这种相对于平均值所出现的偏离，就是起伏现象。当分子数目很大时，测量值对平均值的起伏是极为微小的。在很稀薄的气体中，起伏将显著起来。上面提到的布朗运动是一种起伏现象。在测量电信号时出现的噪声，也是一种起伏现象。

## 9.2.3　分布函数和平均值

　　现在我们将注意力转到分布函数与平均值的计算上来，凡是不能预测而又大量出现的事件称为偶然事件。多次观察同样的事件，就可获得该事件的分布知识。现在举一个简单的例子，我们讨论某城市中每个商店里职工的分布情况，为此引入分布数的概念。设 $N_i$ 表示该城市中有 $i$ 名职工的商店数，我们就把 $N_i$ 称为分布数。而 $N = \sum N_i$ 则为商店总数。知道了分布数，我们对该城市中商店职工的分布情况就有所了解。进一步还可引入"归一化的分布数" $f_i = N_i/N$，用以说明有 $i$ 名职工的商店的百分数。根据百分数的含义，显然下式应当成立：

$$\sum f = \sum \frac{N_i}{N} = \frac{\sum N_i}{N} = 1$$

这个关系表明，把所有百分数全部相加，其总和只能是 $100\%$，即等于 1。通常把上式称为归一化条件。

在上面的讨论中，$i$ 的值只可能是正整数或等于零，如果 $i$ 所取的是连续间隔内的值，这时用公式来描述要稍微困难些。假定我们要想知道某一团体中年龄为 21 岁的成人的高度分布情况，这时就不能应用上式。因为恰好具有某个高度 $h$（如恰好是 1.800 m）的人数几乎为零。但是如果要问高度在某一间隔，如在 1.700 m 与 1.800 m 之间的人数，就能得到一个肯定而有意义的回答。因此，有关高度分布的知识可以这样求得：将整个高度范围分成许多大小相等的微小间隔 $\Delta h$，测定每个微小高度间隔内的人数。我们把各个微小间隔取得相等，为的是便于进行比较，从而突出分布的意义；所取间隔越小，有关分布的情况就越详细，对分布情况的描述也就越精确。这样调查出来的结果可以画成方块形的图，横坐标表示高度及其间隔，而纵坐标则为每个高度间隔内人数的百分数，这个图示将有许多相比邻的矩形，每个矩形的宽度均为 $\Delta h$，而高度则为在这间隔内人数的百分数。实际上更适合于取作纵坐标的并不是在一定间隔内人数的百分数，而是在这间隔内人数的百分数除以间隔的大小 $\Delta h$。这样做的好处是，由每个矩形的面积即可得出在该特定间隔内人数的百分数，我们用 $\Delta F_i$ 表示高度在 $h_i$ 与 $h_i + \Delta h$ 间隔之内人数的百分数。这样引入 $f_i = \Delta F_i / \Delta h$，其意义为在高度 $h_i$ 附近单位高度间隔内人数的百分数，再画出 $f_i \sim h_i$ 的图（见图 9.4（a））。

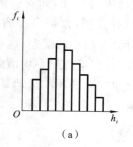
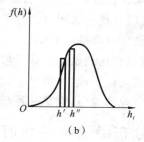

（a）　　　　　　　　（b）

图 9.4　分布图示法

在人口数非常大的情况下，我们可将间隔 $\Delta h$ 连续地缩小，直到这些矩形成为极窄的条纹，它们顶部的梯形轮廓将显得趋近于一光滑的曲线，这条曲线揭示了 $f_i$ 与

$h_i$ 的函数关系。我们以后将用 $f(h)$ 代替 $f_i$，把 $f(h)$ 称为相对于高度的归一化分布函数，而由 $f(h)$ 对 $h$ 所画出的曲线称为分布曲线，如图 9.4(b) 所示。分布曲线的令人注目的特性是它的重演性，如多年分析人口的身高，可以相信这些分布曲线是相似的。如果身高分布曲线不是以大量观察为基础，那么就没有这种相似性。如果增加构成每条曲线的资料，这样各年的曲线就越相似。这种情况对于任何偶然事件的分布曲线都适用，只要事件是偶然发生的以及获得分布曲线的条件没有改变，在整个曲线下的面积按归一化条件为

$$\int f(h) \cdot \mathrm{d}h = 1 \qquad\qquad (9.2)$$

而介乎 $h = h'$ 与 $h = h''$ 之间的那部分面积，则表示高度在 $h'$ 与 $h''$ 之间人数的百分数。对某一个任意选定的人来说，$f(h)\mathrm{d}h$ 也可理解为它的高度在 $h$ 与 $h + \mathrm{d}h$ 之间的概率，知道了 $f(h)$ 和人口总数 $N$，则高度在 $h$ 与 $h + \mathrm{d}h$ 之间的人数 $N$ 即为

$$\mathrm{d}N = Nf(h)\mathrm{d}h \qquad\qquad (9.3)$$

不仅如此，知道了分布函数 $f(h)$，我们还可计算人口的平均高度 $\bar{h}$。按式 (9.3)，高度在 $h$ 与 $h + \mathrm{d}h$ 间隔内的 $\mathrm{d}N$ 个人的总高度为 $h \cdot \mathrm{d}N$。这样 $N$ 个人的平均高度为 $N$ 个人的总高度除以人口总数，即

$$\bar{h} = \frac{\int h \mathrm{d}N}{N} = \frac{\int Nhf(h)\mathrm{d}h}{N} = \int hf(h)\mathrm{d}h \qquad\qquad (9.4)$$

对具有统计性的事物来说，在一定的宏观条件下，总存在着确定的分布函数。因此，由式 (9.4) 所表示的知道分布函数求平均值的方法是有普遍意义的，而不仅仅适用于高度的计算。在物理学中，我们可把 $h$ 理解为要求平均值的任一物理量。

# 9.3　气体动理论的压强公式

## 9.3.1　理想气体的微观模型

从气体动理论的观点来看，9.1 节所介绍的理想气体是和物质分子结构的一定微观模型相对应的，根据这种模型就能在一定程度上解释宏观实验的结果。我们从气体分子热运动的基本特征出发，认为理想气体的微观模型应该是这样的：

(1) 气体分子的大小与气体分子间的距离相比较，可以忽略不计。这个假设体现了气态的特性。

(2) 气体分子的运动服从经典力学规律。在碰撞中，每个分子都可看作完全弹性的小球。这个假设的实质是，在一般条件下，对所有气体分子来说，经典力学描述近似有效，不需要采用量子论。

(3) 因气体分子间的平均距离相当大，所以除碰撞的瞬间外，分子间的相互作用

力可以忽略不计。除非研究气体分子在重力场中的分布情况,否则因分子的动能平均来说远比它在重力场中的势能大,所以这对分子所受重力也可忽略。

　　总之,气体被看作是自由的、无规则运动着的弹性球分子的集合。这种模型就是理想气体的微观模型。提出这种模型,是为了便于分析和讨论气体的基本现象。在具体运用时,鉴于分子热运动的统计性,还必须作出统计的假设。例如,根据气体处在平衡状态时,气体分子的频繁碰撞以及气体在容器中密度处处均匀的事实,可以假定:对于大量气体分子来说,分子沿各个方向运动的机会是均等的,任何一个方向的运动并没有比其他方向的运动更占优势。换句话说,我们假定对处于热力学平衡状态中的气体来说,分子在容器内既没有突出的位置,也没有突出的运动方向。在具体运用这个统计性假设时,可以认为沿各个方向运动的分子数目相等,分子速度在各个方向的分量的平均值也相等。

## 9.3.2　速率分布函数

　　现在我们引入分子数密度与分子的速率分布函数的概念,为推导压强公式作准备。设一定量的气体占有的体积为 $V$,它的总分子数为 $N$,则分子数密度 $n = \dfrac{N}{V}$。应该指出,$n$ 是个平均值。在任一时刻,一个特定体积内的分子数,可以和平均值 $n$ 相差很大。或者说,分子数密度经历着起伏。其次让我们把注意力转向分子的速率分布问题,设 $dN$ 为速率分布在某一间隔 $v \sim v + dv$(如 500～510 m/s 或者 700～710 m/s)内的分子数,它的大小与间隔的大小 $dv$ 成正比,则 $dN/N$ 就表示分布在这一间隔内的分子数占总分子数的百分数。显然 $dN/N$ 也与 $dv$ 成正比,当我们在不同的速率 $v$(如 500 m/s 与 700 m/s)附近取相等的间隔(如 $dv = 10$ m/s)时,不难发现,百分数 $dN/N$ 的数值一般是不相等的,所以 $dN/N$ 还与速率 $v$ 有关。这样,我们有

$$\frac{dN}{N} = f(v)dv \tag{9.5}$$

式中:$f(v) = \dfrac{dN}{N\,dv}$ 就是上节中所介绍的分布函数,它表示速率分布在 $v$ 附近单位速率间隔内的分子数占总分子数的百分数。

　　对于处在一定温度下的气体,$f(v)$ 只是速率 $v$ 的函数,称为气体分子的速率分布函数。根据分布函数的定义,归一化条件成立:

$$\int_0^{+\infty} f(v)dv = 1 \tag{9.6}$$

　　在气体理论中有些问题的研究可能不需要函数 $f(v)$ 的具体形式,理想气体的压强公式就是其中一例。

## 9.3.3　压强公式的简单推导

　　上面采用统计方法推导压强公式,具有一定的代表性,现在介绍一种常用的推导

方法。为计算方便，我们选一个边长分别为 $l_1$、$l_2$、$l_3$ 的长方形容器(见图 9.5)，并设容器中有 $N$ 个同类气体的分子，作不规则的热运动，每个分子的质量都是 $m$。在平衡状态下，器壁各处的压强完全相同。现在我们计算器壁 $A_1$ 面上所受的压强。先选一分子 a 来考虑，它的速度是 $\boldsymbol{v}$，在 $x$、$y$、$z$ 三个方向上的速度分量分别为 $v_x$、$v_y$、$v_z$。当分子 a 撞击器壁 $A_1$ 面时，它将受到 $A_1$ 面沿 $x$ 方向所施的作用力。因为碰撞是弹性的，所以就 $x$ 方向的运动来

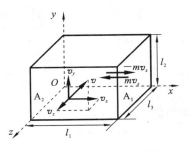

图 9.5　推导压强公式用图

看，分子 a 以速度 $v_x$ 撞击 $A_1$ 面，然后以速度 $-v_x$ 弹回。这样每与 $A_1$ 面碰撞一次，分子动量的改变为 $-2mv_x$。按动量定理，这一动量的改变等于 $A_1$ 面沿 $-x$ 方向，作用在分子 a 上的冲量。根据牛顿第三运动定律，这时分子 a 对 $A_1$ 面也必有一个沿 $+x$ 方向的同样大小的反作用冲量，分子 a 从 $A_1$ 面弹回，飞向 $A_2$ 面，碰撞 $A_2$ 面后，再回到 $A_1$ 面。在与 $A_1$ 面作连续两次碰撞之间，由于分子 a 在 $x$ 方向的速度分量 $v_x$ 的大小不变，而在 $x$ 方向上所经过的路程是 $2l_1$，因此所需时间为 $2l_1/v_x$。在单位时间内，分子 a 就要与 $A_1$ 面作不连续的碰撞，共 $v_x/(2l_1)$ 次。因为每碰撞一次，分子 a 作用在 $A_1$ 面上的冲量是 $2mv_x$。所以在单位时间内，分子 a 作用在 $A_1$ 面上的冲量总值也就是作用在 $A_1$ 面上的力，即为 $2mv_x\dfrac{v_x}{2l_1}$。

从以上讨论可知，每一分子对器壁的碰撞以及作用在器壁上的力是间歇的、不连续的。但事实上容器内所有分子对 $A_1$ 面都在碰撞，使器壁受到一个连续而均匀的压强，正与密集的雨点打到雨伞上，我们感到一个均匀的作用力相似。$A_1$ 面所受的平均力 $\overline{F}$ 的大小应该等于单位时间内所有分子与 $A_1$ 面碰撞时所作用的冲量的总和，即

$$\overline{F} = \sum_{i=1}^{N}\left(2mv_{ix}\frac{v_{ix}}{2l_1}\right) = \sum_{i=1}^{N}\frac{mv_{ix}^2}{l_1} = \frac{m}{l_1}\sum_{i=1}^{N}v_{ix}^2$$

式中：$v_{ix}$ 是第 $i$ 个分子在 $x$ 方向上的速度分量，按压强定义得

$$p = \frac{\overline{F}}{l_2 l_3} = \frac{m}{l_1 l_2 l_3}\sum_{i=1}^{N}v_{ix}^2 = \frac{m}{l_1 l_2 l_3}(v_{1x}^2 + v_{2x}^2 + \cdots + v_{Nx}^2)$$

$$= \frac{Nm}{l_1 l_2 l_3}\left(\frac{v_{1x}^2 + v_{2x}^2 + \cdots + v_{Nx}^2}{N}\right)$$

式中括弧内的量是容器内 $N$ 个分子沿 $x$ 方向速度分量的平方的平均值，可写作 $\overline{v_x^2}$。

又因气体的体积为 $l_1 l_2 l_3$，单位体积内的分子数 $n = \dfrac{N}{l_1 l_2 l_3}$，所以上式可写作

$$p = nm\,\overline{v_x^2}$$

按上面的统计假设，沿各个方向速度分量平方的平均值应该相等，即 $\overline{v_x^2} = \overline{v_y^2} =$

$\overline{v_z^2}$。又因为$\overline{v_x^2}+\overline{v_y^2}+\overline{v_z^2}=\overline{v^2}$，所以

$$\overline{v_x^2}=\frac{1}{3}\overline{v^2}$$

此处 $\overline{v^2}=\dfrac{v_1^2+v_2^2+\cdots+v_N^2}{N}$ 为 N 个分子的速度平方的平均值。考虑到分子的平均平

动动能 $\overline{\omega}=\dfrac{1}{2}m\overline{v^2}$，代入上式得

$$p=\frac{2}{3}n\left(\frac{1}{2}m\overline{v^2}\right)=\frac{2}{3}n\overline{\omega}$$

## *9.3.4　理想气体压强公式的推导

让我们考察器壁上的一个面积元 dS。弹性球分子在 dS 的一次弹性碰撞中，接触力垂直地作用在 dS 上，因此分子速度平行于 dS 的分量不会因为碰撞而改变。又因碰撞是弹性的，所以速度的垂直分量会因碰撞而反向。于是，分子就像从光滑镜面上所见的那样从 dS 反射回来；这就是说，反射角等于入射角(见图 9.6(a))。设我们采用的原点在 dS 中心，而极轴(z)沿 dS 法线的球坐标系 $r,\theta,\varphi$，质量为 m，速度为 v 的分子的动量改变量是沿 z 方向的。分子在碰撞前的 z 方向动量为 $-mv_x$，碰撞后的 z 方向动量为 $mv_x$，该分子动量的增量等于 $2mv_x$；由动量定理，在弹性碰撞中，分子给予器壁的冲量的大小也等于 $2mv_x$。

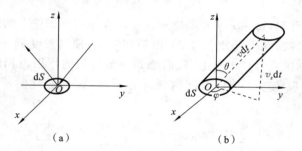

（a）　　　　　　　　　　（b）

图 9.6　弹性球分子与面积元 dS 的碰撞

为了考虑在 dt 时间内，所有以速度 v 运动而能够碰到 dS 的分子数目，我们在空间划取一个以 dS 为底，几何轴平行于v方向，倾斜长度为 vdt 的斜柱体，如图 9.6(b)所示。斜柱体的高度为 $v_z dt$，而体积为 $v_z dt dS$。凡是速度矢量无限邻近v，并能在 dt 时间内碰到 dS 的分子，都应容纳在这个斜柱体之内。因单位体积内的分子数为 n，在其中速度矢量接近于v的分子数目有多少呢？考虑到 f(v) 表示分布在速率 v 附近单位速率间隔内的分子百分数，则速率在 v 与 v+dv 间隔内分子百分数是 f(v)dv。所以在 n 个分子内，速率在 v 与 v+dv 间隔内分子数是 nf(v)dv。但是我们需要的是速度矢量在v与v+dv间隔内的分子数，两者数值是不同的。前者不考虑速度的方

向,只考虑速度的大小,相应的分子数很大;后者既考虑速度的方向,又考虑速度的大小,这个分子数应是前面分子数的一部分,可从 $nf(v)\mathrm{d}v$ 乘一个小于 1 的因子而求得。我们曾假设分子运动没有突出的方向,因此速度矢量处在围绕 $\boldsymbol{v}$ 的立体角元 $\mathrm{d}\Omega$ 内的概率就是 $\mathrm{d}\Omega/(4\pi)$。用这个小于 1 的 $\mathrm{d}\Omega/(4\pi)$ 乘 $nf(v)\mathrm{d}v$,即得单位体积内速度在 $\boldsymbol{v}$ 与 $\boldsymbol{v}+\mathrm{d}\boldsymbol{v}$ 间隔内的分子数为

$$nf(v)\mathrm{d}v \cdot \mathrm{d}\Omega/(4\pi)$$

因每个分子在弹性碰撞中给予器壁冲量的量值为 $2mv_z$,所以在斜柱体内相应分子给予器壁的总冲量为

$$nf(v)\mathrm{d}v \cdot \mathrm{d}\Omega/(4\pi) \cdot 2mv_2 \cdot v_z\mathrm{d}t \cdot \mathrm{d}S \qquad (9.7a)$$

用 $\mathrm{d}p'$ 表示斜柱体内这群分子作用在器壁上的压强,则上述总冲量也可表示为 $\mathrm{d}p' \cdot \mathrm{d}S \cdot \mathrm{d}t$。于是得

$$\mathrm{d}p' = nf(v)\mathrm{d}v \cdot \mathrm{d}\Omega/(4\pi) \cdot 2mv_z^2 \qquad (9.7b)$$

采用速度 $\boldsymbol{v}$ 的极角 $\theta$ 与方位角 $\varphi$,可得 $v_z = v\cos\theta$ 与 $\mathrm{d}\Omega = \sin\theta\mathrm{d}\theta\mathrm{d}\varphi$。对 $\boldsymbol{v}$ 的所有可能方向积分,求得速率在 $v$ 与 $v+\mathrm{d}v$ 间的分子对压强的贡献为

$$\mathrm{d}p = \frac{1}{2\pi}nf(v)\mathrm{d}v \cdot mv^2 \cdot \int_0^{2\pi}\mathrm{d}\varphi\int_0^{\pi/2}\cos^2\theta\sin\theta\mathrm{d}\theta$$

$$= \frac{1}{3}nmv^2 f(v)\mathrm{d}v \qquad (9.8)$$

此处对 $\theta$ 的积分从 0 伸展到 $\pi/2$,因为分子只是从一侧趋近 $\mathrm{d}S$ 的。由上式的积分求出所有以不同速度碰撞器壁的分子所作用的压强为

$$p = \frac{1}{3}nm\int_0^{+\infty}v^2 f(v)\mathrm{d}v \qquad (9.9a)$$

与式(9.4)比较,不难看出

$$\overline{v^2} = \int_0^{+\infty}v^2 f(v)\mathrm{d}v$$

是速率的平方的平均值,因而有

$$p = \frac{1}{3}nm\,\overline{v^2} \qquad (9.9b)$$

我们引入分子的平均平动动能

$$\overline{\omega} = \frac{1}{2}m\,\overline{v^2} \qquad (9.10)$$

而把式(9.9b)写成

$$p = \frac{2}{3}n\left(\frac{1}{2}m\,\overline{v^2}\right) = \frac{2}{3}n\overline{\omega} \qquad (9.11)$$

　　式(9.11)是气体动理论的压强公式。从这个式子看出,气体作用在器壁上的压强,既与单位体积内的分子数 $n$ 有关,又与分子的平均平动动能有关。由于分子对器壁的碰撞是断断续续的,分子给予器壁的冲量是有起伏的,所以压强是个统计平均

量。在气体中,分子数密度 $n$ 也有起伏,所以 $n$ 也是个统计平均量。式(9.11)表示三个统计平均量 $p$、$n$ 和 $\bar{\omega}$ 之间的关系,是个统计规律,而不是力学规律。

# 9.4　理想气体的温度公式

根据理想气体的压强公式和状态方程,可以导出气体的温度与分子的平均平动动能之间的关系,从而揭示宏观量温度的微观本质。

## 9.4.1　温度的本质和统计意义

设每个分子的质量是 $m$,则气体的摩尔质量 $M$ 与 $m$ 之间有关系 $M = N_A m$,而气体质量为 $n$ 时的分子数为 $N$,所以 $n$ 与 $m$ 之间也有关系 $n = Nm$。把这两个关系代入理想气体状态方程 $pV = \dfrac{n}{M}RT$,消去 $m$ 而得

$$p = \frac{N}{V}\frac{R}{N_A}T$$

式中:$\dfrac{N}{V} = n$;$R$ 与 $N_A$ 都是常量,两者的比值常用 $k$ 表示,$k$ 称为玻尔兹曼(L. Boltzman)常量。

$$k = \frac{R}{N_A} = \frac{8.31}{6.02 \times 10^{23}} \text{ J/K} = 1.38 \times 10^{-23} \text{ J/K}$$

因此,理想气体状态方程可改写为

$$p = nkT \tag{9.12}$$

将上式和气体压强公式(9.11)比较,得

$$\bar{\omega} = \frac{1}{2}m\overline{v^2} = \frac{3}{2}kT \tag{9.13}$$

上式是宏观量温度 $T$ 与微观量 $\bar{\omega}$ 的关系式,说明分子的平均平动动能仅与温度成正比。换句话说,该公式揭示了气体温度的统计意义,即气体的温度是气体分子平均平动动能的量度。由此可见,温度是大量气体分子热运动的集体表现,具有统计的意义;对个别分子,说它有温度是没有意义的。

当两种气体有相同的温度时,这就意味着这两种气体的分子的平均平动动能相等。若一种气体的温度高些,则意味着这种气体分子的平均平动动能大些。按照这个观点,热力学温度零度将是理想气体分子热运动停止时的温度,然而实际上分子运动是永远不会停息的,热力学温度零度也是永远不可能达到的。而且近代理论指出,即使在热力学温度零度时,组成固体点阵的粒子也还保持着某种振动的能量,称为零点能量。至于气体,则在温度未达到热力学温度零度以前,已变成液体或固体,式(9.3)也早就不能适用。

皮兰(J. B. Perrin)对布朗运动的研究,进一步证实浮悬在温度均匀的液体中的不同微粒,不论其质量的大小如何,它们各自的平均平动动能都相等。气体分子的运动情况与浮悬在液体中的布朗微粒相似,所以皮兰的实验结果,也可作为在同一温度下各种气体分子的平均平动动能都相等的一个证明。

## 9.4.2　气体分子的方均根速率

从气体分子的平均平动动能公式(9.13)可以计算在任何温度下气体分子的方均根速率 $\sqrt{\overline{v^2}}$,它是气体分子速率的一种平均值:

$$\sqrt{\overline{v^2}}=\sqrt{\frac{3kT}{m}}=\sqrt{\frac{3RT}{M}} \tag{9.14}$$

表 9.1 列出了几种气体在温度 0 ℃时的方均根速率。注意在相同温度时虽然各种分子的平均平动动能相等,但它们的方均根速率并不相等。

表 9.1　在 0 ℃时气体分子的方均根速率

| 气体种类 | 方均根速率/(m/s) | 摩尔质量/($10^{-3}$ kg/mol) |
|---|---|---|
| $O_2$ | $4.61\times10^2$ | 32 |
| $N_2$ | $4.93\times10^2$ | 28 |
| $H_2$ | $1.84\times10^3$ | 2 |
| $CO_2$ | $3.93\times10^2$ | 44 |
| $H_2O$ | $6.15\times10^2$ | 18 |

**例 9.3**　一容器内贮有气体,温度为 27 ℃,问:(1) 压强为 $1.013\times10^5$ Pa 时在 1 m³ 中有多少个分子? (2) 在高真空时,压强为 $1.33\times10^{-5}$ Pa,在 1 m³ 中有多少个分子?

**解**　按公式 $p=nkT$ 可知,

(1)　　　　　 $n=\dfrac{p}{kT}=\dfrac{1.013\times10^5}{1.38\times10^{-23}\times300}$ m$^{-3}$=$2.45\times10^{25}$ m$^{-3}$

(2)　　　　　 $n=\dfrac{p}{kT}=\dfrac{1.33\times10^{-5}}{1.38\times10^{-23}\times300}$ m$^{-3}$=$3.21\times10^{15}$ m$^{-3}$

可以看到,两者相差约 $10^{10}$ 倍。

**例 9.4**　试求氮气分子的平均平动动能和方均根速率,设(1) 在温度 $t=1000$ ℃时,(2) 在温度 $t=0$ ℃时。

**解**　(1) 在 $t=1000$ ℃时,

$$\bar{\omega}=\frac{3}{2}kT=\frac{3}{2}\times1.38\times10^{-23}\times1273 \text{ J}=2.63\times10^{-20} \text{ J}$$

$$\sqrt{\overline{v^2}}=\sqrt{\frac{3RT}{M}}=\sqrt{\frac{3\times8.31\times1273}{28\times10^{-3}}} \text{ m/s}=1.06\times10^2 \text{ m/s}$$

(2) 同理,在 $t=0\ ℃$ 时,

$$\bar{\omega}=\frac{3}{2}kT=\frac{3}{2}\times1.38\times10^{-23}\times273\ \text{J}=5.65\times10^{-21}\ \text{J}$$

$$\sqrt{\bar{v^2}}=\sqrt{\frac{3RT}{M}}=\sqrt{\frac{3\times8.31\times273}{28\times10^{-3}}}\ \text{m/s}=493\ \text{m/s}$$

# 9.5　能量均分定理　理想气体的内能

## 9.5.1　分子的自由度

　　我们在研究大量气体分子的无规则运动时,只考虑了每个分子的平动。实际上气体分子具有一定的大小和比较复杂的结构,不能看作质点。因此,分子的运动不仅有平动,还有转动及分子内原子间的振动,分子热运动的能量应将这些运动的能量都包括在内。为了说明分子无规则运动的能量所遵从的统计规律,并在这个基础上计算理想气体的内能,我们将借助于力学中自由度的概念。

　　现在根据力学中的概念来讨论分子的自由度数。气体分子的情况比较复杂,按分子的结构,气体分子可以是单原子的、双原子的、三原子或多原子的,如图 9.7 所示。

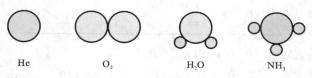

He　　　　O₂　　　　H₂O　　　　NH₃

图 9.7　不同分子的结构

　　由于原子很小,单原子的分子可以看作一质点。又因气体分子不可能限制在一个固定轨道或固定曲面上运动,因此单原子气体分子具有 3 个自由度;在双原子分子中,如果原子间的相对位置保持不变,那么这个分子就可看作由保持一定距离的两个质点组成。由于质心的位置需要用 3 个独立坐标决定,连线的方位需用 2 个独立坐标决定,而两质点以连线为轴的转动又可不计,所以双原子气体共有 5 个自由度,包括 3 个平动自由度和 2 个转动自由度;在 3 个及 3 个以上原子的多原子分子中,如果这些原子之间的相对位置不变,则整个分子就是个自由刚体,它共有 6 个自由度,包括 3 个平动自由度和 3 个转动自由度。事实上,双原子或多原子的气体分子一般不是完全刚性的,原子间的距离在原子间的相互作用下,会发生变化,分子内部会出现振动。因此,除了平动自由度和转动自由度外,还有振动自由度。但在常温下,振动自由度可以不予考虑。

## 9.5.2　能量均分定理

从理想气体分子的平均平动动能的公式

$$\bar{\omega}=\frac{1}{2}m\,\overline{v^2}=\frac{3}{2}kT$$

出发,考虑到大量气体分子作杂乱无章的运动时,各个方向运动的机会均等的统计假设,我们就能推广而得到气体动理论中的一个重要原则——能量按自由度均分定理。因为上式中 $\overline{v_x^2}+\overline{v_y^2}+\overline{v_z^2}=\overline{v^2}$,此处 $\overline{v_x^2}$、$\overline{v_y^2}$、$\overline{v_z^2}$ 分别表示气体分子沿 $x$、$y$、$z$ 三个方向上速度分量的平方的平均值。又因分子运动没有突出的方向,所以 $\overline{v_x^2}=\overline{v_y^2}=\overline{v_z^2}=\frac{1}{3}\overline{v^2}$,也就是说

$$\frac{1}{2}m\,\overline{v_x^2}=\frac{1}{2}m\,\overline{v_y^2}=\frac{1}{2}m\,\overline{v_z^2}=\frac{1}{3}\left(\frac{1}{2}m\,\overline{v^2}\right)=\frac{1}{2}kT$$

该式表明,气体分子沿 $x$、$y$、$z$ 三个方向运动的平均平动动能完全相等;可以认为,分子的平均平动动能 $\frac{3}{2}kT$ 是均匀地分配在每一个平动自由度上的。因为分子平动有 3 个自由度,所以相应于每一个平动自由度的能量是 $\frac{1}{2}kT$。

这个结论可以推广到刚性气体分子的转动上去。由于气体分子热运动的无序性,我们知道对于个别分子来说,它在任一瞬时的各种形式的动能和总能量完全可与其他分子相差很大,而且每一种形式的动能也不见得相等。但是我们不要忘记分子之间进行着十分频繁的碰撞。通过碰撞,会出现能量的传递与交换。如果在全体分子中分配于某一运动形式或某一自由度上的能量多了,那么在碰撞中由这种运动形式或这一自由度转换到其他运动形式或其他自由度的概率也随之增大。因此在平衡状态时,由于分子间频繁的无规则碰撞,平均地说不论何种运动,相应于每一自由度的能量都应该相等,不仅各个平动自由度上的能量应该相等,各个转动自由度上的能量也应该相等,而且每个平动自由度上的能量与每个转动自由度上的能量都应该相等。气体分子任一自由度的平均能量都等于 $\frac{1}{2}kT$。如果气体分子有 $i$ 个自由度,则每个气体分子的总平均动能就是 $\frac{i}{2}kT$。能量按照这样分配的原则,称为能量均分定理。这个原则是关于分子无规则运动动能的统计规律,是大量分子统计平均所得出的结果,也是分子热运动统计性的一种反映。

如果气体分子不是刚性的,那么除上述平动与转动自由度以外,还存在着振动自由度。对应于每一个振动自由度,每个分子除有 $\frac{1}{2}kT$ 的平均动能外,还具有 $\frac{1}{2}kT$ 的平均势能,所以在每一振动自由度上将分配到量值为 $kT$ 的平均能量。

　　实际气体的分子运动情况视气体的温度而定。如氢分子,在低温时只可能有平动;在室温时可能有平动和转动;只有在高温时,才可能有平动、转动和振动。又如氯分子,室温时就可能有平动、转动和振动。

### 9.5.3　理想气体的内能

　　除了上述的分子平动(动能)、转动(动能)和振动(动能、势能)以外,实验还证明,气体的分子与分子之间存在着一定的相互作用力,所以分子与分子之间也具有一定的势能。气体分子的能量以及分子与分子之间的势能构成气体内部的总能量,称为气体的内能。对于理想气体来说,不计分子与分子之间的相互作用力,所以分子与分子之间的势能也忽略不计。理想气体的内能只是分子各种运动能量的总和。应该注意,内能与力学中的机械能有明显的区别。静止在地球表面上的物体的机械能(动能和重力势能)可以等于零,但物体内部的分子仍在运动着和相互作用着,因此内能永远不会等于零,下面我们只考虑刚性分子。

　　因为每一个分子总平均动能为 $\dfrac{i}{2}kT$,而 1 mol 理想气体有 $N_A$ 个分子,所以 1 mol 理想气体的内能是

$$E_0 = N_A\left(\frac{i}{2}kT\right) = \frac{i}{2}RT \tag{9.15}$$

而质量为 $n$(摩尔质量为 $M$)的理想气体的内能是

$$E = \frac{n}{M}\frac{i}{2}RT \tag{9.16}$$

由此可知,一定量的理想气体的内能完全取决于分子运动的自由度 $i$ 和气体的热力学温度 $T$,而与气体的体积和压强无关。应该指出,这一结论与“不计气体分子之间的相互作用力”的假设是一致的,所以有时也把“理想气体的内能只是温度的单值函数”这一性质作为理想气体的定义内容之一。一定质量的理想气体在不同的状态变化过程中,只要温度的变化量相等,那么它的内能的变化量就相同,而与过程无关。以后我们在热力学中,将应用这一结果计算理想气体的热容量。

## 9.6　麦克斯韦速率分布律

　　我们在讨论气体分子的平均平动动能时,求得了气体分子的方均根速率 $\sqrt{\overline{v^2}}$,它是分子速率的一种统计平均值。气体在平衡状态下,并非所有分子都以方均根速率运动,而是以各种大小的速度沿着各个方向运动着,而且由于相互碰撞,每一分子的速度都在不断地改变。因此,若在某一特定时刻去观察某一特定分子,它的速度具有怎样的量值和方向,完全是偶然的。然而从大量分子的整体来看,在平衡状态下它们

的速率分布却遵从着一定的规律。有关规律早在 1859 年由麦克斯韦(J. C. Max-well)应用统计概念首先导出,因受技术条件的限制,气体分子速率分布的实验,直到 20 世纪 20 年代才实现。为了方便起见,我们先来考察测定气体分子速率的实验。

## 9.6.1　分子速率的实验测定

图 9.8 所示的是一种用来产生分子射线并可观测射线中分子速率分布的实验装置,全部装置放在高真空的容器里。图中 A 是一个恒温箱,其中产生着金属蒸气(金属蒸气可用电炉将金属加热而得到)。蒸气分子从 A 上小孔射出,经狭缝 S 形成一束定向的细窄射线。B 和 C 是两个共轴圆盘,盘上各开一狭缝,两缝略为错开,成一小角 $\theta$(约 2°)。P 是一个接受分子的显示屏。

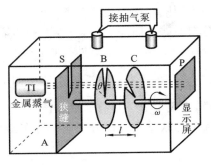

图 9.8　测定分子速率的实验装置
　　　　的示意图

当圆盘以角速度 $\omega$ 转动时,圆盘每转一周,分子射线通过 B 的狭缝一次,由于分子的速度大小不同,分子自 B 到 C 所需的时间也不同,所以并非所有通过 B 盘狭缝的分子,都能通过 C 盘狭缝而射到 P 上。如果以 $l$ 表示 B 和 C 之间的距离,$\theta$ 表示 B 和 C 两狭缝所成的角度,设分子速度的大小为 $v$,分子从 B 到 C 所需的时间为 $t$,则只有满足 $vt=l$ 和 $\omega t=\theta$ 的分子才能通过 C 盘狭缝射到屏 P 上。因为

$$t=\frac{l}{v}=\frac{\theta}{\omega}$$

所以

$$v=\frac{\omega}{\theta}l$$

也就是说,B 和 C 起着速度选择器的作用,改变 $\omega$(或 $l$ 或 $\theta$),可使速度大小不同的分子通过。由于 B 和 C 盘狭缝都有一定的宽度,所以实际上当角速度 $\omega$ 一定时,能射到 P 上的分子的速度大小并不严格相同,而是分布在一个区间 $v\sim v+\Delta v$ 内的。实验时,令圆盘先后以不同的角速度 $\omega_1,\omega_2,\omega_3,\cdots$ 转动,用光度学的方法测量各次在胶片上所沉积的金属层的厚度,从而可以比较分布在不同间隔(如 $v_1\sim v_1+\Delta v,v_2\sim v_2+\Delta v,\cdots$)内分子数的相对比值。

实验结果表明:分布在不同间隔内的分子数是不相同的,但在实验条件(如分子射线强度、温度等)不变的情况下,分布在各个间隔内分子数的相对比值却是完全确定的,尽管个别分子的速度大小是偶然的,但就大量分子整体来说,其速度大小的分布却遵守着一定的规律,这种规律称为统计分布规律。

## 9.6.2　麦克斯韦速率分布律

研究气体分子速率的分布情况,与 9.3 节中研究一般的分布问题相似,需要把速率按其大小分成若干相等的间隔。例如,从 $0\sim100$ m/s 为一个间隔,$100\sim200$ m/s 为一间隔,$200\sim300$ m/s 为一间隔,等等。我们要知道,气体在平衡状态下,分布在各个间隔之内的分子数各占气体分子总数的百分数为多少,以及大部分分子的速率分布在哪个间隔之内,等等。一句话就是要知道气体分子的速率分布函数 $f(v)$。设气体分子总数为 $N$,速率在 $v\sim v+\Delta v$ 间隔内的分子数为 $\Delta N$,则按定义,$f(v)=\dfrac{\Delta N}{N\Delta v}$ 为在速率 $v$ 附近单位速率间隔内气体分子数所占的百分数;对于单个分子来说,它表示分子具有速率在该单位速率间隔内的概率。麦克斯韦经过理论研究,指出在平衡状态中气体分子速率分布函数的具体形式为

$$f(v)=4\pi\left(\frac{m}{2\pi kT}\right)^{\frac{3}{2}}\mathrm{e}^{-\frac{mv^2}{2kT}}v^2 \tag{9.17}$$

式中:$f(v)$ 称为麦克斯韦速率分布函教。

表示速率分布函数的曲线称为麦克斯韦速率分布曲线,如图 9.9 所示。

从图 9.9(a)可以看出,深色的小长方形的面积为

$$f(v)\Delta v=\frac{\Delta N}{N\Delta v}\Delta v=\frac{\Delta N}{N}$$

表示某分子的速率在间隔 $v\sim v+\Delta v$ 内的概率,也表示在该间隔内的分子数占总分子数的百分数。在不同的间隔内,有不同面积的小长方形,说明不同间隔内的分布百分数不相同。面积越大,表示分子具有该间隔内的速率值的概率也越大。

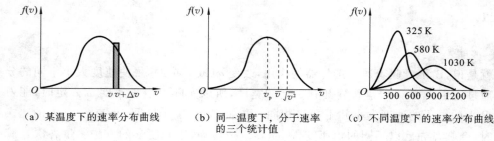

(a) 某温度下的速率分布曲线　　(b) 同一温度下,分子速率　　(c) 不同温度下的速率分布曲线
　　　　　　　　　　　　　　　　的三个统计值

图 9.9　麦克斯韦速率分布曲线

当 $\Delta v$ 足够微小时,无数矩形的面积总和将渐近于曲线下的面积,这个面积表示分子在整个速率间隔($0\sim\infty$)的概率的总和,按归一化条件,应等于 1;用公式表示时,就是已经讲过的式(9.6),即

$$\int_{0}^{+\infty}f(v)\mathrm{d}v=1$$

从速率分布曲线还可以知道,具有很大速率或很小速率的分子数较少,其百分数较低。而具有中等速率的分子数很多,百分数很高。值得我们注意的是曲线上有一个最大值,与这个最大值相应的速率值为 $v_p$,称为最概然速率。它的物理意义是,在一定温度下,速度大小与 $v_p$ 相近的气体分子的百分数为最大。也就是说,以相同速率间隔,气体分子中速度大小在 $v_p$ 附近的概率为最大。除了方均根速率和最概然速率以外,还有一个有关气体分子速率的平均值——算术平均速率,即分子速率大小的算术平均值(用 $\bar{v}$ 表示),这也是十分有用的。图 9.9(b)显示了最概然速率、方均根速率和平均速率。

不同温度下的分子速率分布曲线如图 9.9(c)所示。当温度升高时,气体分子的速率普遍增大,速率分布曲线上的最大值也向量值增大的方向迁移,亦即最概然速率增大了;但因曲线下的总面积,即分子数的百分数的总和是不变的,因此分布曲线在宽度增大的同时,高度降低,整个曲线将变得"较平坦些"。

## 9.6.3　从速率分布函数 $f(v)$ 推算分子速率的三个统计值

前面我们介绍了麦克斯韦速率分布律的主要内容,由于速率分布函数的具体数学表达式比较复杂,所以我们着重于从速率分布函数的曲线来形象地说明其物理意义。在理论讨论和计算中,有时需要用到速率分布函数的表达式。作为例子,我们应用速率分布函数计算分子速率的三个统计值。

**1. 算术平均速率 $\bar{v}$**

利用式(9.4),可得算术平均速率如下:

$$\bar{v} = \int_0^{+\infty} v f(v) \, dv = \int_0^{+\infty} 4\pi \left( \frac{m}{2\pi kT} \right)^{\frac{3}{2}} e^{-\frac{mv^2}{2kT}} v^3 \, dv$$

在上式中,利用 $b = \dfrac{m}{2kT}$,即可算得

$$\bar{v} = 4\pi \left( \frac{b}{\pi} \right)^{\frac{3}{2}} \int_0^{+\infty} v^3 e^{-bv^2} \, dv = 2\sqrt{\frac{1}{b\pi}}$$

将 $b$ 值代入得

$$\bar{v} = \sqrt{\frac{8kT}{\pi m}} = \sqrt{\frac{8RT}{\pi M}} \approx 1.60 \sqrt{\frac{RT}{M}} \tag{9.18}$$

**2. 方均根速率 $\sqrt{\overline{v^2}}$**

方均根速率 $\sqrt{\overline{v^2}}$ 与算术平均速率相似,有

$$\overline{v^2} = 4\pi \left( \frac{b}{\pi} \right)^{\frac{3}{2}} \int_0^{+\infty} v^4 e^{-bv^2} \, dv = \frac{3}{2b}$$

将 $b$ 值代入得

$$\overline{v^2} = \sqrt{\frac{3kT}{m}} = \sqrt{\frac{3RT}{M}} \approx 1.73\sqrt{\frac{RT}{M}}$$

这与前面由压强公式推得的结果相一致。

**3. 最概然速率 $v_p$**

最概然速率 $v_p$ 是指在任一温度 $T$ 时,气体中分子最可能具有的速度值。即在 $v = v_p$ 时,分布函数 $f(v)$ 应有极大值,所以 $v_p$ 可由极大值条件 $\dfrac{\mathrm{d}f}{\mathrm{d}v}\Big|_{v=v_p} = 0$ 求得。因为

$$\frac{\mathrm{d}f}{\mathrm{d}v} = 4\pi\left(\frac{b}{\pi}\right)^{3/2}(2v\mathrm{e}^{-bv^2} - v^2 2bv\mathrm{e}^{-bv^2})_{v=v_p}$$

$$= 8\pi\left(\frac{b}{\pi}\right)^{3/2} v_p\mathrm{e}^{-bv_p^2}(1 - bv_p^2) = 0$$

所以

$$v_p = \sqrt{\frac{1}{b}} = \sqrt{\frac{2kT}{m}} = \sqrt{\frac{2RT}{M}} \approx 1.41\sqrt{\frac{RT}{M}} \tag{9.19}$$

当温度升高时,三者都随 $T^{1/2}$ 而增加。这三种速率,就不同的问题有着各自的应用。在讨论速率分布时,就要用到大量分子的最概然速率;计算分子运动的平均距离时,就要用算术平均速率;计算分子的平均平动动能时,就要用方均根速率。

**例 9.5**　试计算气体分子热运动速率的大小介于 $v_p - \dfrac{v_p}{100}$ 和 $v_p + \dfrac{v_p}{100}$ 之间的分子数占总分子数的百分数。

**解**　按题意,

$$v = v_p - \frac{v_p}{100} = \frac{99}{100}v_p, \quad \Delta v = \left(v_p + \frac{v_p}{100}\right) - \left(v_p - \frac{v_p}{100}\right) = \frac{v_p}{50}$$

在此,利用 $v_p$ 引入 $W = \dfrac{v}{v_p}$,把麦克斯韦速率分布律改写成如下简单形式:

$$\frac{\Delta N}{N} = f(W)\Delta W = \frac{4}{\sqrt{\pi}}W^2\mathrm{e}^{-W^2}\Delta W \tag{9.20}$$

现在

$$W = \frac{v}{v_p} = \frac{99}{100}, \quad \Delta W = \frac{\Delta v}{v_p} = \frac{1}{50}$$

将这些量值代入式(9.20),即得

$$\frac{\Delta N}{N} = \frac{4}{\sqrt{\pi}}\left(\frac{99}{100}\right)^2 \mathrm{e}^{-\left(\frac{99}{100}\right)^2} \times \frac{1}{50} = 1.66\%$$

# *9.7　玻尔兹曼分布律　重力场中粒子按高度的分布

在提出理想气体的微观模型时,我们曾指出,理想气体分子只参与分子间的、分子和器壁间的碰撞,而不考虑其他相互作用,即不考虑分子力,也不考虑外场(如重力

场、电场、磁场等)对分子的作用。这时气体分子只有动能而没有势能,并且在空间各处密度相同。麦克斯韦速率分布适用于描述这种情形。

## 9.7.1　玻尔兹曼分布律

玻尔兹曼把麦克斯韦速率分布律推广到气体分子在任意力场中运动的情形。在麦克斯韦分布律中,指数项只包含分子的动能 $E_k = \dfrac{1}{2}mv^2$,这是考虑分子不受外力场影响的情形。当分子在保守力场中运动时,玻尔兹曼认为应以总能量 $E = E_k + E_P$,代替式(9.17)中的 $E_k$。此处 $E_P$ 是分子在力场中的势能。由于势能一般随位置而定,分子在空间的分布将是不均匀的,所以这时我们应该考虑这样的分子,不仅它们的速度限定在一定速度间隔内,而且它们的位置也限定在一定的坐标间隔内。最后玻尔兹曼所作的计算表明:气体处于平衡状态时,在一定温度下,在速度分量间隔 $(v_x \sim v_x + \Delta v_x, v_y \sim v_y + \Delta v_y, v_z \sim v_z + \Delta v_z)$ 和坐标间隔 $(x \sim x + \Delta x, y \sim y + \Delta y, z \sim z + \Delta z)$ 内的分子数为

$$\begin{aligned}
\Delta N' &= n_0 \left(\frac{m}{2\pi kT}\right)^{3/2} \mathrm{e}^{-E/kT} \Delta v_x \Delta v_y \Delta v_z \Delta x \Delta y \Delta z \\
&= n_0 \left(\frac{m}{2\pi kT}\right)^{3/2} \mathrm{e}^{-(E_k + E_p)/kT} \Delta v_x \Delta v_y \Delta v_z \Delta x \Delta y \Delta z
\end{aligned} \tag{9.21}$$

式中:$n_0$ 表示在 $E_P = 0$ 处单位体积内具有各种速度值的总分子数。

式(9.21)称为玻尔兹曼分布律。

式(9.21)表明,在上述间隔内的这些分子,总能量大致都是 $E$,其总数 $\Delta N'$ 正比于 $\mathrm{e}^{-E/kT}$,也正比 $\Delta v_x \Delta v_y \Delta v_z \Delta x \Delta y \Delta z$。这个因子 $\mathrm{e}^{-E/kT}$ 称为概率因子,是决定分布分子数 $\Delta N'$ 多少的重要因素。玻尔兹曼分布律告诉我们:在平衡状态中,当 $\Delta v_x \Delta v_y \Delta v_z \Delta x \Delta y \Delta z$ 的大小相同时,$\Delta N'$ 的多少取决于分子能量 $E$ 的大小,分子能量 $E = E_k + E_P$ 越大,分子数 $\Delta N'$ 就越少。这表明就统计的意义而言,气体分子将占据能量较低的状态。当 $T$ 一定时,气体分子的平均动能值是一定的。因此,这也意味着分子将优先占据势能较低的状态。

如果把上式对位置积分,就可得到麦克斯韦速率分布律,这应在意料之中。因为玻尔兹曼分布是由麦克斯韦速率分布推广得来的,如果把上式对速度积分,并考虑到分布函数应该满足归一化条件:

$$\iiint_{-\infty}^{+\infty} \left(\frac{m}{2\pi kT}\right)^{3/2} \mathrm{e}^{-\frac{mv^2}{2kT}} \mathrm{d}v_x \mathrm{d}v_y \mathrm{d}v_z = \int_0^{+\infty} \left(\frac{m}{2\pi kT}\right)^{3/2} \mathrm{e}^{-\frac{mv^2}{2kT}} 4\pi v^2 \mathrm{d}v = 1$$

那么,玻尔兹曼分布律也可写成如下常用形式:

$$\Delta N_B = n_0 \mathrm{e}^{-E_P/kT} \Delta x \Delta y \Delta z \tag{9.22}$$

它表明分子数是如何按位置而分布的,与 $\Delta N'$ 不同,此处的 $\Delta N_B$ 是分布在坐标间隔 $(x \sim x + \Delta x, y \sim y + \Delta y, z \sim z + \Delta z)$ 内具有各种速率的分子数,显然 $\Delta N_B$ 比 $\Delta N'$ 大得

多。

玻尔兹曼分布律是个重要的规律,它对实物微粒(气体、液体和固体分子、布朗粒子等)在不同力场中运动的情形都是成立的。

## 9.7.2　重力场中粒子按高度的分布

在重力场中,气体分子受到两种互相对立的作用。无规则的热运动将使气体分子均匀分布于它们所能到达的空间,而重力则要使气体分子聚拢在地面上,当这两种作用达到平衡时,气体分子在空间作非均匀的分布,分子数随高度减小。根据玻尔兹曼分布律,可以确定气体分子在重力场中按高度分布的规律。如果取坐标轴 $z$ 垂直向上,并设在 $z=0$ 处势能为零,单位体积内的分子数为 $n_0$,则分布在高度为 $z$ 处的体积元 $\Delta V=\Delta x \Delta y \Delta z$ 内的分子数为(将 $E_p=mgz$ 代入式(9.22)即得)

$$\Delta N_B=n_0 \mathrm{e}^{-mgz/kT}\Delta x \Delta y \Delta z \qquad (9.23)$$

以 $\Delta V=\Delta x \Delta y \Delta z$ 除上式,即得分布在高度为 $z$ 处单位体积内的分子数:

$$n=n_0 \mathrm{e}^{-mgz/kT} \qquad (9.24)$$

式(9.24)表明,在重力场中气体分子的密度 $n$ 随高度 $z$ 的增加按指数而减小。分子的质量 $m$ 越大,重力的作用越显著,$n$ 的减小就越迅速。气体的温度越高,分子的无规则热运动越剧烈,$n$ 的减小就越缓慢,图 9.10 是根据式(9.24)画出的分布曲线。

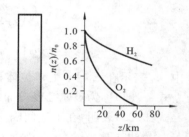

图 9.10　粒子数按高度递减曲线

应用式(9.24)就很容易确定气体压强随高度变化的关系。在一定的温度下,理想气体的压强 $p$ 与分子的密度 $n$ 成正比,即

$$p=nkT$$

由此可得

$$p=nkT=n_0 kT\mathrm{e}^{-\frac{mgz}{kT}}=p_0\mathrm{e}^{-\frac{mgz}{kT}}=p_0\mathrm{e}^{-\frac{Mgz}{RT}} \qquad (9.25)$$

式中:$p_0=n_0 kT$,表示在 $z=0$ 处的压强;$M$ 为气体的摩尔质量。

式(9.25)称为气压公式,该公式表示在温度均匀的情形下,大气压强随高度按指数减小,如图 9.10 所示。但是大气的温度是随高度变化的,所以只有在高度相差不大的范围内计算结果才与实际情形相符。在爬山和航空中,还应用该公式来估算上升的高度 $z$。将上式取对数,可得

$$z=\frac{RT}{gM}\ln \frac{p_0}{p}$$

因此,测定大气压强随高度而减小的量值,即可确定上升的高度。式(9.25)不但适用于地面的大气,还适用于浮悬在液体中的胶体微粒按高度的分布。

# 9.8 分子的平均碰撞次数及平均自由程

如上所说,在常温下气体分子是以每秒几百米的平均速率运动着的。这样看来,气体中的一切过程,好像都应在一瞬间就会完成。但实际情况并非如此,气体的混合(扩散过程)进行得相当慢。经验告诉我们,打开香水瓶以后,香水味要经过几分钟的时间才能传过几米的距离。

原来,在分子由一处(如图 9.11 中的 $A$ 点)移至另一处(如 $B$ 点)的过程中,它要不断地与其他分子碰撞,这就使分子沿着迂回的折线前进。气体的扩散、热传导过程等进行的快慢都取决于分子相互碰撞的频繁程度。

图 9.11 气体分子的碰撞

气体分子在运动中经常与其他分子碰撞,在任意两次连续的碰撞之间,一个分子所经过的自由路程的长短显然不同,经过的时间也是不同的。我们不可能也没有必要一个个地求出这些距离和时间,但是我们可以求出在 1 s 内一个分子和其他分子碰撞的平均次数,以及每两次连续碰撞间一个分子自由运动的平均路程。前者称为分子的平均碰撞次数或平均碰撞频率,以 $\bar{Z}$ 表示。后者称为分子的平均自由程,以 $\bar{\lambda}$ 表示。$\bar{\lambda}$ 和 $\bar{Z}$ 的大小反映了分子间碰撞的频繁程度。

平均自由程是气体动理论中最常用的概念之一,借助于它,我们可以不用速率分布函数,而对气体中的某些热现象作出相当简单而又成功的论证。

现在我们从计算分子的平均碰撞次数 $\bar{Z}$ 入手,导出平均自由程的公式。为使计算简单,我们假定每个分子都是直径为 $d$ 的小球。因对碰撞来说,重要的是分子间的相对运动。所以再假定除一个分子外其他分子都静止不动,只有那一个分子以平均相对速率 $\overline{v_\tau}$ 运动。当这个分子与其他分子作一次弹性碰撞时,两个分子的中心相隔的距离就是 $d$。围绕分子的中心,以 $d$ 为半径画出的球称为分子的作用球。这样在该作用球内就不会有其他同类分子的中心。

运动分子的作用球在单位时间内扫过一长度为 $\overline{v_\tau}$、横截面为 $\pi d^2$ 的圆柱体。凡是中心在该圆柱体内的其他分子,都将在 1 s 内和运动分子碰撞。由于碰撞,运动分子的速度方向要有改变,所以圆柱体并不是直线的,在碰撞之处要出现曲折,如图 9.12 中的折线 $ABCD$ 那样。曲折的存在不会很大地影响圆柱体的体积。当平均自由程远大于分子直径时,可以不必对体积进行修正。

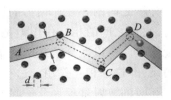

图 9.12 $\bar{Z}$ 和 $\bar{\lambda}$ 的计算

设单位体积内的分子数为 $n$,则静止分子的中心在圆柱体内的数量为 $\pi d^2 \overline{v_r} n$。此处 $\pi d^2 \overline{v_r}$ 是圆柱体的体积。因中心在圆柱体内的所有静止分子,都将在 1 s 内与运动分子相撞。所以我们所求的运动分子在 1 s 内与其他分子碰撞的平均次数 $\overline{Z}$ 为

$$\overline{Z} = \pi d^2 \overline{v_r} n$$

根据麦克斯韦速率分布律,平均相对速率与算术平均速率有关系 $\overline{v_r} = \sqrt{2}\overline{v}$,代入上式即得分子的平均碰撞次数:

$$\overline{Z} = \sqrt{2}\pi d^2 \overline{v} n \tag{9.26}$$

接下来,我们可计算分子平均自由程 $\overline{\lambda}$。由于 1 s 内每个分子平均走过的路程为 $\overline{v}$,而 1 s 内每一个分子和其他分子碰撞的平均次数为 $\overline{Z}$,所以分子平均自由程应为

$$\overline{\lambda} = \frac{\overline{v}}{\overline{Z}} = \frac{1}{\sqrt{2}\pi d^2 n} \tag{9.27}$$

上式给出了平均自由程 $\overline{\lambda}$ 和分子直径及分子数密度 $n$ 的关系(参看表 9.2)。根据 $p = nkT$,我们可以求出 $\overline{\lambda}$ 和温度 $T$ 及压强 $p$ 的关系为

$$\overline{\lambda} = \frac{kT}{\sqrt{2}\pi d^2 p} \tag{9.28}$$

由此可见,当温度一定时,$\overline{\lambda}$ 与 $p$ 成反比。压强越小,平均自由程越长(参看表 9.3)

表 9.2　标准状态下几种气体的 $\overline{\lambda}$ 和 $d$

|  | 氢 | 氮 | 氧 | 氦 |
|---|---|---|---|---|
| $\overline{\lambda}/m$ | $1.123\times10^{-7}$ | $0.599\times10^{-7}$ | $0.648\times10^{-7}$ | $1.793\times10^{-7}$ |
| $d/m$ | $2.3\times10^{-10}$ | $3.1\times10^{-10}$ | $2.9\times10^{-10}$ | $1.9\times10^{-10}$ |

表 9.3　0 ℃时不同压强下空气分子的 $\overline{\lambda}$

| 压强 /(133.3 Pa) | 760 | 1 | $10^{-2}$ | $10^{-4}$ | $10^{-6}$ |
|---|---|---|---|---|---|
| $\overline{\lambda}/m$ | $7\times10^{-8}$ | $5\times10^{-5}$ | $5\times10^{-3}$ | 0.5 | 50 |

应该注意,分子并不是真正的球体,它是由电子与原子核组成的复杂系统;分子与分子之间的相互作用力的性质(部分是属于电性的)也相当复杂。当分子间距极近时,它们之间的相互作用力是斥力,并且这种斥力是随分子间距离的继续减小而很快地增大。所以两分子在运动中相互靠近后,由于相斥又使它们改变原来的运动方向而飞开,这一相互作用的过程我们就称为碰撞。所以碰撞实质上是在分子力作用下相互间的散射过程。分子间的相互斥力开始起显著作用时,两分子质心间的最小距离的平均值就是 $d$,所以 $d$ 称为分子的有效直径。实验证明,气体密度一定时,分子的有效直径将随速度的增加而减小,所以当 $T$ 与 $p$ 的比值一定,$\overline{\lambda}$ 将随温度而略有增加。

**例 9.6**　求氢在标准状态下，在 1 s 内分子的平均碰撞次数。已知氢分子的有效直径为 $2 \times 10^{-10}$ m。

**解**　按气体分子算术平均速率公式 $\bar{v} = \sqrt{\dfrac{8RT}{\pi M}}$ 算得

$$\bar{v} = \sqrt{\frac{8RT}{\pi M}} = \sqrt{\frac{8 \times 8.31 \times 273}{3.14 \times 2 \times 10^{-3}}} \text{ m/s} = 1.70 \times 10^3 \text{ m/s}$$

按 $p = nkT$ 算的单位体积内的分子数为

$$n = \frac{p}{kT} = \frac{1.013 \times 10^5}{1.38 \times 10^{-23} \times 273} \text{ m}^{-3} = 2.69 \times 10^{25} \text{ m}^{-3}$$

代入 $\bar{\lambda} = \dfrac{1}{\sqrt{2}\pi d^2 n}$ 和 $\bar{Z} = \dfrac{\bar{v}}{\bar{\lambda}}$ 得

$$\bar{\lambda} = \frac{1}{\sqrt{2}\pi d^2 n} = \frac{1}{1.41 \times 3.14 \times (2 \times 10^{-10})^2 \times 2.69 \times 10^{25}} \text{ m} = 2.10 \times 10^{-7} \text{ m}$$

$$\bar{Z} = \frac{\bar{v}}{\bar{\lambda}} = \frac{1.70 \times 10^3}{2.10 \times 10^{-7}} \text{ s}^{-1} = 8.10 \times 10^9 \text{ s}^{-1}$$

即在标准状态下，在 1 s 内，一个氢分子的平均碰撞次数约有 80 亿次。

# 习　题　9

一、选择题

(1) 容器中贮有一定量的理想气体，气体分子的质量为 $m$，当温度为 $T$ 时，根据理想气体的分子模型和统计假设，分子速度在 $x$ 方向的分量平方的平均值是（　　）。

(A) $\overline{v_x^2} = \dfrac{1}{3}\sqrt{\dfrac{3kT}{m}}$　　(B) $\overline{v_x^2} = \sqrt{\dfrac{3kT}{m}}$　　(C) $\overline{v_x^2} = \dfrac{3kT}{m}$　　(D) $\overline{v_x^2} = \dfrac{kT}{m}$

(2) 一瓶氦气和一瓶氮气的密度相同，分子平均平动动能相同，而且都处于平衡状态，则它们（　　）。

(A) 温度相同、压强相同

(B) 温度、压强都不相同

(C) 温度相同，但氦气的压强大于氮气的压强

(D) 温度相同，但氦气的压强小于氮气的压强

(3) 在标准状态下，氧气和氦气体积比为 $V_1/V_2 = 1/2$，都视为刚性分子理想气体，则其内能之比 $E_1/E_2$ 为（　　）。

(A) 3/10　　(B) 1/2　　(C) 5/6　　(D) 5/3

(4) 一定质量的理想气体的内能 $E$ 随体积 $V$ 的变化关系为一直线，其延长线过 $E$-$V$ 图的原点，如图 1 所示，则此直线表示的过程为（　　）。

(A) 等温过程　(B) 等压过程　(C) 等体过程　(D) 绝热过程

(5) 在恒定不变的压强下，气体分子的平均碰撞频率 $\bar{Z}$ 与气体的

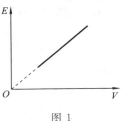

图 1

热力学温度 $T$ 的关系为(　　)。

(A) $\bar{Z}$ 与 $T$ 无关　　(B) $\bar{Z}$ 与 $T$ 成正比　　(C) $\bar{Z}$ 与 $\sqrt{T}$ 成反比　　(D) $\bar{Z}$ 与 $\sqrt{T}$ 成正比

二、填空题

(1) 某容器内分子数密度为 $10^{26}$ $\mathrm{m^{-3}}$,每个分子的质量为 $3\times10^{-27}$ kg,设其中 1/6 分子数以速率 $v=200$ m/s 垂直地向容器的一壁运动,而其余 5/6 分子或者离开此壁或者平行此壁方向运动,且分子与容器壁的碰撞为完全弹性的,则每个分子作用于器壁的冲量 $\Delta p=$ _____;每秒碰在器壁单位面积上的分子数 $n_0=$ _____;作用在器壁上的压强 $p=$ _____。

(2) 有一瓶质量为 $m$ 的氢气,温度为 $T$,视为刚性分子理想气体,则氢分子的平均平动动能为_____,氢分子的平均动能为_____,该瓶氢气的内能为_____。

(3) 容积为 $3.0\times10^2$ $\mathrm{m^3}$ 的容器内贮有某种理想气体 20 g,设气体的压强为 0.5 atm,则气体分子的最概然速率为_____,平均速率和方均根速率分别为_____。

(4) 图 2 所示的两条 $f(v)$-$v$ 曲线分别表示氢气和氧气在同一温度下的麦克斯韦速率分布曲线,由此可得氢气分子的最概然速率为_____;氧气分子的最概然速率为_____。

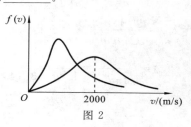

图 2

(5) 一定量的某种理想气体,当体积不变,温度升高时,其平均自由程 $\bar{\lambda}$ _____,平均碰撞频率 $\bar{Z}$ _____。(填减少、增大、不变)

三、速率分布函数 $f(v)$ 的物理意义是什么? 试说明下列各量的物理意义($n$ 为分子数密度,$N$ 为系统总分子数)。

(1) $f(v)\mathrm{d}v$　　　　　(2) $nf(v)\mathrm{d}v$　　　　　(3) $Nf(v)\mathrm{d}v$

(4) $\int_0^v f(v)\mathrm{d}v$　　　　(5) $\int_0^\infty f(v)\mathrm{d}v$　　　　(6) $\int_{v_1}^{v_2} Nf(v)\mathrm{d}v$

四、试说明下列各量的物理意义。

(1) $\dfrac{1}{2}kT$　　　　　(2) $\dfrac{3}{2}kT$　　　　　(3) $\dfrac{i}{2}kT$

(4) $\dfrac{n}{M}\dfrac{i}{2}RT$　　　　(5) $\dfrac{i}{2}RT$　　　　(6) $\dfrac{3}{2}RT$

五、设有 $N$ 个粒子的系统,其速率分布如图 3 所示。

求:(1) 分布函数 $f(v)$ 的表达式;

(2) $a$ 与 $v_0$ 之间的关系;

(3) 速度在 $1.5v_0$ 到 $2.0v_0$ 之间的粒子数;

(4) 粒子的平均速率;

(5) $0.5v_0$ 到 $v_0$ 区间内粒子平均速率。

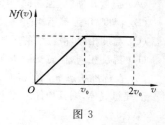

图 3

六、1 mol 氢气,在温度为 27 ℃时,它的平动动能、转动动能和内能各是多少?

七、一瓶氧气,一瓶氢气,等压、等温条件下,氧气体积是氢气的 2 倍。

求:(1) 氧气和氢气分子数密度之比;(2) 氧分子和氢分子的平均速率之比。

八、一真空管的真空度约为 $1.38\times10^{-3}$ Pa(即 $1.0\times10^{-5}$ mmHg),试求在 27 ℃时单位体积

中的分子数及分子的平均自由程(设分子的有效直径 $d = 3 \times 10^{-10}$ m)。

九、(1)求氮气在标准状态下的平均碰撞频率;

(2)若温度不变,气压降到 $1.33 \times 10^{-4}$ Pa,平均碰撞频率又为多少?(设分子有效直径为 $10^{-10}$ m)

十、上升到什么高度处大气压强减为地面的 75%(设空气的温度为 0 ℃)。

# 温度与热量

在热学的发展史中，"温度"和"热量"的区别是人们长期未搞清楚的问题。早在摄尔修斯之前的半个世纪，1693 年意大利人雷纳迪尼（C. Renaldini）就提出过以水的冰点和沸点作为温标的两个固定点。他用冷水和热水混合的办法来获得设定的温度，把这个温区平分为 12 等份。在他的概念里，温度计测量的不是热的程度，而是热的数量。等量的水混合后"热量"是它们的算术平均值。在那个时代，化学家最关心"火"（即热）对化学反应快慢的影响。荷兰化学家布尔哈夫（H. Boerhave）在 1732 年出版的《化学原理》中描述的实验也证实了上述论断，即等量的水混合后温度取平均值。但不同的物质混合后会怎样？何谓"等量"的不同物质？理解为"等重量"所做的实验是失败的，布尔哈夫确信是"等体积"，即认为同体积的任何物质，在相同的温度变化下都吸收或放出同样数量的热。他令等体积的 100 °F 水和 150 °F 水银混合，所得的温度是 120 °F 而不是预期的 125 °F。这是布尔哈夫所不能解释的，故人称"布尔哈夫疑难"。

解决热学领域中上述重大疑难的是英国化学兼物理学家布莱克（J. Black）。他仔细地审查并重复了布尔哈夫等人的工作，明确地提出，问题的症结在于人们把"热的强度（温度）"和"热的数量（热量）"搞混了。他断言，同"重量"的不同物质在发生相同温度变化时吸收或释放不同数量的热。他的学生和后人正式提出"热容量（heat capacity）"和"比热（specific heat）"的概念。布尔哈夫的实验表明，水银的热容量和比热比水的小。布莱克还把 32 °F 的冰和等质量的 172 °F 的水混合，得到的最终温度不是 102 °F 而是 32 °F，其效果是全部的冰融化为水。从大量物态变化的实验中布莱克提出了"潜热（latent heat）"的概念，即在物体状态变化时，一部分"活动的热"变成"潜藏的热"而不显示温度升高的效应。潜热的发现进一步巩固了原已存在的"热量守恒"的概念。到了 18 世纪 80 年代，量热学（calorimetry）的基本概念——温度、热量、热容量、比热、潜热等都已确立，混合量热法臻于完善，促进了热学理论的巨大发展。

# 第 10 章  热力学基础

热力学是研究物质热现象与热运动规律的一门学科,它的观点与采用的方法与物质分子动理论中的观点和方法很不相同。在热力学中,并不考虑物质的微观结构和过程,而是以观测和实验事实作根据,从能量观点出发,分析研究热力学系统状态变化中有关热功转换的关系与条件。现代社会人们越来越注意能量的转换方案和能源的利用效率,其中所涉及的范围极广的技术问题,都可用热力学的方法进行研究,其实用价值很高。热力学的理论基础是热力学第一定律和热力学第二定律。热力学第一定律其实是包括热现象在内的能量转换与守恒定律。热力学第二定律则是指明热学过程进行的方向与条件。人们发现,热力学过程包括自发过程和非自发过程,它们都有明显的单方向性,都是不可逆过程。但从理想的可逆过程入手,引进熵的概念以后,就可从熵的变化来说明实际过程的不可逆性。因此在热力学中,熵是一个十分重要的概念。热力学所研究的物质宏观性质,经过气体动理论的分析,才能了解其本质;气体动理论需经过热力学的研究而得到验证,两者相互补充不可偏废。

## 10.1  热力学第一定律

### 10.1.1  热力学过程

在热力学中,常把所研究的物体或物体组称为热力学系统,简称系统。典型的系统可以是容器内的气体分子集合或溶液中的分子集合。当系统由某一平衡状态开始进行变化时,状态的变化必然要破坏原来的平衡态,需要经过一段时间才能达到新的平衡态。系统从一个平衡态过渡到另一个平衡态所经过的变化历程就是一个热力学过程。热力学过程由于中间状态不同而被分成非静态过程和准静态过程两种。如果过程当中任一中间状态都可看作是平衡状态,则这个过程称为准静态过程,也叫平衡过程,这后一名称,我们已在第 9 章介绍过了。如果中间状态为非平衡态,则这个过程称为非静态过程。以气缸中气体的压缩或膨胀为例,推拉活塞时,气体的平衡态就被破坏,如果活塞拉得很慢,气体的平衡态被破坏后,由于系统状态变化很小,它能很快地恢复平衡,这就构成准静态过程。反之,如果活塞拉得很快,系统状态的变化很大,它来不及马上重新恢复平衡,这就是一个非静态过程。严格来说,准静态过程是无限缓慢的状态变化过程,它是实际过程的抽象,是一种理想的物理模型。要使一个热力学过程成为准静态过程或平衡过程,应该怎么办呢? 例如,要使系统的温度由

$T_1$ 升到 $T_2$ 的过程是一个平衡过程,就必须采用温度极为相近的很多物体(如装有大量水的很多水箱)作为中间热源——这些热源(如这里的水箱)的温度分别是 $T_1$,$T_1$ $+dT$,$T_1+2dT$,$\cdots$,$T_2-2dT$,$T_2-dT$,$T_2$(见图 10.1),其中 $dT$ 代表极为微小的温度差。我们把温度为 $T_1$ 的系统与温度为 $T_1+dT$ 的热源相接触,系统的温度也将升到 $T_1+dT$ 而与热源建立热平衡。然后再把系统移到温度为 $T_1+2dT$ 的热源上,使系统的温度升到 $T_1+2dT$,而与这一热源建立热平衡。依此类推,直到系统的温度升到 $T_2$ 为止。由于所有热量的传递都是在系统和热源的温度相差极为微小的情形下进行的,所以这个温度升高的过程无限接近于平衡过程。而且这种过程的进行一定是无限缓慢的,它好像是平衡状态的不断延续。热力学的研究是以平衡过程的研究为基础的,把理想的平衡过程弄清楚了,将有助于对实际的非静态过程的探讨。

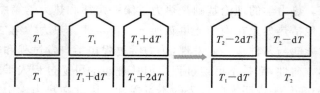

图 10.1　一系列有微小温度差的恒温热源

## 10.1.2　功、热量、内能

在热力学中,一般不考虑系统整体的机械运动。无数事实证明,热力学系统的状态变化,总是通过外界对系统做功,或向系统传递热量,或两者兼施并用来完成的。例如,升高一杯水的温度,可以通过加热,用传递热量的方法;也可用搅拌做功的方法。前者是通过热量传递来完成的,后者则是通过外界做功来完成的。两者方式虽然不同,但能导致相同的状态变化。由此可见,做功与传递热量是等效的。过去习惯上功用焦耳(J)作单位,热量用卡(cal)作单位,$1 \text{ cal}=4.186 \text{ J}$;现在在国际单位制中,功与热量都用焦耳作单位。

在力学中,我们把功定义为力与位移这两个矢量的标积,外力对物体做功的结果会使物体的状态发生变化;在做功的过程中,外界与物体之间有能量的交换,从而改变了它们的机械能。在热力学中,功的概念要广泛得多,除机械功外,还有电磁功等其他类型。对此简单介绍如下。

(1) 流体体积变化所做的功。我们以气体膨胀为例,设有一气缸,其中气体的压强为 $p$,活塞的面积为 $S$(见图 10.2)。活塞缓慢移动一微小距离 $dl$,在这一微小的变化过程中,可认为压强 $p$ 处处均匀而且不变,因此是个平衡过程。在此过程中,气体所做的功为

$$dA = pSdl = pdV \tag{10.1}$$

式中:$dV$ 是气体体积的微小增量。

在气体膨胀时,dV 是正的,dA 也是正的,表示系统对外做功;在气体被压缩时, dV 是负的,dA 也是负的,表示系统做负功,亦即外界对系统做功。

(2) 表面张力的功。在图 10.3 中,用铁丝弯成长方形框架,上面粘有液体薄膜。框架的右边 ab(长度为 l)可以移动。由于液体表面张力的存在,薄膜表面有收缩的趋势。通常把表面上单位长度直线两侧液面的相互拉力称为表面张力系数,用 α 表示。粘在框架上的液体有两个与空气接触的表面,它们使 ab 边受到一个大小为 2αl 的力,方向向左。在液膜收缩时,设想有个向右的外力 F 作用在 ab 上,使它缓慢地从 a'b' 位置收缩到 ab 位置,向左移动一距离 dx。在此过程中,表面张力所做的功为

$$dA = 2\alpha l dx = \alpha dS \tag{10.2}$$

式中:$dS = 2l dx$ 是在移动中薄膜两个表面面积的总变化。

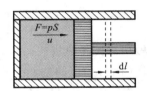 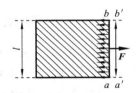

图 10.2　气体膨胀所做的功　　　图 10.3　表面张力所做功

(3) 电流的功。设有一段导线 AB,电阻为 R,两端的电势差为 $V_1 - V_2$,通过的电流为 I。我们知道,电荷受到导体内电场的作用,就在导体内作有规则的移动,同时电场力对电荷做功。在稳恒电流的情形下,在时间 t 内,通过 A 点、B 点或导线 AB 内任一点处的截面的电荷量都是 $q = It$。因此在时间 t 内,电场力对导线 AB 内各处运动电荷所做的功的总和,相当于一个量值为 q 的电荷从 A 点移到 B 点时,电场力对 q 所做的功。所以在时间 t 内,导线 AB 内的电场对运动电荷所做的功为

$$A = q(V_1 - V_2) = It(V_1 - V_2)$$

根据欧姆定律 $V_1 - V_2 = IR$,可得

$$A = I(V_1 - V_2)t = \frac{(V_1 - V_2)^2}{R}t = I^2 Rt \tag{10.3}$$

这就是电流的功。由此可见,做功是系统与外界相互作用的一种方式,也是两者的能量相互交换的一种方式。这种能量交换的方式是通过宏观的有规则运动(如机械运动、电流等)来完成的。我们把机械功、电磁功等统称为宏观功。

传递热量与做功不同,这种交换能量的方式是通过分子的无规则运动来完成的。当外界物体(热源)与系统相接触时,不需要借助于机械的方式,也不显示任何宏观运动的迹象,直接在两者的分子无规则运动之间进行着能量的交换,这就是传递热量。为了区别起见,也可把热量传递称为微观功。宏观功与微观功都是系统在状态变化时与外界交换能量的量度,宏观功的作用是把物体的有规则运动转换为系统内分子的无规则运动。而微观功则是使系统外物体的分子无规则运动与系统内分子的无规

则运动互相转换。它们只有在过程发生时才有意义,它们的大小也与过程有关,因此它们都是过程量。

　　实验证明,系统状态发生变化时,只要初、末状态给定,则不论所经历的过程有何不同,外界对系统所做的功和向系统所传递的热量的总和,总是恒定不变的。我们知道,对一系统做功将使系统的能量增加,又根据热功的等效性,可知对系统传递热量也将使系统的能量增加。由此看来,热力学系统在一定状态下,应具有一定的能量,称为热力学系统的"内能"。上述实验表明:内能的改变量只取决于初、末两个状态,而与所经历的过程无关。换句话说,内能是系统状态的单值函数。从气体动理论的观点来说,若不考虑分子内部结构,则系统的内能就是系统中所有的分子热运动的能量和分子与分子间相互作用的势能的总和。

## 10.1.3　热力学第一定律

　　在一般情况下,当系统状态发生变化时,做功与传递热量往往是同时存在的。如果有一系统,外界对它传递的热量为 $Q$,系统从内能为 $E_1$ 的初始平衡态改变到内能为 $E_2$ 的终末平衡态,同时系统对外做功为 $A$,那么不论过程如何,总有

$$Q = E_2 - E_1 + A \tag{10.4}$$

式(10.4)就是热力学第一定律。式中各量应该用同一单位,在国际单位制中,它们的单位都是 J。我们规定:系统从外界吸收热量时,$Q$ 为正值,反之为负值;系统对外界做功时,$A$ 为正值,反之为负值;系统内能增加时,$E_2 - E_1$ 为正值,反之为负值。这样,上式的意义就是:外界对系统传递的热量,一部分是使系统的内能增加,另一部分是使系统对外做功。不难看出,热力学第一定律其实是包括热量在内的能量守恒定律。对微小的状态变化过程,式(10.4)可写成

$$dQ = dE + dA \tag{10.5}$$

在热力学第一定律建立以前,有人曾企图制造一种机器,它不需要任何动力和燃料,工作物质的内能最终也不改变,却能不断地对外做功,这种永动机称为第一类永动机。所有这种企图,经过无数次的尝试,都失败了。热力学第一定律指出,做功必须由能量转换而来,很显然第一类永动机违反热力学第一定律,所以它是不可能制造成功的。

　　当气体经历一个状态变化的平衡过程时,利用式(10.1)可将式(10.4)写成

$$Q = E_2 - E_1 + \int_{V_1}^{V_2} p \, dV \tag{10.6}$$

式中 $\int_{V_1}^{V_2} p \, dV$ 在 $p$-$V$ 图上是由代表这个平衡过程的实线对 $V$ 轴所覆盖的阴影面积表示的(见图 10.4)。

　　如果系统沿图中虚线所表示的过程进行状态变化,那么它所做的功将等于虚线

下面的面积,这比实线表示的过程中的功来得大。因此,根据图示可以清楚地看到,系统由一个状态变化到另一个状态时,所做的功不仅取决于系统的初末状态,而且还与系统经历的过程有关。在式(10.6)中,$E_2 - E_1$ 与过程无关,它与系统所做的功相加所决定的热量当然也随过程的不同而不同。

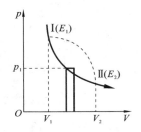

图 10.4　气体膨胀做功的图示

　　应该指出,在系统的状态变化过程中,功与热之间的转换不可能是直接的,而是通过物质系统来完成的。向系统传递热量可使系统的内能增加,再由系统的内能减少而对外做功;或者外界对系统做功,使系统的内能增加,再由内能的减少,系统向外界传递热量。通常我们说的热转换为功或功转换为热,仅仅是为了方便而使用的通俗用语。

# 10.2　热力学第一定律对于理想气体等值过程的应用

　　热力学第一定律确定了系统在状态变化过程中被传递的热量、功和内能之间的相互关系,气体、液体或固体的系统都适用。在本节中,我们讨论在理想气体的几种平衡过程中,热力学第一定律的应用。

## 10.2.1　等体过程　气体的摩尔定容热容

　　等体过程的特征是气体的体积保持不变,即 $V$ 为恒量,$\mathrm{d}V = 0$。

　　设有一气缸,活塞保持固定不动。把气缸连续地与一系列有微小温度差的恒温热源相接触,使气体的温度逐渐上升,压强增大,但是气体的体积保持不变。这样的平衡过程是一个等体过程,如图 10.5(a)所示。

　　在等体过程中,$\mathrm{d}V = 0$,所以 $\mathrm{d}A = 0$。根据热力学第一定律,得

$$\mathrm{d}Q_V = \mathrm{d}E \tag{10.7a}$$

对于有限量变化,则有

$$Q_V = E_2 - E_1 \tag{10.7b}$$

下标 $V$ 表示体积保持不变。

　　根据式(10.7b),我们看到在等体过程中,外界传给气体的热量全部用来增加气体的内能,而系统没有对外做功,如图 10.5(b)所示。

　　为了计算向气体传递的热量,我们要用到摩尔热容的概念。同一种气体在不同过程中,有不同的热容。最常用的是等体过程与等压过程中的两种热容。气体的摩尔定容热容,是指 1 mol 气体在体积不变且没有化学反应与相变的条件下,温度改变 1 K(或 1 ℃)所吸收或放出的热量,用 $C_{V,\mathrm{m}}$ 表示,其值可由实验测定。这样,质量为 $n$ 的气体在等体过程中,温度改变 $\mathrm{d}T$ 时所需要的热量就是

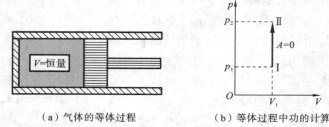

（a）气体的等体过程　　　　　（b）等体过程中功的计算

图 10.5　等体过程所做的功

$$dQ_V = \frac{n}{M} C_{V,m} dT \qquad (10.8)$$

而作为 $C_V$ 的定义式，可将上式改写成

$$C_{V,m} = \frac{dQ_V}{\dfrac{n}{M} dT}$$

把式（10.8）代入式（10.7a），即得

$$dE = \frac{n}{M} C_{V,m} dT \qquad (10.9)$$

应该注意，式（10.9）是计算过程中理想气体内能变化的通用式子，不仅仅适用于等体过程。前面已经指出，理想气体的内能只与温度有关。所以一定质量的理想气体在不同的状态变化过程中，如果温度的增量 $dT$ 相同，那么气体所吸取的热量和所做的功虽然随过程的不同而异，但是气体内能的增量却相同，与所经历的过程无关。现在从等体过程中我们知道，理想气体温度升高 $dT$ 时，内能的增量由式（10.9）给出。那么在任何过程中都可用这个式子来计算理想气体的内能增量。

已知理想气体的内能为

$$E = \frac{n}{M} \frac{i}{2} RT$$

由此得

$$dE = \frac{n}{M} \frac{i}{2} R dT$$

把它与式（10.9）相比较，可见

$$C_{V,m} = \frac{i}{2} R \qquad (10.10)$$

式（10.10）说明，理想气体的摩尔定容热容是一个只与分子的自由度有关的量，它与气体的温度无关。对于单原子气体，$i = 3$，$C_{V,m} = 12.5 \text{ J/(mol · K)}$；对于双原子气体，$i = 5$，$C_{V,m} = 20.8 \text{ J/(mol · K)}$；对于多原子气体，$i = 6$，$C_{V,m} = 24.9 \text{ J/(mol · K)}$。

## 10.2.2  等压过程  气体的摩尔定压热容

等压过程的特征是系统的压强保持不变,即 $p$ 为常量,$\mathrm{d}p=0$。

设想气缸连续地与一系列有微小温度差的恒温热源相接触,同时活塞上所加的外力保持不变。接触的结果是,将有微小的热量传给气体,使气体温度稍微升高,气体对活塞的压强也随之较外界所施的压强增加一微量,于是稍微推动活塞对外做功。由于体积的膨胀,压强降低,从而保证气体在内、外压强的量值保持不变的情况下进行膨胀。所以这一平衡过程是一个等压过程,如图 10.6(a)所示。

现在我们来计算气体的体积增加 $\mathrm{d}V$ 时所做的功 $\mathrm{d}A$。根据理想气体状态方程

$$pV = \frac{n}{M}RT$$

如果气体的体积从 $V$ 增加到 $V+\mathrm{d}V$,温度从 $T$ 增加到 $T+\mathrm{d}T$,那么气体所做的功

$$\mathrm{d}A = p\mathrm{d}V = \frac{n}{M}R\mathrm{d}T \tag{10.11}$$

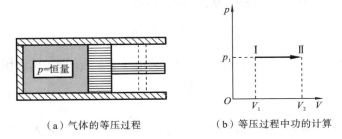

(a)气体的等压过程　　　　(b)等压过程中功的计算

图 10.6　等压过程所做的功

根据热力学第一定律,系统吸收的热量为

$$\mathrm{d}Q_p = \mathrm{d}E + \frac{n}{M}R\mathrm{d}T$$

式中:下标 $p$ 表示压强不变。

当气体从状态 I $(p,V_1,T_1)$ 等压地变为状态 II $(p,V_2,T_2)$ 时,气体对外做功(见图 10.6(b))为

$$A = \int_{V_1}^{V_2} p\mathrm{d}V = p(V_2 - V_1) \tag{10.12a}$$

或写成

$$A = \int_{T_1}^{T_2} \frac{n}{M}R\mathrm{d}T = \frac{n}{M}R(T_2 - T_1) \tag{10.12b}$$

所以,整个过程中传递的热量为

$$Q_p = E_2 - E_1 + \frac{n}{M}R(T_2 - T_1) \tag{10.13}$$

我们把 1 mol 气体在压强不变以及没有化学变化与相变的条件下,温度改变1 K 所需要的热量称为气体的摩尔定压热容,用 $C_{p,\mathrm{m}}$ 表示,即

$$C_{p,\mathrm{m}}=\frac{\mathrm{d}Q_{p,\mathrm{m}}}{\frac{n}{M}\mathrm{d}T}$$

根据这个定义可得

$$\mathrm{d}Q_{p,\mathrm{m}}=\frac{n}{M}C_{p,\mathrm{m}}\mathrm{d}T$$

又因 $E_2-E_1=\frac{n}{M}C_{V,\mathrm{m}}(T_2-T_1)$,把这两个式子代入式(10.13),可得

$$C_{p,\mathrm{m}}=C_{V,\mathrm{m}}+R \tag{10.14}$$

上式称为迈耶(J. R. Meyer)公式。它的意义是,1 mol 理想气体温度升高 1 K 时,在等压过程中比在等体过程中要多吸收 8.31 J 的热量,为的是转化为膨胀时对外所做的功。由此可见,摩尔气体常量 $R$ 等于 1 mol 理想气体在等压过程中温度升高 1 K 时对外所做的功。因 $C_{V,\mathrm{m}}=\frac{i}{2}R$,从式(10.14)得

$$C_{p,\mathrm{m}}=\frac{i}{2}R+R=\frac{i+2}{2}R \tag{10.15}$$

摩尔定压热容 $C_{p,\mathrm{m}}$ 与摩尔定容热容 $C_{V,\mathrm{m}}$ 之比,用 $\gamma$ 表示,称为比热容比,于是

$$\gamma=\frac{C_{p,\mathrm{m}}}{C_{V,\mathrm{m}}}=\frac{i+2}{i} \tag{10.16}$$

根据上式不难算出:对于单原子气体,$\gamma=\frac{5}{3}=1.67$;对于双原子气体,$\gamma=1.40$;对于多原子气体,$\gamma=1.33$。它们也都只与气体分子的自由度有关,而与气体温度无关。表10.1列举了一些气体摩尔热容的实验数据。从表中可以看出:① 对各种气体来说,两种摩尔热容之差 $C_{p,\mathrm{m}}-C_{V,\mathrm{m}}$ 都接近于 $R$;② 对于单原子及双原子气体来说,$C_{p,\mathrm{m}}$、$C_{V,\mathrm{m}}$、$\gamma$ 的实验值与理论值相接近,这说明经典的热容理论近似地反映了客观事实。但是我们也应该看到,对于分子结构较复杂的气体,即三原子以上的气体理论值与实验值显然不符,说明这些量和气体的性质有关。不仅如此,实验还指出,这些量与温度也有关系,因而上述理论是个近似理论,只有用量子理论才能较好地解决热容的问题。

表 10.1　气体摩尔热容的实验数据

| 分子的原子数 | 气体的种类 | $C_{p,\mathrm{m}}$ /J/(mol · K) | $C_{V,\mathrm{m}}$ /J/(mol · K) | $C_{p,\mathrm{m}}-C_{V,\mathrm{m}}$ /J/(mol · K) | $\gamma$ |
|---|---|---|---|---|---|
| 单原子 | 氦 | 20.9 | 12.5 | 8.4 | 1.67 |
| | 氩 | 21.2 | 12.5 | 8.7 | 1.65 |

续表

| 分子的原子数 | 气体的种类 | $C_{p,m}$ /J/(mol·K) | $C_{V,m}$ /J/(mol·K) | $C_{p,m}-C_{V,m}$ /J/(mol·K) | $\gamma$ |
|---|---|---|---|---|---|
| 双原子 | 氢 | 28.8 | 20.4 | 8.4 | 1.41 |
|  | 氮 | 28.6 | 20.4 | 8.2 | 1.41 |
|  | 一氧化碳 | 29.3 | 21.2 | 8.1 | 1.40 |
|  | 氧 | 28.9 | 21.0 | 7.9 | 1.40 |
| 3 个以上的原子 | 水蒸气 | 36.2 | 27.8 | 8.4 | 1.31 |
|  | 甲烷 | 35.6 | 27.2 | 8.4 | 1.30 |
|  | 氯仿 | 72.0 | 63.7 | 8.3 | 1.13 |

**例 10.1**　一气缸中贮有氮气,质量为 1.25 kg。在标准大气压下缓慢地加热,使温度升高 1 K。试求气体膨胀时所做的功 $A$、气体内能的增量 $\Delta E$ 以及气体所吸收的热量 $Q_p$(活塞的质量以及它与气缸壁的摩擦均可略去)。

**解**　因过程是等压的,由式(10.12b)得

$$A=\frac{n}{M}R\Delta T=\frac{1.25}{0.028}\times 8.31\times 1\ \text{J}=371\ \text{J}$$

因 $i=5$,所以 $C_{V,m}=\frac{i}{2}R=20.8\ \text{J/(mol·K)}$。由式(10.9)可得

$$\Delta E=\frac{n}{M}C_{V,m}\Delta T=\frac{1.25}{0.028}\times 20.8\times 1\ \text{J}=929\ \text{J}$$

所以,气体在这一过程中所吸收的热量为

$$Q_p=E_2-E_2+A=1300\ \text{J}$$

## 10.2.3　等温过程

等温过程的特征是系统的温度保持不变,即 $\text{d}T=0$。由于理想气体的内能只取决于温度,所以在等温过程中,理想气体的内能也保持不变,亦即 $\text{d}E=0$。

设一气缸壁是绝对不导热的,而底部则是绝对导热的,如图 10.7(a)所示。现将气缸的底部和一恒温热源相接触。当活塞上的外界压强无限缓慢地降低时,缸内气体也将随之逐渐膨胀,对外做功。气体内能随之缓慢减少,温度也将随之微微降低。但是由于气体与恒温热源相接触,当气体温度比热源温度略低时,就有微量的热量传给气体,使气体温度维持原值不变。这一平衡过程是一个等温过程。

在等温过程中 $p_1V_1=p_2V_2$,系统对外做的功为

$$A=\int_{V_1}^{V_2}p\,\text{d}V=\int_{V_1}^{V_2}\frac{p_1V_1}{V}\text{d}V=p_1V_1\ln\frac{V_2}{V_1}=p_1V_1\ln\frac{p_1}{p_2}$$

根据理想气体状态方程可得

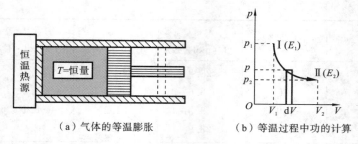

（a）气体的等温膨胀　　　（b）等温过程中功的计算

图 10.7　等温过程所做的功

$$A = \frac{n}{M}RT\ln\frac{V_2}{V_1} = \frac{n}{M}RT\ln\frac{p_1}{p_2} \qquad (10.17)$$

又根据热力学第一定律，系统在等温过程中所吸收的热量应和它所做的功相等，即

$$Q_T = A = \frac{n}{M}RT\ln\frac{V_2}{V_1} = \frac{n}{M}RT\ln\frac{p_1}{p_2} \qquad (10.18)$$

等温过程 $p$-$V$ 图上是一条等温线（双曲线）上的一段，如图 10.7(b)所示的过程 Ⅰ→Ⅱ 是一等温膨胀过程。在等温膨胀过程中，理想气体所吸取的热量全部转化为对外所做的功；反之在等温压缩时，外界对理想气体所做的功，将全部转化为传给恒温热源的热量。

# 10.3　绝热过程　*多方过程

## 10.3.1　绝热过程

在不与外界作热量交换的条件下，系统的状态变化过程称为绝热过程。它的特征是 $dQ=0$。要实现绝热平衡过程，系统的外壁必须是完全绝热的，过程也应该进行得无限缓慢，如图 10.8 所示。但在自然界中，完全绝热的器壁是找不到的，因此理想的绝热过程并不存在，实际进行的都是近似的绝热过程。例如，气体在杜瓦瓶（即通常的热水瓶）内或在用绝热材料包起来的容

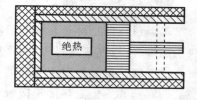

图 10.8　气体的绝热过程

器内所经历的变化过程，就可看作是近似的绝热过程。又如声波传播时所引起的空气的压缩和膨胀，内燃机中的爆炸过程等，由于这些过程进行得很快，热量来不及与四周交换，也可近似地看作是绝热过程。当然，这种绝热过程不是平衡过程。

下面讨论绝热的平衡过程中功和内能转换的情形。根据绝热过程的特征，热力学第一定律（$dQ = dE + pdV$）可写成

$$dE + pdV = 0 \quad \text{或} \quad dA = pdV = -dE$$

也就是说,在绝热过程中,只要通过计算内能的变化就能计算系统所做的功。系统所做的功完全来自内能的变化。据此,质量为 $M$ 的理想气体由温度为 $T_1$ 的初状态绝热地变到温度为 $T_2$ 的末状态,在此过程中气体所做的功为

$$A = -(E_2 - E_1) = -\frac{n}{M} C_{V,m}(T_2 - T_1) \tag{10.19}$$

在绝热过程中,理想气体的三个状态参量 $p$、$V$、$T$ 是同时变化的。可以证明,对于平衡的绝热过程,在 $p$、$V$、$T$ 三个参量中,每两者之间的相互关系式为

$$\begin{cases} pV^\gamma = 常量 \\ V^{\gamma-1}T = 常量 \\ p^{\gamma-1}T^{-\gamma} = 常量 \end{cases} \tag{10.20}$$

这些方程称为绝热过程方程,式中 $\gamma = \dfrac{C_{p,m}}{C_{V,m}}$ 为比热容比,等号右方的常量的大小在三个式子中各不相同,与气体的质量及初始状态有关,我们可按实际情况,选用一个比较方便的来应用。

当气体作绝热变化时,也可在 $p$-$V$ 图上画出 $p$ 与 $V$ 的关系曲线,这叫绝热线,在图 10.9 中的实线表示绝热线,虚线则表示同一气体的等温线,两者有些相似,$A$ 点是两线的相交点。等温线($pV =$ 常量)和绝热线 ($pV^\gamma =$ 常量)在交点 $A$ 处的斜率 $\left(\dfrac{\mathrm{d}p}{\mathrm{d}V}\right)$ 可以分别求出:

等温线的斜率 $\left(\dfrac{\mathrm{d}p}{\mathrm{d}V}\right)_T = -\dfrac{P_A}{V_A}$;绝热线的斜率 $\left(\dfrac{\mathrm{d}p}{\mathrm{d}V}\right)_Q =$ $-\gamma \dfrac{P_A}{V_A}$。由于 $\gamma > 1$,所以在两线的交点处,绝热线的斜率的绝对值比等温线的斜率的绝对值大。这表明同一

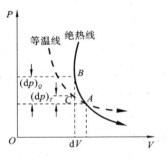

图 10.9　等温线与绝热线的斜率的比较

气体从同一初状态作同样的体积压缩时,压强的变化在绝热过程中比在等温过程中要大。我们也可用物理概念来说明这一结论:假定从交点 $A$ 起,气体的体积压缩了 $\mathrm{d}V$,那么不论过程是等温的或绝热的,气体的压强总要增加。但是,在等温过程中,温度不变,所以压强的增加只是因为体积的减小;在绝热过程中,压强的增加不仅由于体积的减小,而且还由于温度的升高。因此,在绝热过程中,压强的增量 $(\mathrm{d}p)_Q$ 应较等温过程的 $(\mathrm{d}p)_T$ 为多。所以绝热线在 $A$ 点的斜率的绝对值比等温线的大。

## 10.3.2　绝热过程方程的推导

根据热力学第一定律及绝热过程的特征($\mathrm{d}Q = 0$),可得

$$p\mathrm{d}V = -\frac{n}{M} C_{V,m}\mathrm{d}T \tag{10.21}$$

理想气体同时又要适合方程 $pV=\dfrac{n}{M}RT$。在绝热过程中,因 $p$、$V$、$T$ 三个量都在改变,所以对理想气体状态方程取微分,得

$$p\mathrm{d}V+V\mathrm{d}p=\frac{n}{M}R\mathrm{d}T$$

由式(10.21)解出 $\mathrm{d}T$,代入上式,得

$$C_{V,\mathrm{m}}(p\mathrm{d}V+V\mathrm{d}p)=-Rp\mathrm{d}V$$

但
$$R=C_{p,\mathrm{m}}-C_{V,\mathrm{m}}$$

所以
$$C_{V,\mathrm{m}}(p\mathrm{d}V+V\mathrm{d}p)=(C_{V,\mathrm{m}}-C_{p,\mathrm{m}})p\mathrm{d}V$$

简化后,得
$$C_{V,\mathrm{m}}V\mathrm{d}p+C_{p,\mathrm{m}}p\mathrm{d}V=0$$

或
$$\frac{\mathrm{d}p}{p}+\gamma\frac{\mathrm{d}V}{V}=0$$

式中:$\gamma=\dfrac{C_{p,\mathrm{m}}}{C_{V,\mathrm{m}}}$。

将上式积分,得

$$pV^{\gamma}=常量$$

这就是绝热过程中,$p$ 与 $V$ 的关系式。应用 $pV=\dfrac{n}{M}RT$ 和上式消去 $p$ 或者 $V$,即可分别求得 $V$ 与 $T$ 以及 $p$ 与 $T$ 之间的关系,如式(10.20)所示。

**例 10.2**　设有 8 g 氧气,体积为 $0.41\times10^{-3}$ m³,温度为 300 K。如氧气作绝热膨胀,膨胀后的体积为 $4.10\times10^{-3}$ m³,问气体做功多少?如氧气作等温膨胀,膨胀后的体积也是 $4.10\times10^{-3}$ m³,问这时气体做功多少?

**解**　氧气的质量是 $n=0.008$ kg,摩尔质量 $M=0.032$ kg,原来温度 $T_1=300$ K。令 $T_2$ 为氧气绝热膨胀后的温度,则按式(10.19)有

$$A=\frac{n}{M}C_{V,\mathrm{m}}(T_1-T_2)$$

根据绝热方程中 $T$ 与 $V$ 的关系式 $V_1^{\gamma-1}T_1=V_2^{\gamma-1}T_2$,得

$$T_2=T_1\left(\frac{V_1}{V_2}\right)^{\gamma-1}$$

以 $T_1=300$ K,$V_1=0.41\times10^{-3}$ m³,$V_2=4.10\times10^{-3}$ m³,及 $\gamma=1.40$ 代入上式得

$$T_2=300\times\left(\frac{1}{10}\right)^{1.40-1}\ \mathrm{K}=119\ \mathrm{K}$$

又因氧分子是双原子分子,$i=5$,$C_{V,\mathrm{m}}=\dfrac{i}{2}R=20.8$ J/(mol · K)。于是由式(10.19)得

$$A=-\frac{n}{M}C_{V,\mathrm{m}}(T_2-T_1)=\frac{1}{4}\times20.8\times181\ \mathrm{J}=941\ \mathrm{J}$$

如氧气作等温膨胀，气体所做的功为

$$A_T = \frac{n}{M}RT_1 \ln \frac{V_2}{V_1} = \frac{1}{4} \times 8.31 \times 300 \times \ln 10 \text{ J} = 1.44 \times 10^3 \text{ J}$$

**例 10.3**　两个绝热容器，体积分别是 $V_1$ 和 $V_2$，用一带有活塞的管子连起来。打开活塞前，第一个容器盛有氮气，温度为 $T_1$，第二个容器盛有氢气，温度为 $T_2$。试证明打开活塞后混合气体的温度和压强分别是

$$T = \frac{\dfrac{n_1}{M_1}C_{V_1,\text{m}}T_1 + \dfrac{n_2}{M_2}C_{V_2,\text{m}}T_2}{\dfrac{n_1}{M_1}C_{V_1,\text{m}} + \dfrac{n_2}{M_2}C_{V_2,\text{m}}}, \qquad p = \frac{1}{V_1+V_2}\left(\frac{n_1}{M_1} + \frac{n_2}{M_2}\right)RT$$

式中：$C_{V_1,\text{m}}$、$C_{V_2,\text{m}}$ 分别是氮气和氢气的摩尔定体热容；$n_1$、$n_2$ 和 $M_1$、$M_2$ 分别是氮气和氢气的质量和摩尔质量。

**解**　打开活塞后，原在第一个容器中的氮气向第二个容器中扩散，氢气则向第一个容器中扩散，直到两种气体都在两容器中均匀分布为止。达到平衡后，氮气的压强变为 $p'_1$，氢气的压强变为 $p'_2$，混合气体的压强为 $p = p'_1 + p'_2$，温度均为 $T$。在这个过程中，两种气体相互有能量交换，但由于容器是绝热的，总体积未变，两种气体组成的系统与外界无能量交换，总内能不变，所以

$$\Delta(E_1 + E_2) = \Delta E_1 + \Delta E_2 = 0 \tag{1}$$

已知 $\Delta E_1 = \dfrac{n_1}{M_1}C_{V_1,\text{m}}(T-T_1)$，$\Delta E_2 = \dfrac{n_2}{M_2}C_{V_2,\text{m}}(T-T_2)$，代入式（1）得

$$\frac{n_1}{M_1}C_{V_1,\text{m}}(T-T_1) + \frac{n_2}{M_2}C_{V_2,\text{m}}(T-T_2) = 0$$

由此解得

$$T = \frac{\dfrac{n_1}{M_1}C_{V_1,\text{m}}T_1 + \dfrac{n_2}{M_2}C_{V_2,\text{m}}T_2}{\dfrac{n_1}{M_1}C_{V_1,\text{m}} + \dfrac{n_2}{M_2}C_{V_2,\text{m}}}$$

又因混合后的氮气与氢气仍分别满足理想气体状态方程

$$p'_1(V_1+V_2) = \frac{n_1}{M_1}RT, \qquad p'_2(V_1+V_2) = \frac{n_2}{M_2}RT$$

由此得

$$p'_1 = \frac{1}{V_1+V_2}\frac{n_1}{M_1}RT, \qquad p'_2 = \frac{1}{V_1+V_2}\frac{n_2}{M_2}RT$$

两式相加，即得混合气体的压强为

$$p = \frac{1}{V_1+V_2}\left(\frac{n_1}{M_1} + \frac{n_2}{M_2}\right)RT$$

## *10.3.3　多方过程

气体的很多实际过程可能既不是等值过程，也不是绝热过程，特别在实际过程中

很难做到严格的等温或严格的绝热。对于理想气体来说,它的过程方程既不是 $pV$ =常量,也不是 $pV^\gamma$ =常量。在热力学中,常用下述方程表示实际过程中气体压强和体积的关系:

$$pV^m = 常量 \tag{10.22}$$

式中:$m$ 称为多方指数,满足上式的过程称为多方过程。

理想气体从状态 I $(p_1,V_1)$ 经多方过程而变为状态 II $(p_2,V_2)$,这时,$p_1V_1^m = p_2V_2^m$。在这个过程中,气体所做的功为

$$A = \int_{V_1}^{V_2} p\mathrm{d}V = \int_{V_1}^{V_2} \frac{p_1V_1^m}{V^m}\mathrm{d}V = p_1V_1^m\int_{V_1}^{V_2}\frac{\mathrm{d}V}{V^m}$$

$$= p_1V_1^m\left(\frac{1}{1-m}V_2^{1-m} - \frac{1}{1-m}V_1^{1-m}\right) = \frac{p_1V_1 - p_2V_2}{m-1} \tag{10.23}$$

多方过程也可用 $p$-$V$ 图表示(这并不意味着在 $p$-$V$ 图上任意画出的曲线都是多方过程)。气体在多方过程中的摩尔热容应是个常量,对此我们证明如下。

为简便起见,考虑 1 mol 理想气体。设该气体在多方过程中,当温度升高 $\mathrm{d}T$ 时,气体所吸收的热量是 $\mathrm{d}Q$。按摩尔热容定义有 $C_\mathrm{m} = \frac{\mathrm{d}Q}{\mathrm{d}T}$。所以,当该气体经历一个微小的状态变化过程时,气体所吸收的热量按热力学第一定律为

$$\mathrm{d}Q = \mathrm{d}E + p\mathrm{d}V$$

这时,气体内能的增量是

$$\mathrm{d}E = C_{V,\mathrm{m}}\mathrm{d}T$$

因为过程是多方过程,所以从式(10.22)得到

$$mV^{m-1}p\mathrm{d}V + V^m\mathrm{d}p = 0$$

又由 $pV=RT$ 得 $p\mathrm{d}V+V\mathrm{d}p=R\mathrm{d}T$,把这两个结果相结合,求得气体所做的功是

$$\mathrm{d}A = p\mathrm{d}V = -\frac{R}{m-1}\mathrm{d}T$$

把以上两式以及 $\mathrm{d}Q=C_\mathrm{m}\mathrm{d}T$ 代入 $\mathrm{d}Q=\mathrm{d}E+p\mathrm{d}V$ 中,可得

$$C_\mathrm{m}\mathrm{d}T = C_{V,\mathrm{m}}\mathrm{d}T - \frac{R}{n-1}\mathrm{d}T$$

整理得

$$C_\mathrm{m} = C_{V,\mathrm{m}} - \frac{R}{m-1}$$

因 $C_{p,\mathrm{m}}-C_{V,\mathrm{m}}=R$,$C_{p,\mathrm{m}}=\gamma\cdot C_{V,\mathrm{m}}$,所以 $(\gamma-1)C_{V,\mathrm{m}}=R$,代入上式得

$$C_\mathrm{m} = \frac{m-\gamma}{m-1}C_{V,\mathrm{m}} = \frac{m-\gamma}{(m-1)(\gamma-1)}R \tag{10.24}$$

式(10.24)表明,在多方过程中,摩尔热容是依赖于多方指数的一个常量。

引入多方过程的概念后,前面所讨论的等值过程和绝热过程都可归纳为指数不同的多方过程。例如,

$m=0$ 时，$C_{\mathrm{m}}=C_p$，过程方程为 $p=C_1$，这是等压过程；

$m=1$ 时，$C_{\mathrm{m}}=\infty$，过程方程为 $pV=C_2$，这是等温过程；

$m=\gamma$ 时，$C_{\mathrm{m}}=0$，过程方程为 $pV^\gamma=C_3$，这是绝热过程；

$m=\infty$ 时，$C_{\mathrm{m}}=C_V$，过程方程由 $p^{\frac{1}{m}}V=C_4$，可在 $m=\infty$ 时导致 $V=C_4$，这是等体过程。

表 10.2 列举了理想气体在上述各过程中的一些重要公式，可供参考。

**表 10.2  理想气体各等值过程、绝热过程和多方过程有关公式对照表**

| 过程 | 特征 | 过程方程 | 吸收热量 $Q$ | 对外做功 $A$ | 内能增量 $\Delta E$ |
|---|---|---|---|---|---|
| 等体 | $V=$常量 | $\dfrac{p}{T}=$常量 | $\dfrac{n}{M}C_{V,\mathrm{m}}(T_2-T_1)$ | $0$ | $\dfrac{n}{M}C_{V,\mathrm{m}}(T_2-T_1)$ |
| 等压 | $p=$常量 | $\dfrac{V}{T}=$常量 | $\dfrac{n}{M}C_{p,\mathrm{m}}(T_2-T_1)$ | $p(V_2-V_1)$ 或 $\dfrac{n}{M}R(T_2-T_1)$ | $\dfrac{n}{M}C_{V,\mathrm{m}}(T_2-T_1)$ |
| 等温 | $T=$常量 | $pV=$常量 | $\dfrac{n}{M}RT\ln\dfrac{V_2}{V_1}$ 或 $\dfrac{n}{M}RT\ln\dfrac{p_1}{p_2}$ | $\dfrac{n}{M}RT\ln\dfrac{V_2}{V_1}$ 或 $\dfrac{n}{M}RT\ln\dfrac{p_1}{p_2}$ | $0$ |
| 绝热 | $dQ=0$ | $pV^\gamma=$常量 $V^{\gamma-1}T=$常量 $p^{\gamma-1}T^{-\gamma}=$常量 | $0$ | $-\dfrac{n}{M}C_{V,\mathrm{m}}(T_2-T_1)$ 或 $\dfrac{p_1V_1-p_2V_2}{\gamma-1}$ | $\dfrac{n}{M}C_{V,\mathrm{m}}(T_2-T_1)$ |
| 多方 | | $pV^n=$常量 | $A+\Delta E$ | $\dfrac{p_1V_1-p_2V_2}{m-1}$ | $\dfrac{n}{M}C_{V,\mathrm{m}}(T_2-T_1)$ |

# 10.4  循环过程  卡诺循环

## 10.4.1  循环过程

物质系统经历一系列的变化过程又回到初始状态，这样周而复始的变化过程称为循环过程，或简称循环。循环所包括的每个过程称为分过程，这种物质系统称为工作物。在 $p$-$V$ 图上，工作物的循环过程用一个闭合的曲线来表示。由于工作物的内能是状态的单值函数，所以经历一个循环，回到初始状态时，内能没有改变，这是循环过程的重要特征。

在实践中，往往要求利用工作物持续不断地把热转换为功，这种装置称为热机。表面看来，理想气体的等温膨胀过程是最有利的，工作物吸取的热量可完全转化为功。但是只靠单调的气体膨胀过程来做功的机器是不切实际的，因为气缸的长度总是有限的，气体的膨胀过程就不可能无限制地进行下去。即使不切实际地把气缸做得很长，最终当气体的压强减到与外界的压强相同时，也是不能继续做功的。十分明显，要连续不断地把热转化为功，只有利用上述的循环过程，使工作物从膨胀做功以后的状态，再回到初始状态，一次又一次地重复进行下去，并且必须使工作物在返回初始状态的过程中，外界压缩工作物所做的功少于工作物在膨胀时对外所做的功，这样才能得到工作物对外所做的净功。

获得低温的装置制冷机也是利用工作物的循环过程来工作的，不过它的运行方向与热机中工作物的循环过程恰恰相反。循环过程的理论是热机和制冷机的基本理论。下面我们以卡诺循环为例，简要地说明热机和制冷机的基本原理。

## 10.4.2　卡诺循环

卡诺循环的研究，在热力学中是十分重要的。这种循环过程是 1824 年法国青年工程师卡诺（N. L. S. Carnot）对热机的最大可能效率问题进行理论研究时提出的，曾为热力学第二定律的确立起了奠基性的作用。卡诺循环是在两个温度恒定的热源（一个高温热源，一个低温热源）之间工作的循环过程。在整个循环中，工作物只和高温热源或低温热源交换能量，没有散热漏气等因素存在。现在我们来研究由平衡过程组成的卡诺循环。因为是平衡过程，所以在工作物与温度为 $T_1$ 的高温热源接触过程中，基本上没有温度差，即工作物与高温热源接触而吸热的过程是一个温度为 $T_1$ 的等温膨胀过程。同样，与温度为 $T_2$ 的低温热源接触而放热的过程是一个温度为 $T_2$ 的等温压缩过程。因为工作物只与两个热源交换能量，所以当工作物脱离两热源时所进行的过程，必然是绝热的平衡过程。因此，卡诺循环是由两个平衡的等温过程和两个平衡的绝热过程组成的。图 10.10(a) 为理想气体卡诺循环的 $p$-$V$ 图，曲线 $ab$ 和 $cd$ 表示温度为 $T_1$ 和 $T_2$ 的两条等温线。曲线 $bc$ 和 $da$ 是两条绝热线。我们先讨论以状态 $a$ 为始点，沿闭合曲线 $abcda$ 所作的循环过程。在完成一个循环后，气体的内能回到原值不变，但气体与外界通过传递热量和做功而有能量的交换。在 $abc$ 的膨胀过程中，气体对外所做的功 $A_1$ 是曲线 $abc$ 下面的面积，在 $cda$ 的压缩过程中，外界对气体所做的功 $A_2$ 是曲线 $cda$ 下面的面积。因为 $A_1 > A_2$，所以气体对外所做净功 $A=(A_1-A_2)$ 就是闭合曲线 $abcda$ 所围的面积。而热量交换的情况是，气体在等温膨胀过程 $ab$ 中，从高温热源吸取热量

$$Q_1 = \frac{n}{M}RT_1\ln\frac{V_2}{V_1}$$

气体在等温压缩过程 $cd$ 中向低温热源放出热量 $Q_2$，取绝对值，有

$$Q_2 = \frac{n}{M}RT_2\ln\frac{V_3}{V_4}$$

应用绝热方程 $T_1V_2^{\gamma-1}=T_2V_3^{\gamma-1}$ 和 $T_1V_1^{\gamma-1}=T_2V_4^{\gamma-1}$ 可得

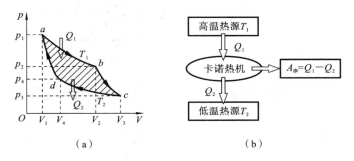

图 10.10  卡诺循环(热机)的 $p$-$V$ 图与工作示意图

$$\left(\frac{V_2}{V_1}\right)^{\gamma-1} = \left(\frac{V_3}{V_4}\right)^{\gamma-1} \rightarrow \frac{V_2}{V_1} = \frac{V_3}{V_4}$$

所以 $Q_2 = \frac{n}{M}RT_2 \ln \frac{V_3}{V_4} = \frac{n}{M}RT_2 \ln \frac{V_2}{V_1}$。

取 $Q_1$ 与 $Q_2$ 的比值,可得

$$\frac{Q_1}{T_1} = \frac{Q_2}{T_2}$$

根据热力学第一定律可知,在每一循环中高温热源传给气体的热量是 $Q_1$。其中一部分热量 $Q_2$ 由气体传给低温热源,同时气体对外所做净功为 $A = Q_1 - Q_2$。所以这个循环是热机循环,工作示意图如图 10.10(b)所示,利用这种循环可以把热不断地转变为功。热机把热转换为功的效率 $\eta$ 由下式定义:

$$\eta = \frac{A}{Q_1} = \frac{Q_1 - Q_2}{Q_1} = 1 - \frac{Q_2}{Q_1} \tag{10.25}$$

因此,卡诺热机的效率为

$$\eta_卡 = 1 - \frac{T_2}{T_1} \tag{10.26}$$

从以上的讨论中可以看出:

(1) 要完成一次卡诺循环必须有高温和低温两个热源(有时分别称为热源与冷源)。

(2) 卡诺循环的效率只与两个热源的温度有关,高温热源的温度越高,低温热源的温度越低,卡诺循环的效率越大。也就是说,当两热源的温度差越大,从高温热源所吸取的热量 $Q_1$ 的利用价值越大。

(3) 卡诺循环的效率总是小于 1 的(除非 $T_2 = 0$ K)。

热机的效率能不能到达 100%呢? 如果不可能到达 100%,最大可能效率又是多少呢? 有关这些问题的研究促成了热力学第二定律的建立。

现在,我们再讨论理想气体以状态 $a$ 为始点,沿着与热机循环相反的方向按闭合曲线 $adcba$ 所作的循环过程,如图 10.11(a)所示。显然气体将从低温热源吸取热量

$Q_2$,又接受外界对气体所做的功 $A$,向高温热源传递热量 $Q_1 = A + Q_2$。

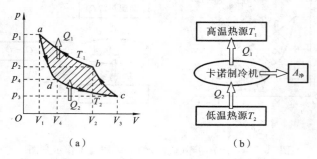

图 10.11　卡诺循环(制冷机)的 $p$-$V$ 图与工作示意图

　　由于循环从低温热源吸热,可导致低温热源(一个要使之降温的物体)的温度降得更低,这就是制冷机可以制冷的原理。要完成制冷机这个循环,必须以外界对气体所做的功为代价。制冷机的功效常用从低温热源中所吸取的热量 $Q_2$ 和所消耗的外功 $A$ 的比值来衡量,这一比值称为制冷系数,即

$$e = \frac{Q_2}{A} = \frac{Q_2}{Q_1 - Q_2} \tag{10.27}$$

对卡诺制冷机来说,

$$e_卡 = \frac{T_2}{T_1 - T_2} \tag{10.28}$$

式(10.28)告诉我们:$T_2$ 越小,$e$ 也越小,即要从温度很低的低温热源中吸取热量,所消耗的外功也越多。

　　制冷机向高温热源所放出的热量($Q_1 = Q_2 + A$)也是可以利用的。从这个卡诺循环能降低低温热源的温度来说,它是个制冷机。而从它把热量从低温热源输送到高温热源来说,它又是个热泵。在近代工程上,热泵已获得了广泛的应用。图 10.12 是压缩型制冷机示意图。它利用压缩机对氟利昂、异丁烷做功,使气体变热。这高度压缩的热气体在右方蛇形管中运行,因蛇形管被鼓风机吹风而带走热量,于是氟利昂在这个高压下略有冷却。它凝聚为液体,然后这液体进入喷嘴系统。这个系统的作用和节流过程相似,氟利昂突然膨胀到低压区去,焦耳-汤姆逊效应使之极度冷却。这个冷却气体运行到左方蛇形管中时,将从周围(冷区)吸取热量,从而稍许变暖,流回压缩机去。此处我们看到,压缩机所做的功是用来把热从冷区运送到热区(右方蛇形管周围)的,排出的热比吸收的热多,所以起到制冷的作用。而对热区来说,由于不断地吸收热量,其温度将越来越高。

　　**例 10.4**　有一卡诺制冷机,从温度为 $-10\ ℃$ 的冷藏室吸取热量,而向温度为 $20\ ℃$ 的物体放出热量。设该制冷机所耗功率为 $15\ kW$,问每分钟从冷藏室吸取的热量为多少?

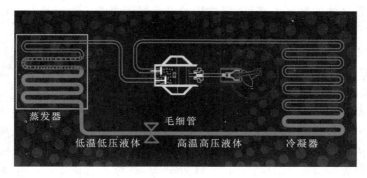

图 10.12　冰箱循环示意图

**解**　令 $T_1 = 293$ K，$T_2 = 263$ K，则制冷系数为

$$e = \frac{T_2}{T_1 - T_2} = \frac{263}{30}$$

每分钟做功为

$$A = 15 \times 10^3 \times 60 \text{ J} = 9 \times 10^5 \text{ J}$$

所以每分钟从冷藏室中吸取的热量为

$$Q_2 = eA = \frac{263}{30} \times 9 \times 10^5 \text{ J} = 7.89 \times 10^6 \text{ J}$$

此时，每分钟向温度为 20 ℃的物体放出的热量为

$$Q_1 = Q_2 + A = 8.79 \times 10^6 \text{ J}$$

**例 10.5**　内燃机的循环之一是奥托（N. A. Otto）循环。内燃机利用液体或气体燃料，直接在气缸中燃烧，产生巨大的压强而做功。内燃机的种类很多，我们只以活塞经过四个过程完成一个循环（见图 10.13 的四动程汽油内燃机（奥托循环））为例，说明整个循环中各个分过程的特征，并计算这一循环的效率。

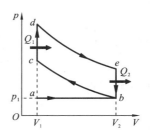

图 10.13　奥托循环

**解**　奥托循环的 4 个分过程如下：

（1）吸入燃料过程。气缸开始吸入汽油蒸气以及助燃空气，此时压强约等于 1 个标准大气压，这是个等压过程（见图中过程 $ab$）。

（2）压缩过程。活塞自右向左移动，将已吸入气缸内的混合气体加以压缩，使之体积减小，温度升高，压强增大。由于压缩较快，气缸散热较慢，可看作一绝热过程（见图中过程 $bc$）。

（3）爆炸、做功过程。在上述高温压缩气体中，用电火花或其他方式引起气体燃烧爆炸。气体压强随之骤增，由于爆炸时间极短，活塞在这一瞬间移动的距离极小，这近似是个等体过程（见图中过程 $cd$）。这一巨大的压强把活塞向右推动而做功，同时压强也随着气体的膨胀而降低,爆炸后的做功过程可看成一绝热过程(见图中过程 $de$)。

(4)排气过程。开放排气口,使气体压强突然降为大气压,该过程近似于一个等体过程(见图中过程 $eb$),然后再由飞轮的惯性带动活塞,使之从右向左移动,排出废气,这是个等压过程(见图中过程 $ba$)。

严格地说,上述内燃机进行的过程不能看作是个循环过程。因为过程进行中,最初的工作物为燃料以及助燃空气。后经燃烧,工作物变为二氧化碳、水汽等废气,从气缸向外排出不再回复到初始状态。但因内燃机做功主要是在 $p\text{-}V$ 图上 $bcdeb$ 这一封闭曲线所代表的过程中,为了分析与计算的方便,我们可换用空气作为工作物,经历 $bcdeb$ 这个循环,而把它称为空气奥托循环。

气体主要在循环的等体过程 $cd$ 中吸热(相当于在爆炸中产生的热),而在等体过程 $eb$ 中放热(相当于随废气而排出的热)。设气体的质量为 $n$,摩尔质量为 $M$,摩尔定体热容为 $C_{V,m}$,则在等体过程 $cd$ 中,气体吸取的热量 $Q_1$ 为

$$Q_1=\frac{n}{M}C_{V,m}(T_d-T_c)$$

而在等体过程 $eb$ 中放出的热量则为

$$Q_2=\frac{n}{M}C_{V,m}(T_e-T_b)$$

所以,这个循环的效率应为

$$\eta=1-\frac{Q_2}{Q_1}=1-\frac{T_e-T_b}{T_d-T_c} \tag{1}$$

把气体看作理想气体,从绝热过程 $de$ 及 $bc$ 可得如下关系:

$$T_eV^{\gamma-1}=T_dV_0^{\gamma-1}$$
$$T_bV^{\gamma-1}=T_cV_0^{\gamma-1}$$

两式相减得

$$(T_e-T_b)V^{\gamma-1}=(T_d-T_c)V_0^{\gamma-1}$$

亦即

$$\frac{T_e-T_b}{T_d-T_c}=\left(\frac{V_0}{V}\right)^{\gamma-1}$$

代入式(1),可得

$$\eta=1-\frac{1}{\left(\frac{V}{V_0}\right)^{\gamma-1}}=1-\frac{1}{\varepsilon^{\gamma-1}}$$

式中:$\varepsilon=\frac{V}{V_0}$ 称为压缩比。

计算表明,压缩比越大,效率越高。汽油内燃机的压缩比不能大于 7,否则汽油蒸气与空气的混合气体在尚未压缩至 $c$ 点时温度已高到足以引起混合气体燃烧了。

设 $\varepsilon=7,\gamma=1.4$,则

$$\eta=1-\frac{1}{7^{0.4}}=55\%$$

实际上汽油机的效率只有 25% 左右。

# 10.5　热力学第二定律

## 10.5.1　热力学第二定律

在 19 世纪初期,由于热机的广泛应用,提高热机的效率成为一个十分迫切的问题。人们根据热力学第一定律,知道制造一种效率大于 100% 的循环动作的热机只是一种空想,因为第一类永动机违反能量转换与守恒定律,所以不可能实现。但是制造一个效率为 100% 的循环动作的热机,有没有可能呢? 设想的这种热机,它只从一个热源吸取热量,并使之全部转变为功;它不需要冷源,也没有释放出热量,这种热机可不违反热力学第一定律,因而对人们有很大的吸引力。从一个热源吸热,并将热全部转变为功的循环动作的热机,称为第二类永动机。有人早就计算过,如果能制成第二类永动机,使它从海水吸热而做功的话,全世界大约有 $10^{18}$ t 海水,只要冷却 1 K 就会给出 $10^{21}$ kJ 的热量,这相当于 $10^{14}$ t 煤完全燃烧所提供的热量。无数次尝试证明,第二类永动机同样是一种幻想,也是不可能实现的。就以上节介绍的卡诺循环来说,它是个理想循环;工作物从高温热源吸取热量,经过卡诺循环,总要向低温热源放出一部分热量,才能回复到初始状态。卡诺循环的效率也总是小于 1 的。

根据这些事实,开尔文(W. T. L. Kelvin)总结出一条重要原理,称为热力学第二定律。热力学第二定律的开尔文叙述是这样的:不可能制成一种循环动作的热机,只从一个热源吸取热量,使之全部变为有用的功,而与其他物体不发生任何变化。在这一叙述中,我们要特别注意"循环动作"这几个字。如果工作物进行的不是循环过程,如气体作等温膨胀,那么气体只使一个热源冷却做功而不放出热量便是可能的。从文字上看,热力学第二定律的开尔文叙述反映了热功转换的一种特殊规律。

1850 年,克劳修斯(R. J. E. Clausius)在大量事实的基础上提出热力学第二定律的另一种叙述:热量不可能自动地从低温物体传向高温物体。从上一节卡诺制冷机的分析中可以看出,要使热量从低温物体传到高温物体,靠自发地进行是不可能的,必须依靠外界做功。克劳修斯的叙述正是反映了热量传递的这种特殊规律。

在热功转换这类热力学过程中,利用摩擦,功可以全部变为热;但是热量却不能通过一个循环过程全部变为功。在热量传递的热力学过程中,热量可以从高温物体自动传向低温物体,但热量却不能自动从低温物体传向高温物体。由此可见,自然界中出现的热力学过程是有单方向性的,某些方向的过程可以自动实现,而另一方向的

过程则不能。热力学第一定律说明在任何过程中能量必须守恒,热力学第二定律却说明并非所有能量守恒的过程均能实现。热力学第二定律是反映自然界过程进行的方向和条件的一个规律。在热力学中,它和第一定律相辅相成,缺一不可,同样是非常重要的。

从这里还可以看到,我们为什么在热力学中要把做功和传递热量这两种能量传递方式加以区别,就是因为热量传递具有只能自动从高温物体传向低温物体的方向性。

## 10.5.2　两种表述的等价性

热力学第二定律的两种表述,乍看起来似乎毫不相干,其实两者是等价的。可以证明,如果开尔文叙述成立,则克劳修斯叙述也成立;反之如果克劳修斯叙述成立,则开尔文叙述也成立。下面我们用反证法来证明两者的等价性。

假设开尔文叙述不成立,即允许有一循环 E 可以只从高温热源 $T_1$ 取得热量 $Q_1$,并把它全部转变为功 $A$ (见图 10.14)。这样我们再利用一个逆卡诺循环 D 接受 E 所做的功 $A(= Q_1)$,使它从低温热源 $T_2$ 取得热量 $Q_2$,输出热量 $Q_1 + Q_2$ 给高温热源。现在把这两个循环看成一部复合制冷机,其结果是,外界没有对它做功,而它却把热量 $Q_2$ 从低温热源传给了高温热源。这就说明,如果开尔文叙述不成立,则克劳修斯叙述也不成立。反之也可以证明,如果克劳修斯叙述不成立,则开尔文叙述也必然不成立。

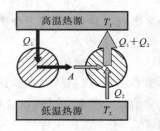

图 10.14　违反开尔文叙述的
机器＋制冷机

热力学第二定律可以有多种叙述,人们之所以公认开尔文叙述和克劳修斯叙述是该定律的标准叙述,其原因之一是热功转换和热量传递是热力学过程中最具有代表性的典型事例,又正好分别被开尔文和克劳修斯用作定律的叙述,而且这两种叙述彼此等效;原因之二是他们两人是历史上最先完整地提出热力学第二定律的人,为了尊重历史和肯定他们的功绩,所以就采用了这两种叙述。

**例 10.6**　试证在 $p$-$V$ 图上两条绝热线不能相交。

**解**　假定两条绝热线 I 与 II 在 $p$-$V$ 图上相交于一点 $A$,如图 10.15 所示。现在在图上再画一等温线 III,使它与两条绝热线组成一个循环。这个循环只有一个单热源,它把吸收的热量全部转变为功,即 $\eta = 100\%$,并使周围没有变化。显然这是违反热力学第二定律的,因此两条绝热线不能相交。

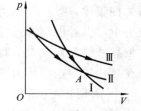

图 10.15　两条绝热线不能相交

# 10.6　可逆过程与不可逆过程　卡诺定理

## 10.6.1　可逆过程与不可逆过程

为了进一步研究热力学过程方向性的问题,有必要介绍可逆过程与不可逆过程的概念。设有一个过程,使物体从状态 A 变为状态 B。对它来说,如果存在另一个过程,它不仅使物体进行反向变化,从状态 B 回复到状态 A,而且当物体回复到状态 A 时,周围一切也都各自回复原状,则从状态 A 进行到状态 B 的过程是个可逆过程。反之如对于某一过程,不论经过怎样复杂曲折的方法都不能使物体和外界恢复到原来状态而不引起其他变化,则此过程就是不可逆过程。

如果单摆不受到空气阻力和其他摩擦力的作用,则当它离开某一位置后,经过一个周期又回到原来位置,且周围一切都没有变化,因此单摆的摆动是一可逆过程。由此可以看出,单纯的、无机械能耗散的机械运动过程是可逆过程。

现在我们分析热力学过程的性质。例如,通过摩擦,功变为热量的过程。根据热力学第二定律,热量不可能通过循环过程全部变为功,因此功通过摩擦转换为热量的过程就是一不可逆过程。又如热量直接从高温物体传向低温物体也是一不可逆过程,因为根据热力学第二定律,热量不能再自动地从低温物体传向高温物体。

以上两个例子是可以直接用热力学第二定律来判明的不可逆过程。现在我们再举两个不可逆过程的例子,它们要间接用热力学第二定律来证明。设有一容器分为 A、B 两室,A 室中贮有理想气体,B 室中为真空,如图 10.16 所示。如果将隔板抽开,A 室中的气体将向 B 室膨胀,这是气体对真空的自由膨胀。最后气体将均匀分布于 A、B 两室中,温度与原来温度相同。气体膨胀后,我们仍可用活塞将气体等温地压回 A 室,使气体回到初始状态。不过应该注意,此时我们必须对气体做功,所做的功转化为气体向外界传出的热量。根据热力学第二定律,我们无法通过循环过程再将这热量完全转化为功,所以气体对真空的自由膨胀过程是不可逆过程。

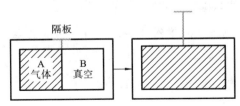

图 10.16　气体的自由膨胀

气体迅速膨胀的过程也是不可逆的。气缸中气体迅速膨胀时,活塞附近气体的压强小于气体内部的压强。设气体内部的压强为 $p$,气体迅速膨胀一微小体积 $\Delta V$,

则气体所做的功 $A_1$ 将小于 $p\Delta V$。然后将气体压回原来体积,活塞附近气体的压强不能小于气体内部的压强,外界所做的功 $A_2$ 不能小于 $p\Delta V$。因此迅速膨胀后,我们虽然可以将气体压缩,使它回到原来状态,但外界必须多做功 $A_2-A_1$。功将增加气体的内能,随后以热量形式放出。根据热力学第二定律,我们不能通过循环过程再将这部分热量全部变为功,所以气体迅速膨胀的过程也是不可逆过程。只有当气体膨胀非常缓慢,活塞附近的压强非常接近于气体内部的压强 $p$ 时,气体膨胀一微小体积 $\Delta V$ 所做的功恰好等于 $p\Delta V$。那么我们才可能非常缓慢地对气体做功 $p\Delta V$,将气体压回原来体积。所以只有非常缓慢的亦即平衡的膨胀过程,才是可逆的膨胀过程。同理我们也可以证明,只有非常缓慢的亦即平衡的压缩过程,才是可逆的压缩过程。

由上可知,在热力学中,过程的可逆与否和系统所经历的中间状态是否平衡密切相关。只有过程进行得无限缓慢,且没有摩擦等引起机械能的耗散,由一系列无限接近于平衡状态的中间状态所组成的平衡过程,才是可逆过程。当然这在实际情况中是办不到的。我们可以实现的只是与可逆过程非常接近的过程,也就是说可逆过程只是实际过程在某种精确度上的极限情形。

实践中遇到的一切过程都是不可逆过程,或者说只是或多或少地接近可逆过程。研究可逆过程,也就是研究从实际情况中抽象出来的理想情况,可以基本上掌握实际过程的规律性,并可由此出发去进一步找寻实际过程的更精确的规律。

自然现象中的不可逆过程是多种多样的,各种不可逆过程之间存在着内在的联系。由热功转化的不可逆性证明气体自由膨胀的不可逆性,就是反映了这种内在联系。

## 10.6.2　卡诺定理

卡诺循环中每个过程都是平衡过程,所以卡诺循环是理想的可逆循环。由可逆循环组成的热机称为可逆机。

从热力学第二定律可以证明热机理论中非常重要的卡诺定理,它指出:

(1)在同样高低温热源(高温热源的温度为 $T_1$,低温热源的温度为 $T_2$)之间工作的一切可逆机,不论用什么工作物,效率都等于 $\left(1-\dfrac{T_2}{T_1}\right)$。

(2)在同样高低温热源之间工作的一切不可逆机的效率,不可能高于(实际上是小于)可逆机,即

$$\eta \leqslant 1-\frac{T_2}{T_1}$$

卡诺定理指出了提高热机效率的途径。就过程而论,应当使实际的不可逆机尽量地接近可逆机。对高温热源和低温热源的温度来说,应该尽量地提高两热源的温度差,温度差越大则热量的可利用的价值也越大。但是在实际热机中,如蒸汽机等,低温热源的温度,就是用来冷却蒸汽的冷凝器的温度。想获得更低的低温热源温度,

就必须用制冷机。而制冷机要消耗外功,因此用降低低温热源的温度来提高热机的效率是不经济的,所以要提高热机的效率应当从提高高温热源的温度着手。

### *10.6.3　卡诺定理的证明

(1) 在同样高低温热源之间工作的一切可逆机,不论用什么工作物,它们的效率均等于 $\left(1-\dfrac{T_2}{T_1}\right)$。

设有两热源:高温热源,温度为 $T_1$;低温热源,温度为 $T_2$。一卡诺理想可逆机 E 与另一可逆机 E′(不论用什么工作物),在此两热源之间工作,如图 10.17 所示。设法调节使两热机可做相等的功 $A$,现在使两机结合,由可逆机 E′从高温热源吸取热量 $Q'_1$,向低温热源放出热量 $Q'_2 = Q'_1 - A$,它的效率为 $\eta' = \dfrac{A}{Q'_1}$。可逆机 E′所做的功 $A$ 恰好供给卡诺机 E,而使 E 逆向进行,从低温热源吸取热量 $Q_2 = Q_1 - A$,向高温热源放出热量 $Q_1$,卡诺机效率为 $\eta = \dfrac{A}{Q_1}$。我们试用反证法,先假设 $\eta' > \eta$。由 $\dfrac{A}{Q'_1} > \dfrac{A}{Q_1}$,可知

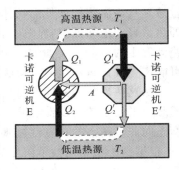

图 10.17　卡诺可逆机

$$Q'_1 < Q_1$$

由 $Q_1 - Q_2 = Q'_1 - Q'_2$,可知

$$Q'_2 < Q_2$$

在两机一起运行时,可把它们看作一部复合机。结果成为外界没有对这复合机做功,而复合机却能将热量 $Q_2 - Q'_2 = Q_1 - Q'_1$ 从低温热源送至高温热源,这就违反了热力学第二定律。所以 $\eta' > \eta$ 为不可能,即 $\eta \geqslant \eta'$。

反之使卡诺机 E 正向运行,而使可逆机 E′逆向运行,则又可证明 $\eta > \eta'$ 为不可能,即 $\eta \leqslant \eta'$。从上述两个结果中可知 $\eta > \eta'$ 或 $\eta' > \eta$ 均不可能,只有 $\eta = \eta'$ 才成立。也就是说在相同的 $T_1$ 和 $T_2$ 两温度的高低温热源间工作的一切可逆机,其效率均等于 $\left(1-\dfrac{T_2}{T_1}\right)$。

(2) 在同样的高温热源和同样的低温热源之间工作的不可逆机,其效率不可能高于可逆机。

如果用一个不可逆机 E″来代替上述中所说的 E′。按同样方法,我们可以证明 $\eta''>\eta$ 为不可能,即只有 $\eta \geqslant \eta''$。由于 E″是不可逆机,因此无法证明 $\eta \leqslant \eta''$。

所以结论是 $\eta \geqslant \eta''$,也就是说,在相同的 $T_1$ 和 $T_2$ 两温度的高低温热源间工作的不可逆机,它的效率不可能大于可逆机的效率。

# 10.7　熵

## 10.7.1　熵的存在

根据热力学第二定律,我们论证了一切与热现象有关的实际宏观过程都是不可逆的。也就是说,一个过程产生的效果,无论用什么曲折复杂的方法,都不能使系统恢复原状而不引起其他变化。如在一系统中,有两个温度不同的物体相接触,这时热量总是从高温物体向低温物体传递,直到两物体处于热平衡为止。与之相反的过程,即热量自动地从低温物体向高温物体传递,而把前一过程的效果完全消除的现象则绝无发生的可能。又如气体能自动地向真空作自由膨胀,从而充满整个容器,但是不可能产生气体自动地向一边收缩而使另一边出现真空的现象。

从这些现象的共同特点可以看出:当给定系统处于非平衡态时,总要发生从非平衡态向平衡态的自发性过渡;反之当给定系统处于平衡态时,系统却不可能发生从平衡态向非平衡态的自发性过渡。我们希望能找到一个与系统平衡状态有关的状态函数,根据这个状态函数单向变化的性质来判断实际过程进行的方向。下面我们将看到,这个新的状态函数确实是存在的。

已知理想气体卡诺热机的效率是

$$\eta=\frac{Q_1+Q_2}{Q_1}=\frac{T_1-T_2}{T_1}$$

这里我们改用 $Q_2$ 表示气体从低温热源吸收的热量,因为 $Q_2$ 是负值,所以上式中 $Q_2$ 之前用了正号。从上式可知

$$-\frac{Q_1}{Q_2}=\frac{T_1}{T_2}$$

根据卡诺定理,这个公式对任何卡诺可逆机都适用,并与工作物无关。现把上式改写成

$$\frac{Q_1}{T_1}=-\frac{Q_2}{T_2}\quad\text{或者}\quad\frac{Q_1}{T_1}+\frac{Q_2}{T_2}=0$$

此式说明在卡诺循环中,量 $\frac{Q}{T}$ 的总和等于零(注意到 $Q_1$ 和 $Q_2$ 都表示气体在等温过程中所吸收的热量)。

实际上,对于任意可逆循环,一般都可近似地看作由许多微小的卡诺循环组成,其中任一个微卡诺循环有 $\sum\frac{Q}{T}=0$,而且所取的微卡诺循环数目越多就越接近于实际的循环过程,如图 10.18 所示。在极限情况下,循环的数目趋于无穷大,因而对 $\frac{Q}{T}$ 由求和变为积分。于是对任一可逆循环有

$$\oint \left(\frac{\mathrm{d}Q}{T}\right)_{可逆} = 0 \qquad (10.29)$$

式中：$\oint$ 表示积分沿整个循环过程进行；$\mathrm{d}Q$ 表示在各无限短的过程中吸收的微小热量。

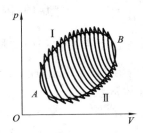

图 10.18　微卡诺循环与实际的循环过程

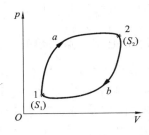

图 10.19　熵的引入

我们把式(10.29)用于图 10.19 中的 $1a2b1$ 循环，就可得出熵存在的结论。这时

$$\oint \left(\frac{\mathrm{d}Q}{T}\right)_{可逆} = \int_{1a2}\left(\frac{\mathrm{d}Q}{T}\right)_{可逆} + \int_{2b1}\left(\frac{\mathrm{d}Q}{T}\right)_{可逆} = 0$$

或写成

$$\int_{1a2}\left(\frac{\mathrm{d}Q}{T}\right)_{可逆} = -\int_{2b1}\left(\frac{\mathrm{d}Q}{T}\right)_{可逆} = \int_{1b2}\left(\frac{\mathrm{d}Q}{T}\right)_{可逆}$$

上式表明，系统从状态 1 变为状态 2，可用无限多种方法进行；在所有这些可逆过程中，系统可得到不同的热量，但在所有情况中，$\int\left(\frac{\mathrm{d}Q}{T}\right)_{可逆}$ 将有相同的数值。

也就是说，$\int\left(\frac{\mathrm{d}Q}{T}\right)_{可逆}$ 与过程无关，只依赖于始末状态。因此系统确实存在一个状态函数，我们把这个状态函数称为熵，并以 $S$ 表示之。如以 $S_1$ 和 $S_2$ 分别表示状态 1 和状态 2 时的熵，那么系统沿可逆过程从状态 1 变到状态 2 时熵的增量

$$S_2 - S_1 = \int_1^2 \left(\frac{\mathrm{d}Q}{T}\right)_{可逆} \qquad (10.30)$$

对于一段无限小的可逆过程，上式可写成微分形式：

$$\mathrm{d}S = \left(\frac{\mathrm{d}Q}{T}\right)_{可逆} \qquad (10.31)$$

即在可逆过程中，可把 $\frac{\mathrm{d}Q}{T}$ 看作系统的熵变。而且从式(10.29)中还可看出：在一个可逆循环中，系统的熵变等于零。这些结论都是很重要的。

## 10.7.2　自由膨胀的不可逆性

现在我们应用熵的概念讨论不可逆过程，其中自由膨胀是不可逆过程的典型例

子。通过对它的不可逆性所作的微观剖析,将使我们对熵的认识更加深刻。设理想气体在膨胀前的体积为 $V_1$,压强为 $p_1$,温度为 $T$,熵为 $S_1$。膨胀后体积变为 $V_2$($V_2 > V_1$),压强降为 $p_2$($p_2 < p_1$),而温度不变。因气体现在的状态不同于初状态,它的熵可能变化,用 $S_2$ 表示这时的熵。我们来计算这一过程中的熵变。有人考虑到在自由膨胀中 $dQ = 0$,于是由式(10.31)求得 $dS = \dfrac{dQ}{T} = 0$,这是错误的,因为只有对可逆过程,才能把 $\dfrac{dQ}{T}$ 理解为熵的变化。为了计算系统在不可逆过程中的熵变,要利用熵是状态函数的性质。也就是说,熵的变化只取决于初态与终态,而与所经历的过程无关。因此,我们可任意设想一个可逆过程,使气体从状态 1 变为状态 2,从而计算这一过程中的熵变,所得结果应该是一样的。在自由膨胀的情况下,我们假设一可逆等温膨胀过程,让气体从 $V_1$、$p_1$、$T$ 和 $S_1$,变化为 $V_2$、$p_2$、$T$ 和 $S_2$。在这等温过程中,系统的熵也是从 $S_1$ 变到 $S_2$,但所吸收的热量 $dQ > 0$。因为在等温过程中,气体温度不变,系统对外做功,其值与气体从外界吸收的热量相等,所以熵的变化为

$$S_2 - S_1 = \int_1^2 \frac{dQ}{T} = \int_1^2 \frac{pdV}{T} = \frac{n}{M}R \int_{V_1}^{V_2} \frac{dV}{V} = \frac{n}{M}R \ln \frac{V_2}{V_1} > 0$$

也就是说,气体在自由膨胀这个不可逆过程中,它的熵是增加的。

　　气体自由膨胀的不可逆性,也可用气体动理论的观点给以解释。如图 10.20 所示,用隔板将容器分成容积相等的 A、B 两室,使 A 部充满气体,B 部保持真空。我们考虑气体中任一个分子,如分子 a。在隔板抽掉前,它只能在 A 室运动;把隔板抽掉后,它就在整个容器中运动。由于碰撞,它就可能一会儿在 A 室,一会儿在 B 室。因此就单个分子看来,它是有可能自动地退回到 A 室的。因为它在 A、B 两室的机会是均等的,

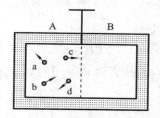

图 10.20　气体自由膨胀不可逆性的统计意义

所以退回到 A 室的概率是 $\dfrac{1}{2}$。如果我们考虑 4 个分子,把隔板抽掉后,它们将在整个容器内运动,如果以 A 室和 B 室来分类,则这 4 个分子在容器中的分布有 16 种可能,且每一种分布状态出现的概率相等,具体情况如表 10.3 所示。

**表 10.3　分子的分布**

分子的分布

| 容器部分 | A | 0 | abcd | a | b | c | d | bcd | acd | abd | abc | ab | ac | ad | bc | bd | cd | 总计 |
|---|---|---|---|---|---|---|---|---|---|---|---|---|---|---|---|---|---|---|
| | B | abcd | 0 | bcd | acd | abd | abc | a | b | c | d | cd | bd | bc | ad | ac | ab | |
| 状态数 | | 1 | 1 | | | 4 | | | | 4 | | | | 6 | | | | 16 |

从表 10.3 可以看出：4 个分子同时退回到 A 室的可能性是存在的，其概率为 $\frac{1}{16}$ $= \frac{1}{2^4}$，但比一个分子退回 A 室的概率少了很多。相应的计算可以证明：如果共有 $N$ 个分子，若以分子处在 A 室或 B 室来分类，则共有 $2^N$ 种可能的分布，而全部 $N$ 个分子都退回到 A 室的概率为 $\frac{1}{2^N}$。例如，对 1 mol 的气体来说，$N \approx 6 \times 10^{23}$，当所有气体自由膨胀后，这些分子全都退回到 A 室的概率是 $\frac{1}{2^{6 \times 10^{23}}}$，这个概率如此之小，实际上是不会实现的。

由以上的分析可以看到，如果我们以分子在 A 室或 B 室分布的情况来分类，把每一种可能的分布称为一个微观状态，则 $N$ 个分子共有 $2^N$ 个可能的概率均等的微观状态，但是全部气体都集中在 A 室这样的宏观状态却仅包含了一个可能的微观状态。而基本上是均匀分布的宏观状态包含了 $2^N$ 个可能的微观状态中的绝大多数。一个宏观状态，它所包含的微观状态的数目越多，分子运动的混乱程度就越高，实现这种宏观状态的方式也越多，即这个宏观状态出现的概率也越大。就全部气体分子都集中回到 A 室这样的宏观状态来说，它只包含了一个可能的微观状态，分子运动显得很有秩序，很有规则，亦即混乱程度极低，实现这种宏观状态的方式只有一个，因而这个宏观状态出现的概率也就小得接近于零。由此可见，自由膨胀的不可逆性，实质上反映了这个系统内部发生的过程总是由概率小的宏观状态向概率大的宏观状态进行，即由包含微观状态数目少的宏观状态向包含微观状态数目多的宏观状态进行。对于与之相反的过程，没有外界的影响是不可能自动实现的。

## 10.7.3　玻尔兹曼关系

根据上面的分析，我们用 $W$ 表示系统（宏观）状态所包含的微观状态数，或把 $W$ 理解为（宏观）状态出现的概率，并称为热力学概率或系统的状态概率。考虑到在不可逆过程中，有两个量同时在增加：一个是状态概率 $W$；另一个是熵。因此，自然可以设想这两者之间应有如下联系：

$$S = k \ln W \tag{10.32}$$

式中，$k$ 是玻尔兹曼常量，上式称为玻尔兹曼关系，是玻尔兹曼首先从理论上证明的。熵的这个定义表明它是分子热运动无序性或混乱性的量度。为什么这样说呢？

以气体为例，分子数目越多，可以占有体积越大，分子可能出现的位置与速度就越多样化。这时系统可能出现的微观状态就越多，即分子运动的混乱程度就越高。如果把气体分子设想为都处于同一速度元间隔与同一空间元间隔之内，则气体的分子运动将是很有规则的,混乱程度应该是零。显然,由于这时宏观状态只包含一个微观状态,即系统的宏观状态只能以一种方式产生出来,所以状态的热力学概率是 1,代入式(10.32)得到熵等于零的结果。但是如果系统的宏观状态包含许多微观状态,那么它就能以许多方式产生出来,$W$ 将是很大的,因而高度可能的宏观状态的熵也是大的。对自由膨胀这类不可逆过程来说,实质上表明这个系统内自发进行的过程总是沿着熵增加的方向进行的。

最后,我们将通过具体过程中分子运动无序性的增减来说明熵的增减。如在等压膨胀过程中,由于压强不变,所以体积增大的同时温度也在上升。体积的增大,表明气体分子空间分布的范围变大了;而温度的升高,则意味着气体内大部分分子的速率分布范围在扩大。这两种分布范围的变大,使气体分子运动的混乱程度增加,因而熵是增大的。又如在等温膨胀过程中,在内能不变条件下,因气体体积的增大,分子可能占有的空间位置增多了,可能出现的微观状态的数目(即状态概率)也因而增加。混乱度增高,熵是变大的。在等体降温过程中,由于温度的降低,麦克斯韦速率分布曲线变得高耸起来,气体中大部分分子速率分布的范围变窄,因此分子运动的混乱程度有所改善,熵将是减小的。最有意义的是绝热过程,对绝热膨胀来说,因系统体积的增大,分子运动的混乱程度是增大的。但系统温度的降低,却使分子运动的混乱程度减少。计算表明,在可逆的绝热过程中,这两个截然相反的作用恰好相互抵消。因此,可逆的绝热过程是个等熵过程。

**例 10.7** 试用式(10.32)计算理想气体在等温膨胀过程中的熵变。

**解** 在这个过程中,对于一指定分子,在体积为 $V$ 的容器内找到它的概率 $W_1$ 是与这个容器的体积成正比的,即

$$W_1 = cV$$

式中:$c$ 是比例系数。

对于 $N$ 个分子,它们同时在 $V$ 中出现的概率 $W$,等于各单个分子出现概率的乘积,而这个乘积也就是在 $V$ 中由 $N$ 个分子所组成的宏观状态的概率,即

$$W = W_1^N = (cV)^N$$

由式(10.32)得系统的熵为

$$S = k\ln W = kN\ln(cV)$$

经等温膨胀,熵的增量为

$$\Delta S = kN\ln(cV_2) - kN\ln(cV_1) = kN\ln\frac{V_2}{V_1}$$

$$= \frac{R}{N_A}\frac{N_A n}{M}\ln\frac{V_2}{V_1} = \frac{n}{M}R\ln\frac{V_2}{V_1}$$

事实上,这个结果已在自由膨胀的论证中用式(10.30)计算出来了。

# 10.8  熵增加原理  热力学第二定律的统计意义

## 10.8.1  熵增加原理

我们在上节已经指出,可逆的绝热过程是个等熵过程,系统的熵是不变的。上节讨论的自由膨胀过程也是个绝热过程,但它是个不可逆的绝热过程,具有明显的单方向性。这时系统的熵不是不变而是增加了。

不可逆过程的另一典型例子是热传导,它也是一个具有明显单方向性的过程。在这个过程中,系统的熵又是怎样变化的呢? 设有温度不同的两物体 1 和 2,它们与外界没有能量交换。当两者相互接触时,如果 $T_1 > T_2$,那么在一个很短时间内将有热量 $dQ$ 从物体 1 传到物体 2。显然对每个物体来说,进行的都不是绝热过程,但它们与外界没有能量交换。我们把与外界不发生任何相互作用的系统称为封闭系统。这样物体 1 与物体 2 组成了一个封闭系统,对一个封闭系统来说,不论系统内各物体间发生了什么过程(包括热传导),作为整个系统而言,过程是绝热的。现在我们考察上述这个封闭系统中的熵变情况,当物体 1 向物体 2 传递微小热量 $dQ$ 时,两者的温度都不会显著改变。我们可设想一可逆的等温过程来计算熵变。这样物体 1 的熵变是 $-\dfrac{dQ}{T_1}$,物体 2 的熵变是 $\dfrac{dQ}{T_2}$,于是系统总的熵变为

$$\frac{dQ}{T_2} - \frac{dQ}{T_1}$$

由于 $T_1 > T_2$,上式结果大于零。这说明在封闭系统中的热传导过程也引起了整个系统熵的增加。

综上所述,无论是自由膨胀还是热传导,对于这些发生在封闭系统中的典型的不可逆过程,系统的熵总是增加的。在实际过程中,无论是自由膨胀,或者是摩擦,或者是热传导,都是不可避免的。实际过程的不可逆性,都归结为它们或多或少地与这些典型的不可逆过程有关联。因此我们的结论是,在封闭系统中发生的任何不可逆过程,都导致了整个系统的熵的增加,系统的总熵只有在可逆过程中才是不变的。这个普遍结论称为熵增加原理。熵增加原理只能用于封闭系统或绝热过程。倘若不是封闭系统或不是绝热过程,则借助外界作用,使系统的熵减小是可能的。例如,在可逆的等温膨胀中熵增加,而在可逆的等温压缩中熵减少。但是如把系统和外界作为整个封闭系统考虑,则系统的总熵是不可能减少的。在可逆过程的情况下,总熵保持不变。而在不可逆过程的情况下,总熵一定增加。因此,我们可以根据总熵的变化判断实际过程进行的方向和限度。也正是基于这个原因,我们把熵增加原理看作是热力学第二定律的另一叙述形式。

## 10.8.2　热力学第二定律的统计意义

在气体自由膨胀的讨论中,我们介绍了玻尔兹曼关系,从统计意义上了解自由膨胀的不可逆性。现在将对另外几个典型的不可逆过程作类似的讨论。

对于热量传递,我们知道,高温物体分子的平均动能比低温物体分子的平均动能要大。两物体相接触时,能量从高温物体传到低温物体的概率显然比反向传递的概率大很多。对于热功转换,功转化为热是在外力作用下宏观物体的有规则定向运动转变为分子无规则运动的过程,这种转换的概率大。反之热转化为功则是分子的无规则运动转变为宏观物体的有规则运动的过程,这种转化的概率小。所以热力学第二定律在本质上是一条统计性的规律。

一般来说,一个不受外界影响的封闭系统,其内部发生的过程,总是由概率小的状态向概率大的状态进行,由包含微观态数目少的宏观态向包含微观态数目多的宏观态进行。这才是熵增加原理的实质,也是热力学第二定律统计意义之所在。

**例 10.8**　今有 1 kg 0 ℃的冰融化成 0 ℃的水,求其熵变(设冰的熔解热为 3.35 $\times 10^5$ J/kg)。

**解**　在这个过程中,温度保持不变,即 $T = 273$ K。计算时设冰从 0 ℃的恒温热源中吸热,过程是可逆的,则

$$S_{水} - S_{冰} = \int_1^2 \frac{dQ}{T} = \frac{Q}{T} = \frac{1 \times 3.35 \times 10^5}{273} \text{ J/K} = 1.22 \times 10^3 \text{ J/K}$$

在实际熔解过程中,冰需从高于 0 ℃的环境中吸热。冰增加的熵超过环境损失的熵。所以若将系统和环境作为一个整体来看,在这过程中熵也是增加的。如让这个过程反向进行,使水结成冰,将要向低于 0 ℃的环境放热,对于这样的系统,同样导致熵的增加。

**例 10.9**　有一热容为 $C_1$、温度为 $T_1$ 的固体,与热容为 $C_2$、温度为 $T_2$ 的液体共置于一绝热容器内。(1)求平衡建立后,系统最后的温度;(2)试确定系统总的熵变。

**解**　(1)因能量守恒,要求一物体丧失的热量等于另一物体获得的热量。设最后温度为 $T'$,则有

$$\Delta Q_1 = -\Delta Q_2$$
$$C_1(T' - T_1) = -C_2(T' - T_2)$$

由此得

$$T' = \frac{C_1 T_1 + C_2 T_2}{C_1 + C_2}$$

(2)对于无限小的变化来说,$dQ = CdT$。设固体的升温过程是可逆的,则 $\Delta S_1 = \int \frac{dQ_1}{T}$。设想液体的降温过程也是可逆的,则 $\Delta S_2 = \int \frac{dQ_2}{T}$。于是我们求得总的熵变为

$$\Delta S = \int \frac{\mathrm{d}Q_1}{T} + \int \frac{\mathrm{d}Q_2}{T} = C_1 \int_{T_1}^{T'} \frac{\mathrm{d}T}{T} + C_2 \int_{T_2}^{T'} \frac{\mathrm{d}T}{T} = C_1 \ln \frac{T'}{T_1} + C_2 \ln \frac{T'}{T_2}$$

同学们应当能证明 $\Delta S > 0$，并说明这是为什么。

### 10.8.3　熵增与能量退化

　　熵与能都是状态函数，两者关系密切，而意义完全不同。"能"这一概念是从正面量度运动的转化能力的。能越大，运动转化的能力越大；熵却是从反面，即运动不能转化的一面量度运动转化的能力，熵越大，系统的能量将有越来越多的部分不再可供利用。所以熵表示系统内部能量的"退化"或"贬值"。或者说，熵是能量不可用程度的量度。我们知道的能量不仅有形式上的不同，而且还有质的差别。机械能和电磁能是可以被全部利用的有序能量，而内能则是不能全部转化的无序能量。无序能量的可资利用的部分要视系统对环境的温差而定，其百分比的上限是 $\dfrac{T_1 - T_2}{T_1}$。由此可见，无序能量总有一部分被转移到环境中去，而无法全部用来做功。当一个高温物体与一个低温物体相接触，其间发生热量的传递时，系统的总能量没有变化，但熵增加了。这部分热量传给低温物体后，成为低温物体的内能。要利用低温物体的内能做功，必须使用热机和另一个温度比它更低的冷源。但因低温物体和冷源的温差要比高温物体和同一冷源的温差小，两相比较，热量传递时内能转变为功的可能性降低了。熵增加意味着系统能量中成为不可用能量的部分在增大，这称为能量的退化。

### 10.8.4　熵增和热寂

　　伴随着热力学第二定律的确立，"热寂"说几乎一直在困扰着 19 世纪的一些物理学家。他们把热力学第二定律推广到整个宇宙，认为宇宙的熵将趋于极大，因此一切宏观的变化都将停止，全宇宙将进入"一个死寂的永恒状态"。宇宙的能量总值虽然没有变化，但都成为不可用能量，人类无法利用。而最令人不可理解的则是现实的宇宙并没有达到热寂状态。有人认为热寂说把热力学第二定律推广到整个宇宙是不对的，因为宇宙是无限的，不是封闭的。1922 年苏联学者弗里德曼在爱因斯坦引力场方程的理论研究中，找到一个临界密度，如果现在宇宙的平均密度小于这个临界密度，则宇宙是开放的、无限的，会一直膨胀下去；否则膨胀到一定时刻将转为收缩。1929 年美国天文学家哈勃的天文研究表明，星系越远，光谱线的红移越大。该现象可用星系的退行运动引起的多普勒效应来解释。据此人们会很自然地得出宇宙在膨胀的推论。对于一个膨胀着的系统，每一瞬时熵可能达到的极大值 $S_m$ 是不断增加的。当膨胀得足够快时，系统不能每时每刻跟上进程以达到新的平衡。实际上熵值 $S$ 的增长将落后于 $S_m$ 的增长，两者的差距越拉越大，这样系统的熵虽不断增加,但它距平衡态(热寂状态)却越来越远。正如现实中的宇宙充满了由无序向有序的发展与变化,呈现在我们面前的是一个丰富多彩、千差万别、生气勃勃的世界。

# 习 题 10

一、选择题

(1) 关于可逆过程和不可逆过程有以下几种说法:

① 可逆过程一定是准静态过程;② 准静态过程一定是可逆过程;③ 不可逆过程发生后一定找不到另一过程使系统和外界同时复原;④ 非静态过程一定是不可逆过程。以上说法正确的是(　　)。

(A) ①②③④　　　(B) ①②③　　　(C) ②③④　　　(D) ①③④

(2) 热力学第一定律表明(　　)。

(A) 系统对外做的功不可能大于系统从外界吸收的热量

(B) 系统内能的增量等于系统从外界吸收的热量

(C) 不可能存在这样的循环过程,在此循环过程中,外界对系统做的功不等于系统传给外界的热量

(D) 热机的效率不可能等于 1

(3) 如图 1 所示,$bca$ 为理想气体绝热过程,$b1a$ 和 $b2a$ 是任意过程,则上述两过程中气体做功与吸收热量的情况是(　　)。

(A) $b1a$ 过程放热,做负功;$b2a$ 过程放热,做负功

(B) $b1a$ 过程吸热,做负功;$b2a$ 过程放热,做负功

(C) $b1a$ 过程吸热,做正功;$b2a$ 过程吸热,做负功

(D) $b1a$ 过程放热,做正功;$b2a$ 过程吸热,做正功

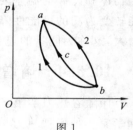

图 1

(4) 根据热力学第二定律判断下列哪种说法是正确的。(　　)

(A) 功可以全部变为热,但热不能全部变为功

(B) 热量能从高温物体传到低温物体,但不能从低温物体传到高温物体

(C) 气体能够自由膨胀,但不能自动收缩

(D) 有规则运动的能量能够变为无规则运动的能量,但无规则运动的能量不能变为有规则运动的能量

*(5) 设有以下一些过程:① 两种不同气体在等温下互相混合;② 理想气体在定体下降温;③ 液体在等温下汽化;④ 理想气体在等温下压缩;⑤ 理想气体绝热自由膨胀。在这些过程中,使系统的熵增加的过程是(　　)。

(A) ①②③　　　(B) ②③④　　　(C) ③④⑤　　　(D) ①③⑤

二、填空题

(1) 如图 2 所示,一定量理想气体,从同一状态开始把其体积由 $V$ 压缩到 $\frac{1}{2}V$,分别经历等压、等温、绝热三种过程。其中:_____ 过程外界对气体做功最多;_____ 过程气体内能减小最

多;_____过程气体放热最多。

(2) 常温常压下,一定量的某种理想气体,其分子可视为刚性分子,自由度为 $i$,在等压过程中吸热为 $Q$,对外做功为 $A$,内能增加为 $\Delta E$,则 $A/Q=$_____,$\Delta E/Q=$_____。

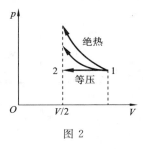

图 2

(3) 一理想卡诺热机在温度为 300 K 和 400 K 的两个热源之间工作。若把高温热源温度提高 100 K,则其效率可提高为原来的_____倍;若把低温热源温度降低 100 K,则其逆循环的制冷系数将降低为原来的_____倍。

(4) 绝热容器被隔板分成两半:一半是真空;另一半是理想气体。如果把隔板撤去,气体将进行自由膨胀,达到平衡后气体的内能_____,气体的熵_____。(填增加、减小或不变)。

*(5) 1 mol 理想气体在气缸中进行无限缓慢膨胀,其体积由 $V_1$ 变到 $V_2$。当气缸处于绝热情况下时,理想气体熵的增量 $S=$_____。当气缸处于等温情况下时,理想气体熵的增量 $S=$_____。

三、如图 3 所示,一系统由状态 $a$ 沿 $acb$ 到达状态 $b$ 的过程中,有 350 J 热量传入系统,而系统做功 126 J。

(1) 当沿 $adb$ 时,系统做功 42 J,问有多少热量传入系统?

(2) 当系统由状态 $b$ 沿曲线 $ba$ 返回状态 $a$ 时,外界对系统做功为 84 J,试问系统是吸热还是放热? 热量传递是多少?

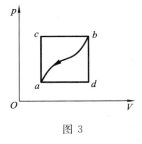

图 3

四、1 mol 单原子理想气体从 300 K 加热到 350 K,问在下列两过程中吸收了多少热量? 增加了多少内能? 对外做了多少功? (1)容积保持不变;(2)压力保持不变。

五、理想气体由初状态 $(p_1,V_2)$ 绝热膨胀至末状态 $(p_2,V_2)$。试证过程中气体所做的功为 $W=\dfrac{p_1V_1-p_2V_2}{\gamma-1}$,式中 $\gamma$ 为气体的比热容比。

六、1 mol 的理想气体的 $T$-$V$ 图如图 4 所示,$ab$ 为直线,延长线通过原点 $O$。求 $ab$ 过程气体对外做的功。

七、设有一以理想气体为工质的热机循环,如图 5 所示。试证明其循环效率为 $\eta=1-\gamma\,\dfrac{\dfrac{V_1}{V_2}-1}{\dfrac{p_1}{p_2}-1}$。

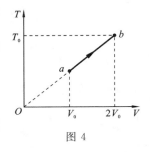

图 4

八、一卡诺热机在 1000 K 和 300 K 的两热源之间工作。试计算:

(1) 热机效率;

(2) 若低温热源不变,要使热机效率提高到 $80\%$,则高温热源温度需提高多少?

(3) 若高温热源不变,要使热机效率提高到 $80\%$,则低温热源温度需降低多少?

九、图 6 所示的是一理想气体所经历的循环过程,其中 $AB$ 和 $CD$ 是等压过程,$BC$ 和 $DA$ 为绝热过程,已知 $B$ 点和 $C$ 点的温度分别为 $T_2$ 和 $T_3$。求此循环效率,这是卡诺循环吗?

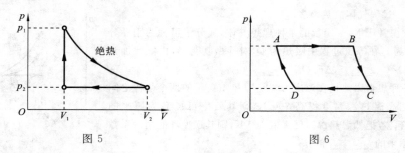

图 5　　　　　　　　　　　　　　　　图 6

十、(1) 用一卡诺循环的制冷机从 7 ℃的热源中提取 1000 J 的热量传向 27 ℃的热源,需要做多少功? 从－173 ℃向 27 ℃呢?

(2) 一可逆的卡诺机,作热机使用时,如果工作的两热源的温度差越大,则对于做功就越有利。当作制冷机使用时,如果两热源的温度差越大,对于制冷是否也越有利? 为什么?

# 麦克斯韦妖

　　麦克斯韦也给热力学第二定律出过一个难题,当时麦克斯韦意识到自然界存在着与熵增加相阻抗的能量控制机制,但他无法清晰地说明这种机制,他只能诙谐地假定一种"妖",能够按照某种秩序和规则把作随机热运动的微粒分配到一定的相格里。他设想有一个能观察到所有分子的轨迹和速度的小精灵把守着气体容器内隔板上一小孔的闸门,见到这边来了高速运动的分子就打开闸门让它到那边去,见到那边来了低速运动的分子就打开闸门让它到这边来。设想闸门是完全没有摩擦的,于是小精灵无需做功就可以使隔板两侧的气体这边越来越冷,那边越来越热。这样一来,系统的熵降低了,热力学第二定律受到了挑战。人们把这个小精灵称为麦克斯韦妖(Maxwell demon)。

　　麦克斯韦妖可不是人们想象中的那种呼风唤雨、魔法无边的巨灵,它与普通人相比,除了具有非凡的微观分辨力之外,别无他长。也就是说,麦克斯韦妖小巧玲珑,是纯智能型的。可是只凭这一点,它就能干出惊人之举。尽管许多人想弄清这个小妖精的来头,但直到 1929 年它的底细才开始被匈牙利物理学家西拉德(L. Szilard)戳穿。麦克斯韦妖有获得和储存分子运动信息的能力,它靠信息来干预系统,使它逆着自然界的自发方向行进。那么,麦克斯韦妖怎样才能获得所需的信息呢?它必须有一个温度与环境不同的微型光源去照亮分子,这就需要耗费一定的能量,产生额外的熵。也就是说,"麦克斯韦妖"实际上必须消耗能量来确定哪个分子是热的、哪个分子是冷的。按现代的观点,信息就是负熵,麦克斯韦妖将负熵输入给系统,降低了它的熵。总的来说,即使真有麦克斯韦妖存在,它的工作方式也不违反热力学第二定律。

# 第 4 篇

# 电场和磁场

人类对电磁现象的接触和认识是非常早的。最初曾认为电现象和磁现象是互不相关的，直到 1819 年奥斯特发现了电流对磁针的作用，1820 年安培发现了磁铁对电流的作用，才开始认识到电和磁的关系。1831 年，法拉第发现电磁感应定律，使人们对电和磁的关系有了更为深刻的认识。法拉第最先提出电场和磁场的观点，认为电力和磁力两者都是通过场来作用的。麦克斯韦在前人成就基础上，于 1865 年建立了系统的电磁场理论，并指出光是一种电磁波——在空间传播的交变电磁场，使光学成为电磁场理论的组成部分。本篇主要介绍电场和磁场的一些基本特性，以及电场和磁场对宏观物体（实物）的作用和相互影响，以便对电磁场的物质性和电磁场的规律有较深刻的认识。

　　电磁学是研究电荷和电流产生电场和磁场的规律，电场和磁场的相互联系，电磁场对电荷和电流的作用，电磁场对实物的作用及所引起的各种效应等。电磁现象是自然界中普遍存在的一种现象，它涉及的面很广泛，从人们的日常生活到一般的生产，从各种新技术的开发和应用到尖端的科学研究，无一不和电磁学有关。因此，电磁学部分是大学物理中很重要的基础内容。

　　电磁学内容按性质来分，主要包括"场"和"路"两部分。鉴于中学物理对路有较多的讨论，本书偏重于场的观点来进行阐述。"场"不同于实物物质，它是空间连续分布的客体，与空间分布有关。这样的对象从概念到描述方法，对初学者来说都是新的。在本书中，对有关矢量场的基本特性及描述方法——引入"通量"和"环路"两个概念及相应的高斯定理和环流定理——初步应用矢量场论的方法研究静电场，这种方法贯穿后面各章节，从这个意义上讲，真空静电场是整个电磁学课程的基础和重点，期望初学者通过对静电场内容的学习，能逐渐适应于接受用"通量"和"环路"及相应的定理来描述物质存在的另一种形式——场，因此打好了这个基础对全书的学习裨益匪浅。

# 第 11 章  真空中的静电场

本章主要研究静电场的基本性质及电场与导体、电介质的相互作用。

电场强度和电势是描述电场特性的两个重要物理量。电场的高斯定理和环流定理是反映静电场性质的基本规律。

已知场源电荷分布求解电场强度分布和电势分布是本章要解决的主要问题之一。

对于某些对称分布静电场的电场强度除了用库仑定律求解以外,还可通过高斯定理求解,这种对称分析是现代物理学的一种基本分析方法。

本章介绍的一些概念、规律,以及研究和处理问题的方法贯穿在整个电磁学中,是学习电磁学的入门知识,在学习过程中应注意提高这方面的能力。

## 11.1  电场  电场强度

### 11.1.1  电荷

人们对于电的认识,最初来自人为的摩擦起电现象和自然界的雷电现象。例如,公元 3 世纪,晋朝张华的《博物志》中就记载着:“今人梳头,脱著衣时,有随梳,解结有光者,亦有咤声。”这里记载了摩擦起电引起闪光和噼啪之声。据目前所知,这是世界上关于摩擦起电的较早的记录。两个不同质料的物体,如丝绸和玻璃棒,经互相摩擦后,都能吸引羽毛、纸片等轻微物体,这表明两个物体经摩擦后,处于一种特殊状态,我们把处于这种状态的物体称为带电体,并说它们分别带有电荷。

实验证明,物体所带的电荷有两种,而且自然界也只存在这两种电荷。为了区别起见,这两种电荷分别称为正电荷和负电荷。带同号电荷的物体互相排斥,带异号电荷的物体互相吸引,这种相互作用称为电性力。电性力与万有引力有些相似,但万有引力总是相互吸引的,而电性力却随电荷的异号或同号有吸引与排斥之分。根据带电体之间的相互作用力的强弱,我们能够确定物体所带电荷的多少。表示物体所带电荷多少程度的物理量称为电荷量,用符号 $q$ 表示。正电荷的电荷量取正值,负电荷的电荷量取负值。

### 11.1.2  电荷守恒定律

为什么摩擦可使物体带电?这可根据物质的电结构加以说明。我们知道,常见的宏观物体(实物)都由分子、原子组成,而任何物质的原子都由一个带正电的原子核和一定数目的绕核运动的电子所组成,原子核又由带正电的质子和不带电的中子组成。每一个质子所带正电荷量和电子所带负电荷量是等值的,通常用＋$e$和－$e$来表示。在正常情况下,原子内的电子数和原子核内的质子数相等,从而整个原子呈电中性。由于构成物体的原子是电中性的,因此,通常的宏观物体将处于电中性状态,物体对外不显示电的作用。当两种不同材料的物体相互紧密接触时,有一些电子会从一个物体迁移到另一个物体上去,结果使两物体都处于带电状态。因此所谓起电,实际上是通过某种作用破坏了物体的电中性状态,使该物体内电子不足或过多而呈带电状态。例如,通过摩擦可使两物体间接触面增大且更紧密,同时,还可使接触面的温度升高,促使更多的电子获得足够的动能,易于在两物体的接触面间迁移,从而使物体明显处于带电状态。实验证明,无论是摩擦起电的过程,还是其他方法使物体带电的过程,正负电荷总是同时出现的,而且这两种电荷的量值一定相等。

### 11.1.3　电荷的量子化

到目前为止的所有实验表明,电子或质子是自然界带有最小电荷量的粒子,任何带电体或其他微观粒子所带的电荷量都是电子或质子电荷量的整数倍。这个事实说明,物体所带的电荷量不可能连续地取任意量值,而只能取某一基本单元的整数倍值。电荷量的这种只能取分立的、不连续量值的性质,称为电荷的量子化,这个基本单元也称为电荷的量子,也就是电子或质子所带的电荷量。虽然如此,由于电荷的基本单元(即电子电荷量$e$)很小,因而宏观过程中涉及的电荷量总是包含着大量的基本单元。例如,在 220 V、100 W 的灯泡中,每秒通过钨丝的电子数就有 $3×10^{18}$,致使电荷量子性在研究宏观现象的实验中表现不出来,就像我们在喝水时感觉不到水是由分子、原子等微观粒子组成的一样。所以,在研究宏观电现象时,可以不考虑电荷的量子化,仍把带电体上的电荷看作是连续分布的。20 世纪 50 年代以来,各国理论物理工作者陆续提出了一些关于物质结构更深层次的模型。1964 年美国的盖尔曼(M. Cell-Mann)和兹维格(G. Zweig)提出了夸克模型,他们认为强子是由更基本的粒子(夸克)构成的。我国理论物理工作者对夸克理论作出了不少贡献,提出了层子模型,认为强子是由更深层次的"层子"构成的。夸克理论认为,夸克带有分数电荷,它们所带的电荷量是电子电荷量的$±\frac{1}{3}$。强子由夸克组成,在理论上已是无可置疑的,只是迄今为止,尚未在实验中找到自由状态的夸克,不过今后即使真的发现了自由夸克,仍不会改变电荷量子化的结论。量子化是微观世界的一个基本概念,我们将看到在微观世界中,能量、角动量等也是量子化的。

### 11.1.4　库仑定律

物体带电后的主要特征是带电体之间存在相互作用的电性力。一般来说,作用

力与带电体的形状、大小和电荷分布、相对位置以及周围的介质等因素都有关系,要
用实验直接确立电性力对这些因素的依赖关系是困难的。为了使所讨论的问题简单
化,在静电现象的研究中,我们经常用到点电荷的概念,它是从实际带电体抽象出来
的理想模型。在具体问题中,当带电体的形状和大小与它们之间的距离相比允许忽
略时,可以把带电体看作点电荷。因此,点电荷这一概念只具有相对的意义,它本身
不一定是很小的带电体。如果两个带电体满足能看作点电荷的条件,那么两个带电
体之间的电性力只取决于各自所带的总电荷量和它们之间的距离,这样问题就大为
简化。1785 年,库仑(A. de Coulomb)从扭秤实验结果总结出了点电荷之间相互作
用的静电力所服从的基本规律,称为库仑定律。可陈述如下:在真空中,两个静止点
电荷之间相互作用力的大小与这两个点电荷的电荷量 $q_1$ 和 $q_2$ 的乘积成正比,而与
这两个点电荷之间的距离 $r$ 的平方成反比,作用力的方向沿着这两个点电荷的连线,
同号电荷相斥,异号电荷相吸。相互作用力的大小可表示为

$$F = k \frac{q_1 q_2}{r^2} \tag{11.1}$$

式中:$k$ 是比例系数;$F$ 表示 $q_2$ 与 $q_1$ 的作用力,其数值和单位取决于各量所采用的
单位。

在 SI 制中 $k = 8.988 \times 10^9$ N·m$^2$/C$^2 \approx 9.0 \times 10^9$ N·m$^2$/C$^2$。为了使由库仑定
律推导出的一些常用公式简化,我们引入新的常数 $\varepsilon_0$ 来代替 $k$,两者的关系为

$$\varepsilon_0 = \frac{1}{4\pi k} = 8.55 \times 10^{-12} \ \text{C}^2 / (\text{N} \cdot \text{m}^2) \tag{11.2}$$

$\varepsilon_0$ 称为真空中的介电常数。式(11.1)可写为

$$F = \frac{1}{4\pi\varepsilon_0} \frac{q_1 q_2}{r^2} \tag{11.3}$$

为了表示力的方向,可采用矢量式表示库仑定律:

$$\boldsymbol{F} = \frac{1}{4\pi\varepsilon_0} \frac{q_1 q_2}{r^2} \boldsymbol{e}_r \tag{11.4}$$

式中:$e_r$ 是由施力电荷指向受力电荷的单位矢量。

近代物理实验表明,当两个点电荷之间的距离在 $10^{-17} \sim 10^7$ m 的范围内,库仑
定律是及其准确的。库仑定律只适用于两个点电荷之间的作用。当空间同时存在几
个点电荷时,它们共同作用于某一点电荷的静电力等于其他各电荷单独存在时作用
在该点电荷上的静电力的矢量和,这就是静电力的叠加原理。

## 11.1.5　电场强度

静电力同样是物质之间的相互作用。这种特殊的物质,称为电场。电荷和电荷
之间是通过电场这种物质传递相互作用的,这种作用可以表示为

电荷⇔电场⇔电荷

近代物理证实这种看法是正确的。同时还证实电场和一切实物一样,也具有能量、动量和质量等重要性质。因此,电场也是一种物质,但电场与其他实物不同,它是空间连续分布的客体,几个电场可以同时占有同一空间,所以电场是一种特殊形式的物质。

相对于观察者为静止的带电体周围存在的电场称为静电场。静电场对外表现主要有:

(1) 对放入其中带电体有力的作用;

(2) 当带电体在电场中移动时,电场力对带电体做功。

电场的一个基本特性是它对引入电场的任何电荷有力的作用,因此我们可以利用电场的这一特性,从中找出能反映电场性质的某个物理量。为了定量地了解电场中任一点处电场的性质,可利用一个试探电荷 $q_0$ 放到电场中各点,并观测 $q_0$ 受到的电场力。试探电荷应该满足下列条件:首先所带的电荷量必须尽可能地小,当把它引入电场时,不致扰乱原来的分布,也就是不会对原有电场有任何显著的影响,否则测出来的将是原电荷作重新分布后的电场;其次线度必须小到可以被看作为点电荷,以便能用它来确定场中每一点的性质,不然,只能反映出所占空间的平均性质。实验指出,把同一试探电荷 $q_0$ 放入电场不同地点时,$q_0$ 所受力的大小和方向逐点不同,但在电场中每一给定点处 $q_0$ 所受力的大小和方向却是完全一定的。如果在电场中某定点处改变 $q_0$ 的量值,将发现 $q_0$ 所受力的方向仍然不变,但力的大小却和 $q_0$ 的量值成正比的改变,从而得出 $F$ 和 $q_0$ 的比值 $\dfrac{F}{q_0}$ 为一恒矢量。因此,$\dfrac{F}{q_0}$ 反映了该点电场的性质,称为电场强度,用 $E$ 表示,即

$$E = \frac{F}{q_0} \tag{11.5}$$

由式(11.5)可知,电场中某点的电场强度等于单位电荷在该点所受的电场力。$q_0$ 为正时,$E$ 的方向和电场力 $F$ 的方向相同;为负时,$E$ 的方向和电场力 $F$ 的方向相反。在电场中给定的任一点 $r(x, y, z)$ 处,就有一确定的电场强度 $E$,在电场中不同点处的 $E$ 一般不相同,因此 $E$ 应是空间坐标的函数,可记作 $E(x, y, z)$。所有这些场强的总体形成一矢量场。

在国际单位制中,力的单位是 N,电荷量的单位是 C,根据式(11.5),场强的单位是 N/C,场强的单位也可以写成 V/m,这两种表示法是一样的,在电工计算中常采用后一种表示法。

## 11.1.6　场强叠加原理

将试探电荷 $q_0$ 放在点电荷系 $q_1, q_2, \cdots, q_n$ 所产生的电场中时,$q_0$ 将受到各点电荷静电力作用。根据静电力的叠加原理,$q_0$ 受到的总的静电力为

$$\boldsymbol{F} = \boldsymbol{F}_1 + \boldsymbol{F}_2 + \cdots + \boldsymbol{F}_n$$

两边除以 $q_0$,得

$$\frac{\boldsymbol{F}}{q_0} = \frac{\boldsymbol{F}_1}{q_0} + \frac{\boldsymbol{F}_2}{q_0} + \cdots + \frac{\boldsymbol{F}_n}{q_0}$$

按场强定义 $\boldsymbol{E} = \dfrac{\boldsymbol{F}}{q_0}$,有

$$\boldsymbol{E} = \boldsymbol{E}_1 + \boldsymbol{E}_2 + \cdots + \boldsymbol{E}_n = \sum_{n=1}^{n} \boldsymbol{E}_n \tag{11.6}$$

式(11.6)表明,电场中任一场点处的总场强等于各个点电荷单独存在时在该点各自产生的场强的矢量和。这就是场强叠加原理,任何带电体都可以看作许多点电荷的集合,由该原理可计算任意带电体产生的场强。

## 11.1.7　电场强度的计算

如果场源电荷分布状况已知,那么根据场强叠加原理,原则上可以求得任意形状带电体在空间激发的电场。

**1. 点电荷的电场**

设在真空中有一个静止的点电荷 $q$,则距离 $q$ 为 $r$ 的 $P$ 点处的场强可由式(11.4)和式(11.5)求得。其步骤是先设想在距离点电荷 $q$ 为 $r$ 的 $P$ 点放一试探电荷 $q_0$,由式(11.4)可知,作用在 $q_0$ 上的电场力是

$$\boldsymbol{F} = \frac{qq_0}{4\pi\varepsilon_0 r^2}\boldsymbol{e}_r$$

再应用式(11.5)可求得 $P$ 点的场强为

$$\boldsymbol{E} = \frac{q}{4\pi\varepsilon_0 r^2}\boldsymbol{e}_r \tag{11.7}$$

由式(11.7)可知,点电荷 $q$ 在空间任一点所激发场强的大小与点电荷的电荷量 $q$ 成正比,与点电荷 $q$ 到该点距离 $r$ 的平方成反比。如果 $q$ 为正电荷,可知 $\boldsymbol{E}$ 的方向与 $\boldsymbol{e}_r$ 的方向一致,即背离 $q$;如果 $q$ 为负电荷,$\boldsymbol{E}$ 的方向与 $\boldsymbol{e}_r$ 的方向相反,即指向 $q$。该式还表明点电荷的电场具有球对称性:在以 $q$ 为中心的每一个球面上,各点场强的大小相等。

**2. 点电荷系的电场**

如果电场是由 $n$ 个点电荷 $q_1, q_2, \cdots, q_n$ 共同激发的,这些电荷的总体称为点电荷系。根据场强的叠加原理,可得 $P$ 点总场强为

$$\boldsymbol{E} = \boldsymbol{E}_1 + \boldsymbol{E}_2 + \cdots + \boldsymbol{E}_n = \sum_{n=1}^{n} \boldsymbol{E}_n = \frac{1}{4\pi\varepsilon_0}\frac{q_i}{r_i^2}\boldsymbol{e}_{ri} \tag{11.8}$$

在直角坐标系中,式(11.8)的分量式分别为

$$E_x = \sum_{i=1}^{n} E_{ix}$$

$$E_y = \sum_{i=1}^{n} E_{iy}$$

$$E_z = \sum_{i=1}^{n} E_{iz} \qquad\qquad (11.9)$$

**例 11.1**　如图 11.1 所示,两个等值异号的点电荷 $+q$ 和 $-q$ 组成的点电荷系,当它们之间的距离 $l$ 比距离 $r$ 小得多时,这一对点电荷系称为电偶极子,由负电荷 $-q$ 指向正电荷 $+q$ 的矢径 $l$ 称为电偶极子的轴。$ql$ 为电偶极矩,简称电矩,用 $\boldsymbol{p}$ 表示,即 $\boldsymbol{p} = q\boldsymbol{l}$。试计算电偶极子轴线的延长线上和中垂线上一点 $B$ 的场强。

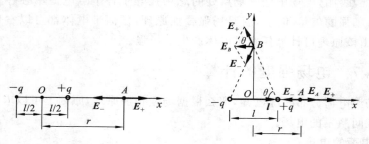

图 11.1　电偶极子的场强

**解**　首先计算电偶极子轴线的延长线上某点 $A$ 的场强。选取电偶极子轴线的中心 $O$ 为坐标原点,$A$ 点的坐标为 $(r,0)$,$+q$ 和 $-q$ 分别在 $A$ 点所激发的场强大小为

$$E_+ = \frac{q}{4\pi\varepsilon_0 \left(r - \dfrac{l}{2}\right)^2}, \quad E_- = \frac{q}{4\pi\varepsilon_0 \left(r + \dfrac{l}{2}\right)^2}$$

所以 $A$ 点的总场强大小为

$$E_A = E_+ - E_- = \frac{q}{4\pi\varepsilon_0} \left[ \frac{1}{\left(r - \dfrac{l}{2}\right)^2} - \frac{1}{\left(r + \dfrac{l}{2}\right)^2} \right] = \frac{q \cdot 2lr}{4\pi\varepsilon_0 \left[\left(r - \dfrac{l}{2}\right)\left(r + \dfrac{l}{2}\right)\right]^2}$$

因为 $r \gg l$,故

$$E_A \approx \frac{2ql}{4\pi\varepsilon_0 r^3} = \frac{2p}{4\pi\varepsilon_0 r^3}$$

$\boldsymbol{E}_A$ 沿 $x$ 轴正向,与电矩 $\boldsymbol{p}$ 同向,写成矢量式

$$\boldsymbol{E}_A \approx \frac{2q\boldsymbol{l}}{4\pi\varepsilon_0 r^3} = \frac{2\boldsymbol{p}}{4\pi\varepsilon_0 r^3} \qquad\qquad (11.10)$$

类似计算,中垂线 $B$ 点的场强大小为

$$E_B = E_x = -2E_+ \cos\theta = -2\,\frac{q}{4\pi\varepsilon_0} \frac{1}{\left(r^2 + \dfrac{l^2}{4}\right)} \frac{\dfrac{l}{2}}{\left(r^2 + \dfrac{l^2}{4}\right)^{\frac{1}{2}}} \approx -\frac{ql}{4\pi\varepsilon_0 r^3} = -\frac{p}{4\pi\varepsilon_0 r^3}$$

$E_B$ 沿 $x$ 轴负方向,与电矩 $p$ 相反,所以写成矢量式

$$E_B \approx -\frac{p}{4\pi\varepsilon_0 r^3} \tag{11.11}$$

由上述结果可见,在远离电偶极子处的场强与电偶极子的电矩值 $p$ 成正比,与 $r^3$ 成反比。电偶极子是继点电荷之后一个重要的物理模型,在研究电介质的极化、电磁波的发射和吸收以及中性分子之间的相互作用等问题时,都要用到电偶极子的模型。

### 3. 电荷连续分布带电体的电场

从微观结构来看,任何带电体所带的电荷都由大量过剩的电子(或质子)所组成,因而实际上带电体上的电荷分布是不连续的,但是在考察物体的宏观电性质时,通常由仪器能观测到的最小电荷量,至少也要包含 $10^{12}$ 个电子(或质子),这些基元带电粒子密集在一起,实验观察到的电现象是这些大量基元带电粒子所激发电现象的平均效果。因此,从宏观角度出发,可以把电荷看作连续分布在带电体上。一般来说,电荷在带电体上的分布是不均的,为了表征电荷在任一点附近的分布情况,我们引入电荷密度的概念。

如果电荷分布在整个体积内,例如,电解液中的正、负离子及电子管中空间电荷的分布等,这种分布称为体分布。在带电体内任取一点,作一包含该点的体积元 $\Delta V$,设该体积中的电荷量为 $\Delta q$,则该点的电荷体密度 $\rho$ 定义为 $\Delta q$ 与 $\Delta V$ 比值的极限,即

$$\rho = \lim_{\Delta V \to 0} \frac{\Delta q}{\Delta V} = \frac{dq}{dV} \tag{11.12}$$

应该指出,这里 $\Delta V \to 0$ 的极限,并不是一个严格的数学过程。在物理上无限小的体积是指在宏观上看起来足够小,而在微观上看起来仍是很大的体积。也就是说,这个体积元应该比宏观中量度的体积小得多。但是,这个体积元仍然足够大,使其中足以包含大量的基元带电粒子,只有这样的体积元,才能使某一点的电荷密度具有确切的意义,并有一个连续的密度函数。

有时我们常遇到电荷分布在极薄的表面层里,例如,玻璃棒经摩擦后所带的电荷就分布在表面层里;导体带电时,其电荷也分布在导体的表面层里,这时我们可以把带电薄层抽象为"带电面",并引入电荷面密度来表征电荷在该面上任一点附近的分布情况,面上某点电荷面密度 $\sigma$ 的定义如下:

$$\sigma = \lim_{\Delta S \to 0} \frac{\Delta q}{\Delta S} = \frac{dq}{dS} \tag{11.13}$$

式中:$\Delta S$ 为包含某点的面积元;$\Delta q$ 为面元 $\Delta S$ 上的电荷量,与前述 $\Delta V \to 0$ 一样,这里 $\Delta S \to 0$ 也应是微观看来很大、宏观看来很小的面积元。

若电荷分布在细长的线上,则定义电荷线密度 $\lambda$ 如下:

$$\lambda = \lim_{\Delta l \to 0} \frac{\Delta q}{\Delta l} = \frac{\mathrm{d}q}{\mathrm{d}l} \tag{11.14}$$

式中:$\Delta l$ 是包含某点的线元;$\Delta q$ 为线元 $\Delta l$ 上所带的电荷量;与 $\Delta V$ 和 $\Delta S$ 一样,这里的 $\Delta l$ 也应是微观看很大、宏观看很小的线元。

引进了连续分布电荷的概念,再应用场强叠加原理,就可以计算任意带电体所激发的场强。为此,我们把带电体看成是许多极小的连续分布的电荷元 $\mathrm{d}q$ 的集合,每一个电荷元 $\mathrm{d}q$ 都当作点电荷来处理,而电荷元 $\mathrm{d}q$ 在 $P$ 点所激发的场强,按点电荷的场强公式可写为

$$\mathrm{d}\boldsymbol{E} = \frac{\mathrm{d}q}{4\pi\varepsilon_0 r^3}\boldsymbol{r} \tag{11.15}$$

式中:$\boldsymbol{r}$ 是从 $\mathrm{d}q$ 所在点指向 $P$ 点的矢量。

带电体的全部电荷在 $P$ 点激发的场强,是所有电荷元所激发场强 $\mathrm{d}\boldsymbol{E}$ 的矢量和,因为电荷是连续分布的,我们把式(11.8)中的累加号 $\sum$ 换成积分号 $\int$,求得 $P$ 点的场强为

$$\boldsymbol{E} = \int \mathrm{d}\boldsymbol{E} = \int \frac{1}{4\pi\varepsilon_0} \frac{\mathrm{d}q}{r^3}\boldsymbol{r} \tag{11.16}$$

根据带电体上的电荷是体分布、面分布或线分布等不同情况,相应地计算场强的式(11.16)可改写为

$$\boldsymbol{E} = \frac{1}{4\pi\varepsilon_0}\iiint \frac{\rho \mathrm{d}V}{r^2}\boldsymbol{e}_r$$

$$\boldsymbol{E} = \frac{1}{4\pi\varepsilon_0}\iint \frac{\sigma \mathrm{d}S}{r^2}\boldsymbol{e}_r \tag{11.17}$$

$$\boldsymbol{E} = \frac{1}{4\pi\varepsilon_0}\int \frac{\lambda \mathrm{d}l}{r^2}\boldsymbol{e}_r$$

上三式的右端是矢量的积分式,实际上在具体运算时,通常必须把 $\mathrm{d}\boldsymbol{E}$ 在 $x$、$y$、$z$ 三个坐标轴方向上的分量式写出,然后再积分。

下面,我们通过典型的例题,介绍计算连续分布电荷所激发场强的方法。

**例 11.2**　计算均匀带电圆环轴线上任一给定点 $P$ 处的场强。圆环半径为 $a$,周长为 $L$,圆环所带电荷为 $q$,$P$ 点与环心的距离为 $x$。

**解**　如图 11.2 所示,在圆环上任取长度元 $\mathrm{d}l$,$\mathrm{d}l$ 上所带的电荷为

$$\mathrm{d}q = \frac{q}{2\pi a}\mathrm{d}l = \frac{q}{L}\mathrm{d}l$$

设 $P$ 点与 $\mathrm{d}q$ 的距离为 $r$,$\mathrm{d}q$ 在 $P$ 点处产生的场强为 $\mathrm{d}\boldsymbol{E}$,其大小为

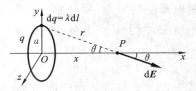

图 11.2　均匀带电圆环轴线上
一点的场强

$$dE = \frac{1}{4\pi\varepsilon_0} \frac{dq}{r^2} = \frac{1}{4\pi\varepsilon_0} \cdot \frac{q}{2\pi a} \cdot \frac{dl}{r^2}$$

各电荷元在 $P$ 点产生的场强方向不同,但据对称性,各电荷元产生的场强在垂直于 $x$ 轴方向上的分矢量 $dE_y$ 互相抵消,所以 $P$ 点的合场强是平行于 $x$ 轴的那些分矢量 $dE_x$ 的总和,所以总场强的大小为

$$E = \int_L dE_x = \int_L dE\cos\theta$$

由于给定点 $P$ 与所有各电荷元的距离 $r$ 及角 $\theta$ 有相同的值,所以

$$E = \frac{1}{4\pi\varepsilon_0} \frac{q\cos\theta}{2\pi ar^2} \oint_L dl = \frac{1}{4\pi\varepsilon_0} \frac{q\cos\theta}{r^2}$$

而

$$\cos\theta = \frac{x}{r}, \quad r^2 = a^2 + x^2$$

$$E = \frac{1}{4\pi\varepsilon_0} \frac{qx}{(x^2 + a^2)^{\frac{3}{2}}}$$

$\boldsymbol{E}$ 的方向垂直于带电圆环所组成的平面,背离圆环。在环心处 $x=0$,$\boldsymbol{E}=\boldsymbol{0}$;当 $x \gg a$,$(x^2 + a^2)^{\frac{3}{2}} \approx x^3$ 时,有 $E = \frac{1}{4\pi\varepsilon_0} \frac{q}{x^2}$,这个结果与点电荷的场强关系式完全一致,近似为点电荷。

讨论:

(1) 计算电量为 $q$、半径为 $R$ 的均匀带电薄圆盘轴上一点的场强时,可以把圆盘分割成许多半径为 $r$ 的圆环。每个圆环的面积为 $2\pi r dr$,带电量 $dq = \sigma 2\pi r dr$,则该带电环在 $P$ 点产生的场强沿轴线方向,大小为

$$dE = \frac{x dq}{4\pi\varepsilon_0 (r^2 + x^2)^{3/2}} = \frac{x\sigma \cdot 2\pi r dr}{4\pi\varepsilon_0 (r^2 + x^2)^{3/2}}$$

把 $dE$ 对 $r$ 积分,取积分限从 $r=0$ 到 $r=R$,就得到均匀带电圆盘轴线上任一点的电场。取积分限为 $r=0$ 到 $r=\infty$,无限大均匀带电平面的场强的大小为 $E = \frac{\sigma}{2\varepsilon_0}$,请读者自己完成。

(2) 利用无限大均匀带电平面的场强公式 $E = \frac{\sigma}{2\varepsilon_0}$,根据场强叠加原理可以很方便地计算一组互相平行的无限大均匀带电平面在空间各点产生的场强。例如,一对无限大且相互平行的均匀带电平面,其电荷面密度等值异号,则在两平面之间的场强大小为 $E = \frac{\sigma}{\varepsilon_0}$,两平面之外的场强为零。

从以上几个例子也可以看到,空间各点的场强完全取决于电荷在空间的分布情况,如果给定电荷分布,原则上就能算出任一点的场强。计算的方法是利用点电荷在周围激发场强的表达式和场强叠加原理;计算的步骤大致是:先任取电荷元 $dq$,写出

$dq$ 在待求点处场强的矢量式,再选取适当的坐标系,将这场强分别投影到坐标轴上,然后进行积分,最后写出总场强的矢量表达式,并计算出总场强的大小和方向角。在实际问题中,若遇到电荷分布具有某种对称性,则在求 $E$ 的分量时,有的分量可以根据对称性推知其值为零,这就只需求出余下的分量就行。

## 11.1.8　带电体在外电场中所受的作用

点电荷 $q$ 放在电场强度为 $E$ 的外电场中某一点时,电荷受到的静电力为

$$F = qE \tag{11.18}$$

要计算一个带电体在电场中所受的作用,一般要求把带电体划分为许多电荷元,先计算每个电荷元所受的作用力,然后用积分求带电体所受的合力和合力矩。

**例 11.3**　计算电偶极子在均匀外电场 $E$ 中所受的合力和合力矩。

**解**　如图 11.3 所示,电矩 $p$ 的方向与 $E$ 的方向之间夹角为 $\theta$,则正、负点电荷受力分别为 $F_+ = qE$,$F_- = -qE$,合力为 **0**,但 $F_+$ 与 $F_-$ 不在一直线上,形成力偶。力偶矩的大小为

$$M = F_+ \frac{l}{2}\sin\theta + F_- \frac{l}{2}\sin\theta = Fl\sin\theta = qEl\sin\theta = pE\sin\theta$$

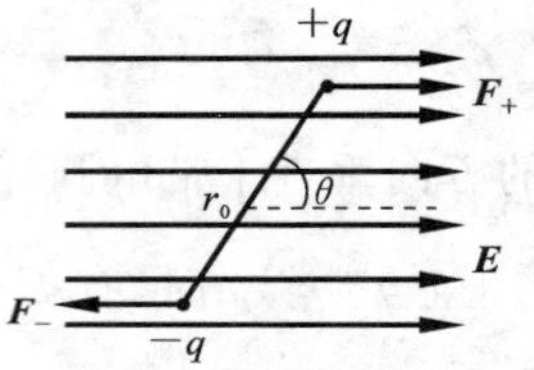

考虑到力矩的方向,上式写成矢量式为

$$M = p \times E \tag{11.19}$$

图 11.3　电偶极子在外电场中所受力的作用

所以电偶极子在电场作用下总要使电矩 $p$ 转到与 $E$ 的方向上,达到稳定平衡状态。

# 11.2　电通量　高斯定理

## 11.2.1　电场的图示法　电场线

电场中每一点的电场强度 $E$ 都有一定的方向。为了形象地描述电场中电场强度的分布,可以在电场中描绘一系列的曲线,使这些曲线上每一点的切线方向都与该点电场强度 $E$ 的方向一致,这些曲线称为电场线。为了使电场线不仅表示出电场强度的方向,而且还表示电场强度的大小,我们规定:在电场中任一点处,通过垂直 $E$ 的单位面积的电场线的数目等于该点处 $E$ 的量值。图 11.4 是几种带电系统的电场线图示。

静电场的电场线有以下性质:

(1) 不形成闭合回线也不中断,而是起自正电荷(或无穷远处),止于负电荷(或无穷远处)。

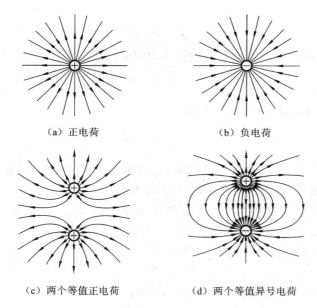

（a）正电荷　　　　　　　　　（b）负电荷

（c）两个等值正电荷　　　　　（d）两个等值异号电荷

图 11.4　几种常见电场的电力线图

（2）任何两条电场线不相交。说明静电场中每一点的电场强度是唯一的。

## 11.2.2　电通量

通过电场中任一给定面的电场线称为通过该面的电通量，用符号 $\Phi_e$ 表示。

如图 11.5(a)所示，在均匀电场 $E$ 中，通过与 $E$ 方向垂直的平面 $S$ 的电通量为

$$\Phi_e = ES$$

若平面 $S$ 的法线 $n$ 与 $E$ 方向的夹角为 $\theta$，则 $S$ 垂直于 $E$ 的方向上的投影面积为 $S' = S\cos\theta$，通过平面 $S$ 的电通量等于通过面积 $S'$ 的电通量，即

$$\Phi_e = ES' = ES\cos\theta = E \cdot S$$

其中矢量面积 $S = Sn$，$n$ 为 $S$ 法线方向单位矢量，如图 11.5(b)所示。计算非均匀电场中通过任一曲面 $S$ 的电通量时，要把该曲面划分为无限多个面元。一个无限小的面元 $dS$ 的法线 $n$ 与电场强度 $E$ 的夹角为 $\theta$，如图 11.5(c)所示，则通过面元 $dS$ 的电

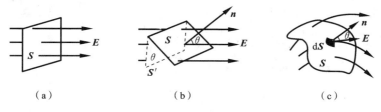

（a）　　　　　　　　　（b）　　　　　　　　　（c）

图 11.5　电通量图

通量为

$$\mathrm{d}\Phi_e = \boldsymbol{E} \cdot \mathrm{d}\boldsymbol{S}$$

通过曲面 $S$ 的总电通量等于通过各面元的电通量之和,即

$$\Phi_e = \int_S \mathrm{d}\Phi_e = \int_S \boldsymbol{E} \cdot \mathrm{d}\boldsymbol{S} \tag{11.20}$$

当曲面 $S$ 为闭合曲面时,上式写成

$$\Phi_e = \oint_S \boldsymbol{E} \cdot \mathrm{d}\boldsymbol{S} \tag{11.21}$$

这时规定,面元 $\mathrm{d}\boldsymbol{S}$ 的法线 $\boldsymbol{n}$ 的正向为指向闭合面的外侧。因此,从曲面上穿出的电场线,电通量为正值;穿入曲面的电场线,电通量为负值。

**例 11.4**　图 11.6 中虚线为一立方体的闭合面,边长为 $a$,空间电场强度分布为 $E_x = bx$,$E_y = 0$,$E_z = 0$,$b$ 为正常数。求通过该闭合面的电通量。

**解**　因为电场强度只有 $x$ 轴的分量,所以只有图中位于 $x = a$ 和 $x = 2a$ 且与 $yOz$ 平面平行的两面 $S_1$ 和 $S_2$ 上有电通量。因为左侧面 $S_1$ 的法线 $\boldsymbol{n}$ 与 $E_x$ 的夹角为 $\pi$,所以通过 $S_1$ 的电通量为

$$\Delta\Phi_{e1} = E_x S_1 \cos\pi = -ba^3$$

同理,通过 $S_2$ 的电通量为

$$\Delta\Phi_{e2} = E_x S_2 \cos 0 = 2ba^3$$

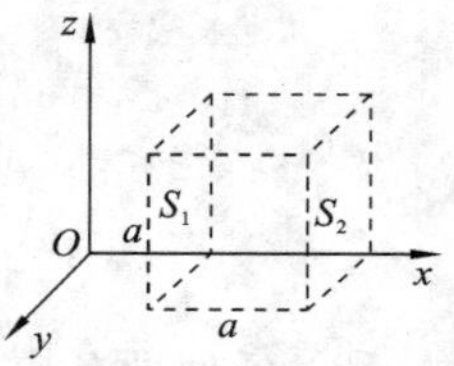

图 11.6　例 11.4 图

通过闭合面的总电通量为

$$\Delta\Phi_e = \Delta\Phi_{e1} + \Delta\Phi_{e2} = ba^3$$

如果电场强度是沿 $x$ 轴的匀强电场,则通过该闭合面的电通量为零。

## 11.2.3　高斯定理

高斯定理是静电场的一条基本原理,它给出了静电场中通过任一闭合曲面的电通量与该闭合曲面内所包围的电荷之间的量值关系。

先讨论点电荷电场的情况。以点电荷 $q$ 为中心,取任意长度 $r$ 为半径作闭合球面 $S$ 包围点电荷,如图 11.7(a)所示。在 $S$ 上取面元 $\mathrm{d}\boldsymbol{S}$,其法线 $\boldsymbol{n}$ 与面元处的电场强度 $\boldsymbol{E}$ 方向相同。所以,通过 $\mathrm{d}\boldsymbol{S}$ 的电通量为

$$\mathrm{d}\Phi_e = E\mathrm{d}S\cos 0, \mathrm{d}\Phi_e = \frac{1}{4\pi\varepsilon_0}\frac{q}{r^2}\mathrm{d}S$$

通过整个闭合球面 $S$ 的电通量为

$$\Phi_e = \oint_S \mathrm{d}\Phi_e = \oint_S \frac{q\,\mathrm{d}S}{4\pi\varepsilon_0 r^2} = \frac{q}{4\pi\varepsilon_0 r^2}\oint_S \mathrm{d}S = \frac{q}{\varepsilon_0}$$

即通过闭合球面的电通量 $\Phi_e$ 与半径 $r$ 无关,只与被球面包围的电量 $q$ 有关。当 $q$ 是

正电荷时，$\Phi_e > 0$，表示电场线从正电荷发出且穿出球面；当 $q$ 是负电荷时，$\Phi_e < 0$，表示电场线穿入球面且止于负电荷。

如果包围点电荷 $q$ 的曲面是任意闭合曲面 $S'$，如图 11.7(b)所示，则可以在曲面外面作一以 $q$ 为中心的球面 $S$，由于 $S$ 与 $S'$ 之间没有其他电荷，从 $q$ 发出的电场线不会中断，所以穿过 $S'$ 的电场线数与穿过 $S$ 的电场线数相等。即通过包围点电荷 $q$ 的任一闭合曲面的电通量仍为

$$\Phi_e = \oint_{S'} \boldsymbol{E} \cdot \mathrm{d}\boldsymbol{S} = \frac{q}{\varepsilon_0}$$

其次讨论点电荷 $q$ 在闭合曲面 $S$ 之外的情况，如图 11.7(c)所示。因为只有与闭合曲面相切的锥体范围内的电场线才能通过闭合曲面 $S$，但每一条电场线从某处穿入必从另一处穿出，一进一出正负抵消。所以在闭合曲面 $S$ 外的电荷对通过闭合面的电通量没有贡献，即通过电荷 $q$ 的闭合曲面 $S$ 的电通量为零，公式

$$\oint_{S} \boldsymbol{E} \cdot \mathrm{d}\boldsymbol{S} = \frac{q}{\varepsilon_0}$$

仍然成立。

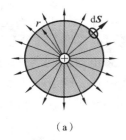 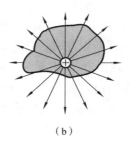 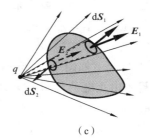

（a）　　　　　　　　　（b）　　　　　　　　　（c）

图 11.7　高斯定理图

对于任意带电系统的电场，根据电场强度叠加原理，有

$$\boldsymbol{E} = \sum_{i=1}^{n} \boldsymbol{E}_i$$

式中：$\boldsymbol{E}_i$ 是系统中某点电荷 $q_i$ 产生的电场强度。

因此在这个电场中，通过任意闭合曲面 $S$ 的电通量为

$$\Phi_e = \oint_{S} \boldsymbol{E} \cdot \mathrm{d}\boldsymbol{S} = \oint_{S} \left( \sum_{i=1}^{n} \boldsymbol{E}_i \right) \cdot \mathrm{d}\boldsymbol{S}$$

在闭合曲面取定的情况下，有

$$\oint_{S} \left( \sum_{i=1}^{n} \boldsymbol{E}_i \right) \cdot \mathrm{d}\boldsymbol{S} = \sum_{i=1}^{n} \oint_{S} \boldsymbol{E}_i \cdot \mathrm{d}\boldsymbol{S}$$

当某一点电荷 $q_i$ 位于闭合曲面 $S$ 之内时，$\oint_{S} \boldsymbol{E}_i \cdot \mathrm{d}\boldsymbol{S} = \dfrac{q_i}{\varepsilon_0}$；当 $q_i$ 位于闭合曲面 $S$ 之

外时,有

$$\oint_S \boldsymbol{E}_i \cdot d\boldsymbol{S} = 0$$

所以

$$\Phi_e = \oint_S \boldsymbol{E} \cdot d\boldsymbol{S} = \sum_{i=1}^{n} \oint_S \boldsymbol{E}_i \cdot d\boldsymbol{S} = \frac{\sum q_i}{\varepsilon_0} \qquad (11.22)$$

式(11.22)中的 $q_i$ 只是那些闭合曲面 S 包围的电荷,即通过真空中的静电场中任一闭合面电通量 $\Phi_e$ 等于包围该闭合面内的电荷代数和 $\sum q_i$ 的 $\varepsilon_0$ 分之一,而与闭合面外的电荷无关。这就是静电场的高斯定理。应当指出,高斯定理说明通过闭合面的电通量只与该闭合面所包围的电荷有关,并没有说闭合面上任一点的电场强度只与闭合面所包围的点电荷有关。电场中任一点的电场强度是由所有场源电荷即闭合面内、外所有电荷共同产生的。

## 11.2.4　高斯定理的应用

如果带电体的电荷分布已知,根据高斯定理很容易求得任意曲面的电通量,但不一定能确定面上各点的电场强度。只有当电荷分布具有某些对称性并取得合适的闭合面(又称高斯面)时,才可以利用高斯定理方便地计算电场强度。

**例 11.5**　如图 11.8 所示,半径为 R、带电量为 q 的均匀带电球面,求空间电场。

**解**　由于电荷分布是球对称的,可判断出空间电场强度分布必然是球对称的,即与球心 O 距离相等的球面上各点的电场强度大小相等,方向沿半径呈辐射状。

设空间某点 P 到球心的距离为 r,取以球心为中心、r 为半径的闭合球面 S 为高斯面,则 S 上的面元 $d\boldsymbol{S}$ 的法线 $\boldsymbol{n}$ 与面元处电场强度 $\boldsymbol{E}$ 的方向相同,且高斯面上各点电场强度大小相等,所以

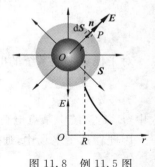

图 11.8　例 11.5 图

$$\oint_S \boldsymbol{E} \cdot d\boldsymbol{S} = \oint_S E dS = E \oint_S dS = E 4\pi r^2$$

当 P 点在带电球面内(r<R)时,有

$$\sum q_i = 0$$

因此,$\boldsymbol{E} = \boldsymbol{0}$。

当 P 点在带电球面外(r>R)时,有

$$\sum q_i = q$$

所以,$\boldsymbol{E} = \dfrac{q}{4\pi\varepsilon_0 r^2} \boldsymbol{e}_r$,其中 $\boldsymbol{e}_r$ 为 P 点位矢 r 方向的单位矢量。q>0,$\boldsymbol{E}$ 呈辐射状向外;q<0 时,$\boldsymbol{E}$ 呈辐射状向里。

利用类似的方法,可求得半径为 $R$、总电量为 $q$ 的均匀带电球体(带电的介质球)在空间的电场强度分布为

$$\boldsymbol{E}=\begin{cases}\dfrac{qr\boldsymbol{e}_r}{4\pi\varepsilon_0 R^3}, & r\leqslant R\\[3mm]\dfrac{q\boldsymbol{e}_r}{4\pi\varepsilon_0 r^2}, & r\geqslant R\end{cases}$$

注意:在 $r=R$ 的球面上各点,当球内、外的介电常数相等时,均匀带电球体的电场强度连续,而均匀带电球面的电场强度不连续。

**例 11.6**　一厚度为 $d$ 的无限大平板,平板体积内均匀带电,电荷体密度 $\rho>0$。设板内、外的介电常数均为 $\varepsilon_0$,求平板内、外电场强度分布。

**解**　如图 11.9 所示,$OO'$ 为平板截面的轴线。由对称性可知,位于 $OO'$ 两侧与 $OO'$ 等距的 $\pm x$ 处电场强度大小相等,方向垂直于 $OO'$ 轴指向两侧。在平板内作一个被平板的中间垂直平分的闭合圆柱面(为高斯面),圆柱面的底面积为 $\Delta S$,底面与 $OO'$ 轴的垂直距离为 $x$,则

$$\oint_{S_1}\boldsymbol{E}\cdot\mathrm{d}\boldsymbol{S}=2E\Delta S$$

$$\sum q_i=2x\Delta S\rho$$

所以

$$E=\frac{\rho x}{\varepsilon_0}, \quad |x|\leqslant\frac{d}{2}$$

同理,可得板外一点电场强度大小为

$$E=\frac{\rho d}{2\varepsilon_0}, \quad |x|\geqslant\frac{d}{2}$$

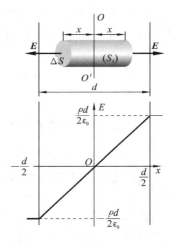

图 11.9　例 11.6 图

$\boldsymbol{E}$ 的方向垂直于平板,$\rho>0$ 时向外,$\rho<0$ 时向内。

因为 $\rho d$ 表示单位面积上的电荷即电荷面密度,所以当 $d\to 0$ 时,上述平板就是无限大均匀带电平面。为保证 $\sigma=\rho d$ 为有限值,当 $d\to 0$ 时,$\rho$ 应为 $\infty$。由上可得无限大均匀带电平面外一点电场强度大小为 $\dfrac{\sigma}{2\varepsilon_0}$,其方向垂直于平面。顺便指出,对 $d\neq 0$ 的无限大均匀带电平板,在板的两个侧面,板内、外电场强度是连续的,如图 11.9 所示;只有采用了 $d=0$ 的无厚度理想平面后,平面两侧的电场强度才不连续(大小虽然相等但方向相反)。可见,电场强度跃迁是采用厚度为零的带电面理想模型的结果。

**例 11.7**　试求半径为 $R$、电荷面密度为 $\sigma$ 的无限长均匀带电圆柱面的电场强度。

**解**　如图 11.10 所示,由于电荷分布的轴对称性,可以确定带电圆柱面产生的电场也具有轴对称性,即离圆柱面轴线垂直距离相等的各点的电场强度大小相等,方向

都垂直于圆柱面,取过场点 $P$ 的一同轴圆柱面为高斯面,圆柱面高为 $l$,底面半径为 $r(r>R)$,则通过高斯面底面的电通量为零,而通过高斯面侧面的电通量为 $2\pi rlE$,即

$$\oint_S \boldsymbol{E} \cdot \mathrm{d}\boldsymbol{S} = 2\pi rlE$$

而 $\sum q_i = \sigma 2\pi Rl$ ,可得

$$E = \frac{R\sigma}{\varepsilon_0 r}, \quad r>R$$

若令 $\lambda$ 表示圆柱面上单位长度的电量,即 $\lambda = 2\pi R\sigma$,则有

$$E = \frac{\lambda}{2\pi\varepsilon_0 r}$$

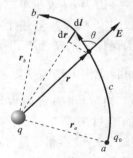

图 11.10　例 11.7 图

同理,可得圆柱面内任一点

$$E = 0$$

由此可见,无限长均匀带电圆柱面对圆柱外各点的作用正像所有的电荷集中在其轴线上的均匀带电直线一样。

# 11.3　电场力的功　电势

## 11.3.1　电场力的功

本节研究电荷在电场中移动时电场力做功和电场的能量及电势。

在点电荷 $q$ 的电场中,试验电荷 $q_0$ 从 $a$ 点经任意路径 $acb$ 移动到 $b$ 点时,电场力对电荷将做功。

如图 11.11 所示,在路径中任一点附近取一元位移 $\mathrm{d}\boldsymbol{l}$,$q_0$ 在 $\mathrm{d}\boldsymbol{l}$ 上受的电场力 $\boldsymbol{F} = q_0\boldsymbol{E}$,$\boldsymbol{F}$ 与 $\mathrm{d}\boldsymbol{l}$ 的夹角为 $\theta$,则电场力在 $\mathrm{d}\boldsymbol{l}$ 上对 $q_0$ 做功为

$$\mathrm{d}W = \boldsymbol{F} \cdot \mathrm{d}\boldsymbol{l} = q_0\boldsymbol{E} \cdot \mathrm{d}\boldsymbol{l} = q_0 E\cos\theta\mathrm{d}l$$

因为 $\mathrm{d}l\cos\theta = r'-r = \mathrm{d}r$,为位矢模的增量,所以

$$\mathrm{d}W = q_0 E\cos\theta\mathrm{d}l = q_0 E\mathrm{d}r = \frac{1}{4\pi\varepsilon_0}\frac{q_0 q}{r^2}\mathrm{d}r$$

当 $q_0$ 从 $a$ 点移动到 $b$ 点时,电场力做功为

$$W_{ab} = \int_a^b \mathrm{d}W = \int_{r_a}^{r_b} \frac{1}{4\pi\varepsilon_0}\frac{q_0 q}{r^2}\mathrm{d}r = \frac{q_0 q}{4\pi\varepsilon_0}\left(\frac{1}{r_a} - \frac{1}{r_b}\right)$$

图 11.11　电场力做功

$$(11.23\mathrm{a})$$

式中：$r_a$，$r_b$ 分别表示路径的起点和终点离点电荷 $q$ 的距离。

可见在点电荷 $q$ 的电场中，电场力对 $q_0$ 做的功只取决于移动路径的起点 $a$ 和终点 $b$ 的位置，而与路径无关。

上述结论可以推广到任意带电体产生的电场。任何一个带电体可以看成是许多点电荷的集合，总电场强度 $E$ 等于各点电荷电场强度的矢量和，即

$$E = E_1 + E_2 + \cdots + E_n$$

在电场强度 $E$ 中，试验电荷 $q_0$ 从 $a$ 沿任意路径 $acb$ 移到 $b$ 时，电场力做功为

$$
\begin{aligned}
W_{ab} &= \int_a^b q_0 E \cdot \mathrm{d}l = \int_a^b q_0 (E_1 + E_2 + \cdots + E_n) \cdot \mathrm{d}l \\
&= \int_a^b q_0 E_1 \cdot \mathrm{d}l + \int_a^b q_0 E_2 \cdot \mathrm{d}l + \cdots + \int_a^b q_0 E_n \cdot \mathrm{d}l \\
&= \frac{q_0 q_1}{4\pi\varepsilon_0}\left(\frac{1}{r_{a1}} - \frac{1}{r_{b1}}\right) + \frac{q_0 q_2}{4\pi\varepsilon_0}\left(\frac{1}{r_{a2}} - \frac{1}{r_{b2}}\right) + \cdots + \frac{q_0 q_n}{4\pi\varepsilon_0}\left(\frac{1}{r_{an}} - \frac{1}{r_{bn}}\right) \\
&= \sum_{i=1}^n \frac{q_0 q_i}{4\pi\varepsilon_0}\left(\frac{1}{r_{ai}} - \frac{1}{r_{bi}}\right)
\end{aligned}
\tag{11.23b}
$$

式中：$r_{ai}$、$r_{bi}$ 分别表示路径的起点和终点离点电荷 $q_i$ 的距离。

式(11.23b)表明，功仍只取决于路径的起点和终点的位置，而与路径无关。所以可得出结论：试验电荷在任何静电场中移动时，只与电场的性质、试验电荷的电量大小及路径起点和终点的位置有关，而与路径无关。这说明静电场力是保守力。

## 11.3.2　静电场的环流定理

静电场做功与路径无关的特性还可以用另一种形式来表达。如图 11.12 所示，设试验电荷 $q_0$ 从电场中 $a$ 点经任意路径 $acb$ 到达 $b$ 点，再从 $b$ 点经另一路径 $bda$ 回到 $a$ 点时，电场力在整个闭合路径 $acbda$ 上做功为

$$
\begin{aligned}
W &= \oint_l q_0 E \cdot \mathrm{d}l = \int_{acb} q_0 E \cdot \mathrm{d}l + \int_{bda} q_0 E \cdot \mathrm{d}l \\
&= \int_{acb} q_0 E \cdot \mathrm{d}l - \int_{adb} q_0 E \cdot \mathrm{d}l = 0
\end{aligned}
$$

由于 $q_0 \neq 0$，所以

$$\oint_l E \cdot \mathrm{d}l = 0 \tag{11.24}$$

式(11.24)左边是电场强度 $E$ 沿闭合路径的积分，成为静电场 $E$ 的环流。它表明在静电场中，电场强度 $E$ 的环流恒等于零，这一结论称为静电场的环流定理，它是静电场为保守场的数学表述，由于这一性质，我们才能引进电势能和电势的概念。

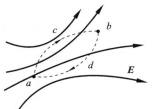

图 11.12　静电力沿闭合路径所做的功

### 11.3.3　电势能

在力学中已经指出，任何保守力场都可以引入势能概念。静电场是保守力场，相应地引入电势能的概念，即认为试验电荷 $q_0$ 在静电场中某一位置具有一定的电势能，用 $E_p$ 表示。当试验电荷 $q_0$ 从电场中的 $a$ 点移动到 $b$ 点时，电场力对它做功等于相应电势能增量的负值，即

$$W_{ab} = \int_a^b q_0 \boldsymbol{E} \cdot \mathrm{d}\boldsymbol{l} = -(E_{pb} - E_{pa}) = E_{pa} - E_{pb} \tag{11.25}$$

式中：$E_{pa}$，$E_{pb}$ 分别是试验电荷在 $a$，$b$ 点的电势能。

电场力做正功时，$W > 0$，则 $E_{pa} > E_{pb}$，电势能减少；电场力做负功时，$W < 0$，则 $E_{pa} < E_{pb}$，电势能增大。

与其他形式的势能一样，电势能也是相对量。只有先选定一个电势能为零的参考点，才能确定电荷在某一点的电势能的绝对大小。电势能零点可以任意选择，如选择电荷在 $b$ 点的电势能为零，即选定 $E_{pb} = 0$，则由式（11.25）可得 $a$ 点电势能绝对大小为

$$E_{pa} = W = \int_a^b q_0 \boldsymbol{E} \cdot \mathrm{d}\boldsymbol{l}$$

上式表明，试验电荷 $q_0$ 在电场中任意一点 $a$ 的电势能在数值上等于把 $q_0$ 由该点移到电势能零点处时电场力所做的功。当场源电荷局限在有限大小空间时，为了方便，常把电势能选在无穷远处，即规定 $E_{p\infty} = 0$，则 $q_0$ 在 $a$ 点的电势能为

$$E_{pa} = \int_a^\infty q_0 \boldsymbol{E} \cdot \mathrm{d}\boldsymbol{l} \tag{11.26}$$

即在规定无穷远处电势能为零时，试验电荷 $q_0$ 在电场中任一点 $a$ 的电势能在数值上等于把 $q_0$ 由 $a$ 点移到无穷远处时电场力所做的功。

应该指出，与任何形式的势能相同，电势能是试验电荷和电场的相互作用能，它属于试验电荷和电场组成的系统。

### 11.3.4　电势　电势差

式（11.26）表示电势能 $E_{pa}$ 不仅与电场性质及 $a$ 点位置有关，而且还与电荷 $q_0$ 有关，但比值 $\dfrac{E_{pa}}{q_0}$ 则与 $q_0$ 无关，仅由电场性质和 $a$ 点的位置决定。因此，$\dfrac{E_{pa}}{q_0}$ 是描述电场中任一点 $a$ 电场性质的一个基本物理量，称为 $a$ 点的电势，用 $U$ 表示，即

$$U_a = \frac{E_{pa}}{q_0} = \frac{W}{q_0} = \int_a^\infty \boldsymbol{E} \cdot \mathrm{d}\boldsymbol{l} \tag{11.27}$$

式（11.27）表明，若规定无穷远处为电势零点，则电场中某点 $a$ 的电势在数值上等于把单位正电荷从该点沿任意路径移动到无穷远处时电场力所做的功。

电势是标量,在 SI 制中,电势的单位是伏特,符号为 V。

静电场中任意两点 $a$ 和 $b$ 电势之差称为 $a,b$ 两点的电势差,也称为电压,用 $U_{ab}$ 表示,即

$$U_{ab} = U_a - U_b = \int_a^\infty \boldsymbol{E} \cdot \mathrm{d}\boldsymbol{l} - \int_b^\infty \boldsymbol{E} \cdot \mathrm{d}\boldsymbol{l} = \int_a^b \boldsymbol{E} \cdot \mathrm{d}\boldsymbol{l}$$

上式表明,静电场中 $a,b$ 两点的电势差等于单位正电荷从 $a$ 点移到 $b$ 点时电场力做的功。据此,当任一电荷 $q_0$ 从 $a$ 点移到 $b$ 点时,电场力做功可用 $a,b$ 两点的电势差表示,即

$$W = q_0(U_a - U_b) \tag{11.28}$$

电势零点的选择也是任意的。通常当场源电荷分布在有限空间时,取无穷远处为电势零点。但当场源电荷的分布广延到无穷远处时,不能再取无穷远处为电势零点,因为遇到积分不收敛而无法确定电势,这时可在电场内另选任一合适的电势零点。在许多实际问题中,也常常选取地球为电势零点。

## 11.3.5　电势的计算

### 1. 点电荷电场的电势

在点电荷电场中,电场强度 $\boldsymbol{E}$ 为

$$\boldsymbol{E} = \frac{q}{4\pi\varepsilon_0 r^2}\boldsymbol{r}_0$$

根据电势定义式(11.27),在选取无穷远处为电势零点时,电场中任一点 $a$ 的电势为

$$U_a = \int_a^\infty \boldsymbol{E} \cdot \mathrm{d}\boldsymbol{l} = \int_r^\infty \frac{1}{4\pi\varepsilon_0} \frac{q}{r^2}\mathrm{d}r = \frac{q}{4\pi\varepsilon_0 r} \tag{11.29}$$

### 2. 电势叠加原理

若是点电荷系电场,则由电场强度叠加原理,有

$$\boldsymbol{E} = \sum_{i=1}^n \frac{1}{4\pi\varepsilon_0} \frac{q_i}{r_i^2}\boldsymbol{r}_{i0}$$

可以得到,在取 $U_\infty = 0$ 时,电场中任意一点 $a$ 的电势为

$$U_a = \int_a^\infty \boldsymbol{E} \cdot \mathrm{d}\boldsymbol{l} = \int_{r_i}^\infty \left( \sum_{i=1}^n \frac{1}{4\pi\varepsilon_0} \frac{q_i}{r_i^2}\boldsymbol{r}_{i0} \right) \cdot \mathrm{d}\boldsymbol{l} = \sum_{i=1}^n \int_{r_i}^\infty \frac{q_i}{4\pi\varepsilon_0} \frac{\boldsymbol{r}_{i0}}{r_i^2} \cdot \mathrm{d}\boldsymbol{r}_i = \sum_{i=1}^n \frac{q_i}{4\pi\varepsilon_0 r_i}$$

对于电荷连续分布的有限大小带电体的电场,可以看成是许多电荷元 $\mathrm{d}q$ 产生的电场。若把每一个电荷元看成一个点电荷并取 $U_\infty = 0$,则电场的电势就等于无限多个电荷元电场的电势之和,即

$$U = \int_V \mathrm{d}U = \int_V \frac{\mathrm{d}q}{4\pi\varepsilon_0 r}$$

式中:$r$ 是电荷元 $\mathrm{d}q$ 到场点的距离;$V$ 是电荷连续分布的带电体的体积。

**例 11.8**　求电偶极子电场中任一点的电势。电偶极子的电矩 $\boldsymbol{p}=q\boldsymbol{l}$。

**解**　如图 11.13 所示,取 $U_\infty=0$,则对任一场点 $P$,其电势为

$$U=\frac{q}{4\pi\varepsilon_0 r_+}-\frac{q}{4\pi\varepsilon_0 r_-}=\frac{q}{4\pi\varepsilon_0}\frac{r_--r_+}{r_+r_-}$$

因为 $r\gg l$,所以

$$r_-\approx r+\frac{l}{2}\cos\theta,\quad r_+\approx r-\frac{l}{2}\cos\theta$$

$$r_--r_+\approx l\cos\theta,\quad r_+r_-\approx r^2$$

$$U\approx\frac{ql\cos\theta}{4\pi\varepsilon_0 r^2}=\frac{p\cos\theta}{4\pi\varepsilon_0 r^2}$$

式中:$\theta$ 为电偶极子中心与场点 $P$ 的连线和电偶极子轴的夹角,如图 11.13 所示。

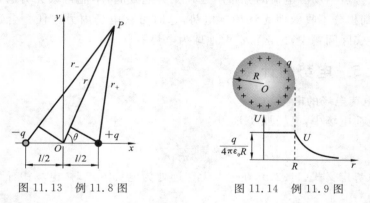

图 11.13　例 11.8 图　　　　　　图 11.14　例 11.9 图

**例 11.9**　如图 11.14 所示,求均匀带电球面的电场中电势的分布。设球面半径为 $R$,总电量为 $q$。

**解**　用电势定义法求解,由高斯定理已求得均匀带电球面电场强度大小分布为

$$E=\begin{cases}0,&r<R\\[2mm]\dfrac{q}{4\pi\varepsilon_0 r^2},&r>R\end{cases}$$

球面外 $E$ 沿球半径方向,所以球面外一点电势为

$$U=\int_r^\infty\frac{q}{4\pi\varepsilon_0 r^2}\mathrm{d}r=\frac{q}{4\pi\varepsilon_0 r},\quad r\geqslant R$$

球面内一点电势为

$$U=\int_r^R 0\mathrm{d}r+\int_R^\infty\frac{q}{4\pi\varepsilon_0 r^2}\mathrm{d}r=\frac{q}{4\pi\varepsilon_0 R},\quad r\leqslant R$$

可见,均匀带电球面外各点的电势与全部电荷集中在球心时的点电荷的电势相同;球面内任一点的电势都相等,且等于球面上的电势。

**例 11.10**　如图 11.15 所示,半径分别为 $R_A$ 和 $R_B$ 的两个同心均匀带电球面 $A$

和 $B$,内球面 $A$ 带电 $+q$,外球面 $B$ 带电 $-q$,求 $A$、$B$ 两球面的电势差。

**解**　方法一:可用电势差定义式计算,请读者自己完成。

方法二:利用电势叠加定理计算。

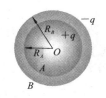

图 11.15　例 11.10 图

根据例 11.9 的结论,球面 $A$ 上电荷 $+q$ 在 $A$、$B$ 球面上各点产生的电势分别为

$$U'_A = \frac{q}{4\pi\varepsilon_0 R_A}, \quad U'_B = \frac{q}{4\pi\varepsilon_0 R_B}$$

而球面 $B$ 上的电荷 $-q$ 在 $A$,$B$ 球面上各点产生的电势分别为

$$U''_A = \frac{-q}{4\pi\varepsilon_0 R_B}, \quad U''_B = \frac{-q}{4\pi\varepsilon_0 R_B}$$

所以球面 $A$ 的总电势为

$$U_A = U'_A + U''_A = \frac{q}{4\pi\varepsilon_0}\left(\frac{1}{R_A} - \frac{1}{R_B}\right)$$

同理,球面 $B$ 的总电势为

$$U_B = U'_B + U''_B = 0$$

$A$、$B$ 两球面的电势差为

$$U_{AB} = U_A - U_B = \frac{q}{4\pi\varepsilon_0}\left(\frac{1}{R_A} - \frac{1}{R_B}\right)$$

# 11.4　电场强度与电势的关系

电势是标量场,一般来说,静电场中各点的电势是逐点变化的,但是总有某些电势相等的点。由电势相等的各点所构成的曲面称为等势面。如在点电荷电场中,电势 $U = \frac{q}{4\pi\varepsilon_0 r}$,说明其等势面是球面。而点电荷电场的电场线沿着半径方向,所以电场线与等势面处处正交。

实际上不仅是点电荷的电场,在任意静电场中,等势面与电场线总是处处正交。证明如下:

设在任意静电场中,电荷 $q_0$ 沿着等势面上一位移元 $\mathrm{d}\boldsymbol{l}$ 从 $a$ 点移到 $b$ 点,则电场力做功为

$$\mathrm{d}W = q_0\boldsymbol{E} \cdot \mathrm{d}\boldsymbol{l} = q_0 E\cos\theta\mathrm{d}l = q_0(U_a - U_b) = 0$$

因为上式中 $q_0$,$E$,$\mathrm{d}l$ 均不等于零,所以 $\cos\theta = 0$,$\theta = \frac{\pi}{2}$,说明 $\boldsymbol{E}$ 与 $\mathrm{d}\boldsymbol{l}$ 垂直,即电场线与等势面正交。

如果让正电荷 $q_0$ 沿任意静电场的电场线上的位移元 $\mathrm{d}\boldsymbol{l}$ 从 $a$ 点移到 $b'$ 点,则电

场力做功为

$$dW' = q_0 \boldsymbol{E} \cdot d\boldsymbol{l} = q_0 E dl \cos 0 = q_0 E dl > 0$$

另一方面,又有

$$dW' = q_0 (U_a - U_{b'})$$

所以 $U_a - U_{b'} > 0$,即 $U_a > U_{b'}$,电场线总是指向电势降落的方向。

为了使等势面能反映电场的强弱,在画等势面时,规定电场中任意两相邻等势面间电势差都相等,则电场强度较强的区域,等势面较密;电场强度较弱的区域,等势面较疏。

等势面是研究电场的一种有用的方法。经常是通过测量绘出带电体周围电场的等势面,然后推知电场的分布。图 11.16 给出几种常见电场的等势面和电场线。

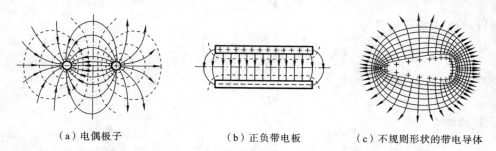

　　（a）电偶极子　　　　　　　（b）正负带电板　　　　　（c）不规则形状的带电导体

图 11.16　几种常见电场的等势面和电场线图(图中虚线表示等势面,实线表示电场线)

# 习　题　11

一、选择题

(1) 正方形的两对角线处各放置电荷 $Q$,另两对角线各放置电荷 $q$,若 $Q$ 所受到合力为零,则 $Q$ 与 $q$ 的关系为(　　)。

(A) $Q = -2^{3/2}q$　　　　(B) $Q = 2^{3/2}q$　　　　(C) $Q = -2q$　　　　(D) $Q = 2q$

(2) 下面说法正确的是(　　)。

(A) 若高斯面上的电场强度处处为零,则该面内必定没有电荷

(B) 若高斯面上没有电荷,则该面上的电场强度必定处处为零

(C) 若高斯面上的电场强度处处不为零,则该面内必定有电荷

(D) 若高斯面上有电荷,则该面上的电场强度必定处处不为零

(3) 一半径为 $R$ 的导体球表面的电荷面密度为 $\sigma$,则在距球面 $R$ 处的电场强度为(　　)。

(A) $\dfrac{\sigma}{\varepsilon_0}$　　　　　　(B) $\dfrac{\sigma}{2\varepsilon_0}$　　　　　　(C) $\dfrac{\sigma}{4\varepsilon_0}$　　　　　　(D) $\dfrac{\sigma}{8\varepsilon_0}$

二、填空题

(1) 在静电场中,电势不变的区域,场强必定_____。

(2) 一个点电荷 $q$ 放在立方体中心,则穿过某一表面的电通量为_____,若将点电荷由中心

向外移动至无限远,则总通量将为_____。

三、如图 1 所示,在长 $l=15$ cm 的直导线 $AB$ 上均匀地分布着线密度 $\lambda=5.0\times10^{-9}$ C/m 的正电荷。试求:

(1) 在导线的延长线上与导线 $B$ 端相距 $d_1=5.0$ cm 处 $P$ 点的场强;

(2) 在导线的垂直平分线上与导线中点相距 $d_2=5.0$ cm 处 $Q$ 点的场强。

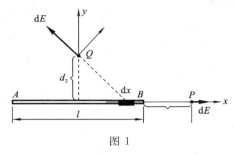

图 1

四、如图 2 所示,一个半径为 $R$ 的均匀带电半圆环,电荷线密度为 $\lambda$,求环心处 $O$ 点的场强。

五、均匀带电球壳内半径为 6 cm,外半径为 10 cm,电荷体密度为 $2\times10^{-5}$ C/m³。求距球心 5 cm,8 cm,12 cm 各点的场强。

六、半径为 $R_1$ 和 $R_2(R_2>R_1)$ 的两无限长同轴圆柱面,单位长度上分别带有电量 $\lambda$ 和 $-\lambda$。试求:(1) $r<R_1$;(2) $R_1<r<R_2$;(3) $r>R_2$ 处各点的场强。

七、如图 3 所示,两个无限大的平行平面都均匀带电,电荷面密度分别为 $\sigma_1$ 和 $\sigma_2$,试求空间各处场强。

* 八、半径为 $R$ 的均匀带电球体内的电荷体密度为 $\rho$,若在球内挖去一块半径为 $r<R$ 的小球体,如图 4 所示。试求:两球心 $O$ 与 $O'$ 点的场强,并证明小球空腔内的电场是均匀的。

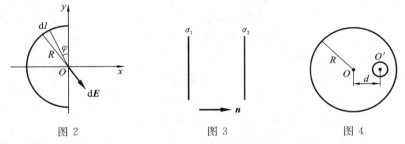

图 2　　　　　　　　　　　图 3　　　　　　　　　　　图 4

九、如图 5 所示,在 $A,B$ 两点处放有电量分别为 $+q,-q$ 的点电荷,$A$ 与 $B$ 间距离为 $2R$,现将另一正试验点电荷 $q_0$ 从 $O$ 点经过半圆弧移到 $C$ 点,求移动过程中电场力做的功。

十、图 6 所示的绝缘细线上均匀分布着线密度为 $\lambda$ 的正电荷,两直导线的长度和半圆环的半径都等于 $R$。试求环中心 $O$ 点处的场强和电势。

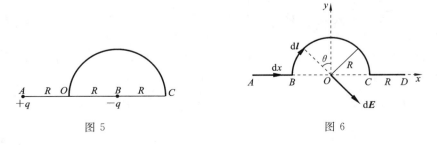

图 5　　　　　　　　　　　图 6

# 压 电 体

1880 年居里兄弟发现石英晶体被外力压缩或拉伸时,在石英的某些相对表面上会产生等量异号电荷。

例如,石英晶体受到 0.1 MPa 的压强时,其两表面因极化能产生约 0.5 V 的电势差,这一现象后来称为压电效应,产生压电效应的物体称为压电体。

产生压电效应的电介质除了石英、电气石外,还有酒石酸钾钠($NaKC_4H_4O_6 \cdot 4H_2O$)、锗酸铋($Bi_{12}GeO_{20}$)等单晶以及钛酸钡($BaTiO_3$)、锆钛酸铅($Pb(Zr_xTi_{1-x})O_3$,代号 PZT)等另一类压电晶体,称为压电陶瓷。像酒石酸钾钠和钛酸钡这些电介质,对于一个给定的电场 $E$ 值,其极化强度 $P$ 的大小还取决于原来极化的"历史"关系,具有和铁磁体的硅滞效应类似的电滞效应,因此又称为铁电体。压电体包括铁电体,但石英不是铁电体。此外,还有某些有机薄膜也具有良好的压电性。

我们可以以铁电体为例对压电效应做一个简单解释。铁电体在某一温度范围内具有自发极化的性质,即可以在没有外电场时存在极化,因而相对的两个表面本来就存在异号的极化电荷。但是,这些极化电荷由于吸附了空气中通常存在的微量正、负离子和电子而被中和,使铁电体不显电性。当铁电体被外力压缩或拉伸而发生形变时,其极化强度(因而极化电荷)随之变化,导致表面吸附的自由电荷随之改变,如果这时在两表面装上电极并用导线接通,变化着的自由电荷便从一个极板移到另一个极板,形成电流,如图 11.17 所示。

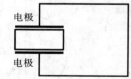

图 11.17　压电效应

反之,石英晶体在外电场中被极化时,其体内出现应力,并产生压缩或拉伸的形变,称为逆压电效应(电致伸缩)。如果在图 11.17 的导线中串入一个电源使两电极间出现电压,压电体就发生机械形变。如果用的是交变电源,则压电体交替出现压缩和拉伸,即发生机械振动。

压电体具有广泛的应用,主要有:

(1) 利用正压电效应,可以实现机械能与电能的转换。最常见的就是晶体话筒,声波使话筒内的压电晶体振动,晶体表面的电极出现微弱的音频电压。反之,利用逆压电效应可以实现电能与机械能转换,如晶体扬声器和晶体耳机就是音频电信号使压电晶体产生振动而发声。

利用石英晶体还可制成水下发射和接收超声波的换能器。现代的超声发生器和声呐中普遍使用了压电换能器。

扫描隧道显微镜中要求探针在样品表面作极微小的移动,以便显示样品表面原来的排列情况。探计这种微小的步移就是靠压电晶体的一次次电致伸缩来完成的。

（2）把压电晶片夹在两个电极之间就成为压电晶体谐振器。当它接入交流电路时，由于逆压电效应，谐振器两极的交变电压使压电片产生机械振动，这样由于振动产生的形变反过来又引起压电效应，在两极产生交变电压，从而影响交流电路中的交流电流。历史上早在 1920 年就已制造出石英振荡器。因为压电片的固有振动频率是非常稳定的，所以石英振荡器的计时误差就非常小。现代这种振荡器已广泛应用于钟表、通信和计算机技术中。

压电晶体谐振器配以电感、电容等元件，可以制成压电滤波器，广泛应用于各类通信设备和测量仪器中。

（3）利用压电体的性能还可以将各种非电信号转换成电信号，并进行放大、运算、传递、记录和显示，这就是压电传感器，如把压力转换成电信号的力敏传感器，就应用在了应变仪、血压计中；而温度计、红外探测仪等则是应用了压电体的因压力作用而释放电的效应。

此外，利用压电效应制成的晶体点火器普遍应用在了打火机、煤气灶及火花塞中。可以说，压电效应在我们日常生活中几乎是随处可见的。

# 第 12 章　导体和电介质的静电场

　　真空中的静电场,即空间只有确定的电荷分布,而无其他物质的情况。实际上,电场中总会有其他物体。根据其导电能力,我们把这些物质分成导体和电介质两类。在电场的作用下,导体和电介质中的电荷分布会发生变化,这种变化产生的电荷又会反过来影响原电场分布。本章将讨论导体和电介质对静电场的影响及相互作用规律,电场与物质的相互作用规律,以及电容器和电场的能量。

## 12.1　静电场中的导体

### 12.1.1　导体的静电平衡

　　导体的特点是导体内存在着大量的自由电荷,对金属导体而言,就是自由电子(在没有特殊说明的情况下,本书讨论都是金属导体)。一个不带电的中性导体在电场力作用下自由电子会作定向运动而改变导体上的电荷分布,使导体处于带电状态,这就是静电感应。导体由于静电感应而带的电荷称为感应电荷。同时,感应电荷又会影响到电场分布。因此,当电场中有导体存在时,电荷分布和电场分布相互影响、相互制约。当导体中的自由电子没有定向运动时,我们称导体处于静电平衡状态。导体达到静电平衡状态所满足的条件称为静电平衡条件。

　　显然,导体的静电平衡条件是:导体内部的电场强度为零,在导体表面附近电场强度沿表面的法线方向。这里所说的电场强度,指的是外加的静电场 $E_0$ 和感应电荷产生的附加电场 $E'$ 叠加后的总电场,即 $E = E_0 + E'$。我们可以设想,如果导体内电场 $E$ 不是处处为零,则在 $E$ 不为零的地方,自由电子将作定向运动;如果表面附近电场有切线方向分量,则导体表面层电子将沿表面作定向运动,这都不是静电平衡状态(表面层的电子受表面偶极层的约束不会沿法线方向作定向运动)。这就证明了上述的静电平衡条件是导体静电平衡的必要条件。如果我们进一步运用静电场边值问题的唯一性定理,即一定的边界条件可将空间静电场分布唯一地确定下来,则可以证明上述条件也是导体静电平衡的充分条件。限于课程性质,后一点不再详述。

　　处于静电平衡状态的导体,除了电场强度满足上述的静电平衡条件外,还具有以下性质:

　　(1)导体是等势体,导体表面是等势面。

　　导体内任意两点 $P$ 和 $Q$ 之间的电势差 $U_{PQ} = \int_P^Q \boldsymbol{E} \cdot \mathrm{d}\boldsymbol{l} = 0$,所以导体是等势体,

其表面是等势面。另外,由电场强度方向与等势面正交的性质也可以判定导体表面是等势面。

(2) 导体内部处处没有未被抵消的净电荷,净电荷只分布在导体的表面上。

按照高斯定理 $\oint_S \boldsymbol{E} \cdot \mathrm{d}\boldsymbol{S} = \dfrac{\sum q_i}{\varepsilon_0} = \dfrac{\int_V \rho \mathrm{d}V}{\varepsilon_0}$,其中 $V$ 是导体内部任一闭合面 $S$ 所包围的体积。因为导体内部电场强度 $\boldsymbol{E}$ 处处为零且闭合面 $S$ 可以无限缩小直至只包围一个点,所以导体内部体电荷密度 $\rho$ 处处为零。

(3) 导体以外,靠近导体表面附近处的电场强度大小与导体表面在该处的电荷面密度 $\sigma$ 的关系为

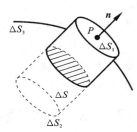

$$E = \frac{\sigma}{\varepsilon_0} \tag{12.1}$$

如图 12.1 所示,设 $P$ 是导体外紧靠表面处的任意一点,在邻近 $P$ 点的导体表面取一面元 $\Delta S$,作薄扁圆柱形闭合高斯面,使其上底面为 $\Delta S_1$,通过 $P$ 点,下底面 $\Delta S_2$ 在导体内部,两底面均与导体表面的面元 $\Delta S$ 平行且无限靠近,$\Delta S_1 = \Delta S_2 = \Delta S$。侧面 $\Delta S_3$ 与 $\Delta S$ 垂

图 12.1　导体表面的电场强度

直,则通过该闭合高斯面的电通量为

$$\Psi_e = \oint_S \boldsymbol{E} \cdot \mathrm{d}\boldsymbol{S} = \int_{\Delta S_1} \boldsymbol{E} \cdot \mathrm{d}\boldsymbol{S} + \int_{\Delta S_2} \boldsymbol{E} \cdot \mathrm{d}\boldsymbol{S} + \int_{\Delta S_3} \boldsymbol{E} \cdot \mathrm{d}\boldsymbol{S}$$

因为 $\Delta S_2$ 在导体内部,面上各点电场强度为零,$\Delta S_3$ 上各点电场强度与 $\mathrm{d}\boldsymbol{S}$ 垂直,所以

$$\Psi_e = \oint_S \boldsymbol{E} \cdot \mathrm{d}\boldsymbol{S} = \int_{\Delta S_1} \boldsymbol{E} \cdot \mathrm{d}\boldsymbol{S} = E\Delta S$$

而闭合面内包围的净电荷为 $\sigma \Delta S$,所以 $E = \dfrac{\sigma}{\varepsilon_0}$。

当 $\sigma > 0$ 时,$\boldsymbol{E}$ 垂直表面向外;当 $\sigma < 0$ 时,$\boldsymbol{E}$ 垂直表面向内。式(12.1)给出了导体表面每一点电荷面密度与其附近电场强度之间的对应关系。注意,导体表面附近电场强度 $\boldsymbol{E}$ 是导体表面所有电荷及周围其他带电体上电荷共同产生,其对电场强度的影响由 $\sigma$ 体现。当电荷分布或电场强度分布改变时,$\sigma$ 和 $E$ 都会改变,但 $\sigma$ 与 $E$ 的关系即 $E = \dfrac{\sigma}{\varepsilon_0}$ 不变。

至于导体表面上的电荷究竟怎样分布? 这个问题的定量研究比较复杂。它不仅与导体的形状有关,还与导体附近有什么样的物体(带电的或不带电的)有关。对于孤立的带电导体来说,电荷面密度 $\sigma$ 与表面曲率之间一般并不存在单一的函数关系。大致来说,导体表面凸出而尖锐处曲率较大,$\sigma$ 也较大;导体表面较平坦处曲率较小,$\sigma$ 也较小;导体表面凹进去处曲率为负值,$\sigma$ 则更小。由式(12.1)可知,导体表面电场

强度分布也与 $\sigma$ 分布相似,即尖端处电场强度大,平坦处电场强度次之,凹进去处电场强度最弱。

导体表面尖端处电场特别强,会导致一个重要结果,即尖端放电。这类放电只发生在靠近导体表面很薄的一层空气里。空气中少量残留的带电离子在强电场作用下激烈运动,当它与空气分子碰撞时会使空气分子电离,产生大量新的离子,使原先不导电的空气变得易于导电。与导体尖端电荷异号的离子受到吸引趋向尖端,而与导体尖端电荷同号的离子受到排斥而加速离开尖端,形成高速离子流,即通常所说的"电风"。尖端附近空气电离时,在黑暗中可以看到尖端附近隐隐地笼罩着一层光晕,称为电晕。高压输电线附近的电晕效应会浪费大量电能。为避免这种现象,高压输电线的表面应做得极为光滑,且截面半径也不能过小。此外,一些高压设备的电极也常常做成光滑的球面,以避免放电,维持高电压。而避雷针则是利用尖端放电原理来防止雷击对建筑物的破坏,但避雷针必须保持良好接地,否则会适得其反。

## 12.1.2　导体壳和静电屏蔽

### 1. 腔内无带电体的情况

当导体壳腔内没有其他带电体时,在静电平衡条件下,导体壳内表面处处没有电荷,电荷只分布在导体壳的外表面上而且空腔内没有电场,或者说,空腔内的电势处处相等。

为了证明上述结论,我们在导体壳的内、外表面之间取一闭合曲面 $S$,将空腔包围起来,如图 12.2(a)所示。由于 $S$ 完全处于导体的内部,根据静电平衡条件,$S$ 面上电场强度处处为零。由高斯定理可推知,在 $S$ 面内电荷代数和为零,因为腔内无带电体,所以空腔内表面的电荷代数和也为零。进一步利用反证法可证明,达到静电平衡时,导体壳内表面上的电荷面密度 $\sigma$ 必定处处为零。否则,如果有的地方 $\sigma<0$,则必有另一处 $\sigma>0$,两处之间必有电场线相连,必有电势差,而这与静电平衡时导体是等势体相矛盾。

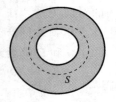

（a）腔内无带电体情况

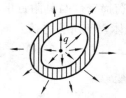

（b）腔内有带电体情况

图 12.2　静电平衡时的导体壳的电荷分布

由于在导体壳内表面上 $\sigma$ 处处为零,所以内表面附近 $E$ 处处为零,电场线不可能起于(或止于)内表面;同时腔内无带电体,在腔内不可能有另外的电场线的端点;静电场的电场线又不可能闭合。所以腔内没有电场线,即腔内不可能有电场,腔内空间各点电势处处相等。

**2. 壳内有带电体情况**

当导体壳腔内有其他带电体时,如图 12.2(b)所示,在腔内放一带电体+q。我们可以同样在导体壳内、外表面间作一闭合曲面 S。由静电平衡条件和高斯定理不难求出 S 面内电荷代数和为零,所以导体壳内表面上要感应出电荷-q,导体内表面所带电荷与空腔内带电体的电荷等量异号,腔内电场线起自带电体电荷+q 而止于内表面上的感应电荷-q,腔内电场强度不为零,带电体与导体壳之间有电势差。同时,外表面相应地感应出电荷+q。如果空腔导体壳本身不带电,此时导体壳外表面只有感应电荷+q。如果空腔导体本身带电量为 Q,则导体壳外表面所带电荷为(Q+q)。

**3. 静电屏蔽**

如前所述,在静电平衡条件下,不论导体壳本身带电还是导体壳处于外界电场中,壳内无其他带电体的导体壳内部没有电场。这样,导体壳的表面就"保护"了它所包围的区域,使之不受导体壳外表面的电荷或外界电场的影响。而接地良好的导体壳还可以把腔内部带电体对外界的影响全部消除(即上述导体壳的外表面所带感应电荷+q 全部入地)。总之,导体壳内部电场不受壳外电荷的影响,接地导体壳使得外部电场不受壳内电荷的影响,内部电荷对外界也不影响。这种现象称为静电屏蔽。前者称为外屏蔽,后者称为全屏蔽。

在防止信号干扰方面,静电屏蔽原理在实际中有重要的应用。例如,一些电子仪器常采用金属外壳以使内部电路不受外界电场的干扰;传递电信号的电缆线常用金属丝网罩作为屏蔽层;在高压设备的外面罩上接地的金属网栅,以使高压带电体不致影响外界。

## 12.1.3　有导体存在的静电场电场强度与电势的计算

在计算有导体存在时的静电场分布时,首先要根据静电平衡条件和电荷守恒定律,确定导体上新的电荷分布,然后由新的电荷分布求电场的分布。

**例 12.1**　有一块大金属板 A,面积为 S,带有电荷 $Q_A$。今把另一带电荷为 $Q_B$ 的相同的金属板 B 平行地放在 A 板的右侧(板的面积远大于板的厚度)。试求 A,B 两板上电荷分布及空间电场强度分布。如果把 B 板接地,情况又如何?

**解**　如图 12.3 所示,静电平衡时电荷只分布在板的表面上。忽略边缘效应可以认为 A,B 板的四个平行的表面上电荷是均匀分布的。设四个面上的电荷面密度分别为 $\sigma_1$,$\sigma_2$,$\sigma_3$ 和 $\sigma_4$。由电荷守恒定律可得

$$\sigma_1 S + \sigma_2 S = Q_A, \quad \sigma_3 S + \sigma_4 S = Q_B$$

作如图 12.3 所示的圆柱形高斯面 $S'$,高斯面的两底面分别在两金属板内,侧

面垂直于板面。由于金属板内任一点 $P$ 的电场强度为零,两板间的电场垂直于板面,所以通过高斯面的电通量 $\oint_{S'} \boldsymbol{E} \cdot \mathrm{d}\boldsymbol{S} = 0$,由此可知

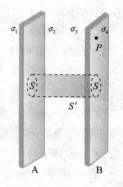

$$\sigma_2 + \sigma_3 = 0$$

另外,由电场强度叠加原理可知,在金属板内任一点 $P$ 的电场强度应是四个表面上电荷在该点产生的电场强度的叠加。假设 $\sigma_1, \sigma_2, \sigma_3, \sigma_4$ 均为正,由 A 指向 B 的方向为电场强度的正方向,所以

$$\frac{\sigma_1}{2\varepsilon_0} + \frac{\sigma_2}{2\varepsilon_0} + \frac{\sigma_3}{2\varepsilon_0} - \frac{\sigma_4}{2\varepsilon_0} = 0$$

图 12.3　例 12.1 图

联立求解以上四式可得

$$\sigma_1 = \sigma_4 = \frac{Q_A + Q_B}{2S}$$

$$\sigma_2 = -\sigma_3 = \frac{Q_A - Q_B}{2S}$$

根据电场强度叠加原理,可求得各区域电场强度。

A 板左侧:

$$E_1 = \frac{\sigma_1}{2\varepsilon_0} + \frac{\sigma_2}{2\varepsilon_0} + \frac{\sigma_3}{2\varepsilon_0} + \frac{\sigma_4}{2\varepsilon_0} = \frac{Q_A + Q_B}{2\varepsilon_0 S}$$

当 $Q_A + Q_B > 0$ 时,$\boldsymbol{E}_1$ 向左;当 $Q_A + Q_B < 0$ 时,$\boldsymbol{E}_1$ 向右。

两板之间:

$$E_2 = \frac{\sigma_1}{2\varepsilon_0} + \frac{\sigma_2}{2\varepsilon_0} - \frac{\sigma_3}{2\varepsilon_0} - \frac{\sigma_4}{2\varepsilon_0} = \frac{Q_A - Q_B}{2\varepsilon_0 S}$$

当 $Q_A - Q_B > 0$ 时,$\boldsymbol{E}_2$ 向右;当 $Q_A - Q_B < 0$ 时,$\boldsymbol{E}_2$ 向左。

B 板右侧:

$$E_3 = \frac{\sigma_1}{2\varepsilon_0} + \frac{\sigma_2}{2\varepsilon_0} + \frac{\sigma_3}{2\varepsilon_0} + \frac{\sigma_4}{2\varepsilon_0} = \frac{Q_A + Q_B}{2\varepsilon_0 S}$$

当 $Q_A + Q_B > 0$ 时,$\boldsymbol{E}_3$ 向右;当 $Q_A + Q_B < 0$ 时,$\boldsymbol{E}_3$ 向左。

以上结果适用于 $Q_A, Q_B$ 为任何极性、任意大小的带电情况。

当 B 板接地时,设 $\sigma_1', \sigma_2', \sigma_3'$ 和 $\sigma_4'$ 分别表示 A,B 两板的四个表面上的电荷面密度。由于金属板 B 接地,则 $U_B = 0$,因为由 B 板沿垂直于 B 板方向至无穷远处电场强度 $\boldsymbol{E}$ 的线积分为零,且在无电荷处电场是连续的,所以在 B 板的右侧区间电场强度 $E = 0$。即有

$$\frac{1}{2\varepsilon_0}(\sigma_1' + \sigma_2' + \sigma_3' + \sigma_4') = 0$$

A 板上电荷仍守恒,有

$$\sigma'_1 S + \sigma'_2 S = Q_A$$

由高斯定理仍可得

$$\sigma'_2 + \sigma'_3 = 0$$

由 B 板内部任一点 $P$ 的电场强度为零,仍可得

$$\frac{1}{2\varepsilon_0}(\sigma'_1 + \sigma'_2 + \sigma'_3 - \sigma'_4) = 0$$

由以上四个方程解得

$$\sigma'_1 = \sigma'_4 = 0, \quad \sigma'_2 = -\sigma'_3 = \frac{Q_A}{S}$$

由此结论不难推出,两板间电场强度 $E'_2 = \dfrac{Q_A}{\varepsilon_0 S}$。$Q_A > 0$ 时,$\boldsymbol{E}'_2$ 向右,$Q_A < 0$ 时,$\boldsymbol{E}'_2$ 向左。

两板外侧电场强度:

$$\boldsymbol{E}'_1 = \boldsymbol{E}'_3 = \mathbf{0}$$

注意:当 B 板通过接地线与地相连时,B 板上的电荷不再守恒,地球与 B 板之间产生了电荷的传递,而电荷重新分布的结果满足了 A、B 两金属板内部电场强度为零的静电平衡条件。

**例 12.2**　如图 12.4 所示,在一个接地的导体球附近有一个电量为 $q$ 的点电荷。已知球的半径为 $R$,点电荷到球心的距离为 $l$。求导体球表面感应电荷的总电量 $q'$。

**解**　因为接地导体球的电势为零,所以球心 $O$ 点的电势为零。另一方面球心 $O$ 点的电势是由点电荷 $q$ 和球面上感应电荷 $q'$ 共同产生的。

前者
$$U_{O1} = \frac{q}{4\pi\varepsilon_0 l}$$

后者
$$U_{O2} = \oint_S \frac{\sigma' \mathrm{d}S}{4\pi\varepsilon_0 R} = \frac{1}{4\pi\varepsilon_0 R}\oint_S \sigma' \mathrm{d}S = \frac{q'}{4\pi\varepsilon_0 R}$$

图 12.4　例 12.2 图

所以,球心点的电势

$$U_O = U_{O1} + U_{O2} = \frac{q}{4\pi\varepsilon_0 l} + \frac{q'}{4\pi\varepsilon_0 R} = 0$$

得
$$q' = -\frac{R}{l}q$$

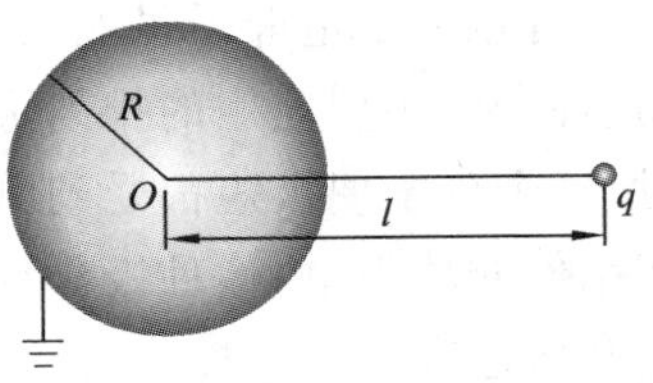

# *12.2　静电场中的电介质

## *12.2.1　电介质的极化

电介质通常是指不导电的绝缘介质。在电介质内没有可以自由移动的电荷(自

由电子)。但是,在外电场作用下,电介质内的正、负电荷仍可作微观的相对位移。结果在电介质内部或表面出现带电现象。这种电介质在外电场作用下出现的带电现象称为电介质极化。电介质极化所出现的电荷,称为极化电荷或束缚电荷。

一般地,介质分子中的正、负电荷都不集中在一点。但是在远大于分子线度的距离处观察,分子的全部负电荷的影响将与一个单独的负电荷等效,这个等效负电荷的位置称为分子的负电荷中心。同理每个分子的全部正电荷也有一个相应的正电荷等效中心。若分子的正、负电荷的等效中心不重合,这样一对距离极近的等值异号的正、负点电荷称为分子的等效电偶极子。像 HCl、$H_2O$、CO 等介质分子就有这种分子偶极子,因而这一类介质称为有极分子电介质。还有如 He、$H_2$、$N_2$、$CO_2$ 等另一类电介质,其分子正负电荷等效中心重合,没有分子偶极子,称为无极分子电介质。

无极分子电介质在外电场作用下,正负电荷中心发生相对位移,形成电偶极子。这些电偶极子的方向都沿着外电场的方向,因此在电介质的表面将出现正负极化电荷,如图 12.5(a)所示,这类极化是由于电荷中心位移引起的,称为位移极化。

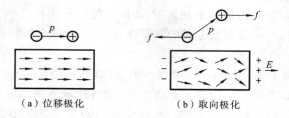

（a）位移极化　　　　　　（b）取向极化

图 12.5　电介质的极化

有极分子电介质虽然有分子偶极子,但在没有外电场存在时,由于分子的热运动,各个分子偶极矩的排列十分紊乱,电介质宏观不显电性,当电介质处于外电场中时,每个分子偶极矩都受到电场力矩的作用,分子偶极矩产生转向外电场方向的取向作用使介质带电,这种极化称为取向极化,如图 12.5(b)所示。应该指出,有极分子电介质也存在位移极化,只是比取向极化弱得多。

这两类电介质极化的微观机制虽有不同,但宏观结果都是一样的,所以作宏观描述时,不必加以区别。

## *12.2.2　极化强度和极化电荷

当电介质处于极化状态时,电介质内任一宏观小、微观大的体积元 $\Delta V$ 内,分子电偶极矩的矢量和不会互相抵消,即 $\sum p_{ei} \neq 0$。我们定义介质中单位体积内分子电偶极矩的矢量和为极化强度矢量 $P$,即

$$P = \frac{\sum p_{ei}}{\Delta V}$$

$$(12.2)$$

式中：$\boldsymbol{p}_e$ 是分子电偶极矩。

极化强度 $P$ 是表征电介质极化程度的物理量。在 SI 制中 $P$ 的单位是库仑每平方米（$C/m^2$）。如果介质中各点的极化强度相同，则称介质是均匀极化的。

另一方面，电介质处于极化状态时，电介质的某些部位将出现未被抵消的极化电荷。可以证明，在均匀电介质中，极化电荷集中在介质的表面，且表面极化电荷面密度为

$$\sigma' = \frac{\mathrm{d}q'}{\mathrm{d}s} = P\cos\theta = \boldsymbol{P} \cdot \boldsymbol{n}_0 \tag{12.3}$$

式中：$\boldsymbol{n}_0$ 是介质表面法线方向单位矢量。

式（12.3）表明，电介质表面极化电荷面密度 $\sigma'$ 等于表面处极化强度 $P$ 法向分量。当 $\theta$ 为锐角时，电介质表面将出现一层正极化电荷；当 $\theta$ 为钝角时，电介质表面将出现一层负极化电荷，如图 12.6 所示。

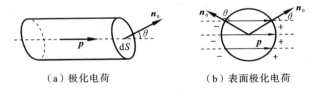

（a）极化电荷　　　　　　　　　　　（b）表面极化电荷

图 12.6　极化电荷

在介质内部，可以取一任意闭合曲面 $S$，$\boldsymbol{n}_0$ 为 $S$ 上面元 $\mathrm{d}S$ 的外法线方向上的单位矢量，则式 $\mathrm{d}q'_{出} = \boldsymbol{P} \cdot \mathrm{d}\boldsymbol{S}$ 表明由于极化而越过 $\mathrm{d}S$ 面向外移出闭合面 $S$ 的电荷。所以越过整个闭合面 $S$ 而向外移出的极化电荷 $\mathrm{d}q'_{出}$ 总量应为

$$\mathrm{d}q'_{出} = \oint \mathrm{d}q' = \boldsymbol{P} \cdot \mathrm{d}\boldsymbol{S}$$

根据电荷守恒定律，在闭合面 $S$ 内净化电荷总量 $\sum q'_i$ 应等于 $\sum q'_{出i}$ 的负值，即有

$$\oint \boldsymbol{P} \cdot \mathrm{d}\boldsymbol{S} = -\sum q'_i \tag{12.4}$$

它表明，在介质中沿任何闭合曲面的极化强度通量等于曲面所包围的体积内极化电荷的负值。这是极化强度 $P$ 与极化电荷分布之间的普遍关系。

## *12.2.3　电介质的极化规律

实验表明，在各向同性电介质中的任一点，极化强度 $P$ 与 $E$ 的方向相同且大小成正比，即

$$\boldsymbol{P} = \varepsilon_0 \chi \boldsymbol{E} \tag{12.5}$$

式中：$E$ 是自由电荷电场强度 $E_0$ 和极化电荷电场强度 $E'$ 之和；$\chi$ 是介质的极化率。

　　所谓各向同性电介质就是 $P$ 与 $E$ 的关系,与 $E$ 的方向无关,对同一点,$\chi$ 是一个常数,但不同点 $\chi$ 的值可以不同。如果电介质中各点的 $\chi$ 值相同,则电介质为均匀电介质。

　　当外电场不太强时,它只是引起电介质的极化,不会破坏电介质的绝缘性能。如果外加电场很强,则电介质分子中的正负电荷有可能被拉开而变成可以自由移动的电荷。由于大量这种自由电荷的产生,电介质的绝缘性能就会遭到明显的破坏而变成导体。这种现象称为电介质的击穿。

表 12.1　给出了几种电介质的击穿电场强度

| 电　介　质 | 击穿电场强度/(kV/mm) |
|---|---|
| 空气(1 atm) | 3 |
| 玻璃 | 10～25 |
| 瓷 | 6～20 |
| 矿物油 | 15 |
| 纸(油浸过的) | 15 |
| 胶木 | 20 |
| 石蜡 | 30 |
| 聚乙烯 | 50 |
| 云母 | 80～200 |
| 钛酸钡 | 3 |

　　一种电介质材料所能承受的不被击穿的最大电场强度称为这种电介质的击穿电场强度,除了上述各向同性线性电介质外,还有以下几类电介质。

　　(1) 线性各向异性电介质。这种电介质中 $P$ 与 $E$ 的关系和 $E$ 的方向有关。实验表明,它们的关系可用如下线性方程组表示:

$$P_x = \varepsilon_0 (\chi_{11}E_x + \chi_{12}E_y + \chi_{13}E_z)$$
$$P_y = \varepsilon_0 (\chi_{21}E_x + \chi_{22}E_y + \chi_{23}E_z)$$
$$P_z = \varepsilon_0 (\chi_{31}E_x + \chi_{32}E_y + \chi_{33}E_z)$$

其中,$\chi_{11}, \chi_{12}, \cdots, \chi_{33}$ 是 9 个常数,它表示张量在坐标中的 9 个分量。由这 9 个分量组成的张量称为电介质的极化率张量,由电介质的性质决定。由上述方程可以看出,即使电场强度只有 $x$ 分量($E_y = E_z = 0$),极化强度却可以有 $y,z$ 分量,即 $x$ 方向的电场强度不但引起介质沿 $x$ 方向的极化,还可以引起介质沿 $y,z$ 方向的极化。对电介质中的一点而言,极化率张量是一个确定的张量,不随电场强度的改变而改变,也就是说,当 $P_x$、$P_y$、$P_z$ 与 $E_x$、$E_y$、$E_z$ 的关系是线性关系时,电介质称为线性电介质。

（2）铁电体。它们的 $P$ 与 $E$ 的关系是非线性的，甚至 $P$ 与 $E$ 之间也不存在单值函数关系。也就是说，对一个确定的 $E$ 值，其中 $P$ 值的大小还取决于原来极化的"历史"，具有和铁磁体的磁滞效应类似的电滞效应，称为铁电体，如酒石酸钾钠（$NaKC_4H_4O_6 \cdot 4H_2O$）及钛酸钡（$BaTiO_3$）等。铁电体的相对介电常数 $\varepsilon_r$ 不是常数，而是随所加外电场的变化而变化，最大值可达到 $10^4$。利用铁电体作为介质可制成容量大、体积小的电容器。由于铁电体具有电滞效应，经过极化的铁电体在剩余极化强度 $P_r$ 和 $-P_r$ 处是双稳态，可以制成二进制的存储器。另外，铁电体都存在一特定温度，只有低于此温度才有铁电性，这个温度称为居里点。在居里点附近，材料的电阻率会随温度发生灵敏的变化，可利用制成铁电热敏电阻器，铁电体在强光作用下能产生非线性效应，常用作激光技术中的倍频或混频器件。

（3）驻极体。它们的极化强度并不随外场的撤除而消失，与永磁体的性质有些相似，如石蜡等。

## 12.2.4　有电介质时的高斯定理

有电介质时，总电场 $E$ 包括自由电荷产生的电场 $E_0$ 和极化电荷产生的附加电场 $E'$。所以有电介质时的高斯定理表达式为

$$\int_S E \cdot dS = \frac{1}{\varepsilon_0}\left(\sum q_i + \sum q_i'\right)$$

式中：$\sum q_i$ 和 $\sum q_i'$ 分别为高斯面 $S$ 内的自由电荷与极化电荷的代数和。

利用极化强度与极化电荷的关系式（12.4），有

$$\oint_S P \cdot dS = -\sum q_i'$$

上式的高斯定理可改写为

$$\oint_S (\varepsilon_0 E + P) \cdot dS = \sum q_i$$

由此，我们可定义电位移矢量

$$D = \varepsilon_0 E + P \tag{12.6}$$

就得到

$$\oint_S D \cdot dS = \sum q_i \tag{12.7}$$

此式就是有电介质时的高斯定理：在静电场中通过任意闭合曲面的电位移通量等于闭合面内自由电荷的代数和。

式（12.6）表示了电场中任一点处 $D,E,P$ 三个矢量的关系，对任何电介质都适用。在各向同性的电介质中，$D,E,P$ 三个量方向相同且 $P = \varepsilon_0 \chi E$，所以

$$D = \varepsilon_0 E + P = \varepsilon_0(E + \chi E) = \varepsilon_0(1 + \chi)E$$

令 $1+\chi=\varepsilon_r$，称为电介质的相对介电常数，则

$$D=\varepsilon_0\varepsilon_r E=\varepsilon E \qquad\qquad (12.8)$$

在没有介质时，$D=\varepsilon_0 E+P$ 中的 $P=0$ 且 $E=E_0$，所以 $E_0=\dfrac{D}{\varepsilon_0}$，它表示了真空或空气中电场强度与电位移的关系。而在有介质时，$E_0=\dfrac{D}{\varepsilon_0\varepsilon_r}$，因为 $\varepsilon_r>1$，所以 $E<E_0$，即介质中的电场强度小于真空中的电场强度。这是因为介质上的极化电荷在介质中产生的附加电场 $E'$ 与 $E_0$ 的方向相反而减弱了外电场的缘故。

# 12.3　电容　电容器

## 12.3.1　孤立导体的电容

理论和实验都表明，附近没有其他导体和带电体的孤立导体，它所带电量与它的电势 $U$ 成正比，即 $q\propto U$，写成等式

$$\frac{q}{U}=C \qquad\qquad (12.9)$$

比例系数 $C$ 称为孤立导体的电容。如孤立导体球的电容 $C=4\pi\varepsilon_0 R$，它与导体的尺寸和形状有关，而与 $q$ 和 $U$ 无关。从式(12.9)可以看出，电容 $C$ 是使导体升高单位电势所需要的电量，反映了导体储存电荷和电能的能力。

在 SI 制中，电容的单位是库仑每伏特，称为法拉，符号为 F。实用法拉单位太大，常见的电容以微法($\mu$F)、皮法(pF)为单位，它们之间的关系为 $1\ \text{F}=10^6\ \mu\text{F}=10^{12}\ \text{pF}$。

## 12.3.2　电容器及其电容

当导体 A 附近有其他导体存在时，则该导体的电势不仅与它本身所带电量有关，而且还与其他导体的形状及位置有关。为了消除周围其他导体的影响，可用一个封闭的导体壳 B 将 A 屏蔽起来，如图 12.7 所示。可以证明，导体 A 和导体 B 之间的电势差 $U_A-U_B$ 与导体 A 所带的电量成正比，不受外界影响。我们把导体壳 B 与其腔内的导体 A 所组成的导体系称为电容器，其电容为

$$C=\frac{q}{U_A-U_B}=\frac{q}{U_{AB}} \qquad\qquad (12.10)$$

电容器的电容 $C$ 与两导体的尺寸、形状及其相对位置有关。组成电容器的两导体称为电容器的极板。在实际应用的电容器中，对其屏蔽性的要求并不高，只要

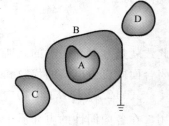

图 12.7　屏蔽的电容器

求从一个极板发出的电场线都终止在另一个极板上就行。

设电容器的两极板分别带上等量异号电荷,通过计算两极板间的电场强度与电势差,依据式(12.10)可以方便地计算几类电容器的电容公式。如对长度为 $l$ 且长度远比半径之差($R_B - R_A$)大、两异体之间充满介电常数为 $\varepsilon$ 的同轴圆柱形电容器的电容值计算如下。

如图 12.8 所示,设导体 A 单位长度带电为 $\lambda$,则导体 B 单位长度带电为 $-\lambda$,在 A、B 之间电介质中电场强度由高斯定理求得为

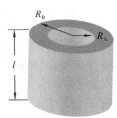

$$E = \frac{\lambda}{2\pi\varepsilon r}$$

$r$ 为场点到轴线的距离,则 A、B 两异体的电势差为

$$U_{AB} = \int_{R_A}^{R_B} \frac{\lambda}{2\pi\varepsilon r} dr = \frac{\lambda}{2\pi\varepsilon} \ln \frac{R_B}{R_A}$$

图 12.8　圆柱形电容器

所以,长度为 $l$ 的电容器的电容为

$$C = \frac{\lambda l}{U_{AB}} = 2\pi\varepsilon l \left/ \ln \frac{R_B}{R_A} \right.$$

式中:$\varepsilon$ 是电介质的介电常数;$l$ 是电容器的长度;$R_A$、$R_B$ 分别为内、外圆柱的界面半径。

对真空中极板面积为 $S$,两极板间距离为 $d$,且满足 $\sqrt{S} \gg d$ 的平行板电容器,$C = \frac{\varepsilon_0 S}{d}$;对真空中内外球半径为 $R_A$、$R_B$ 的同心球形电容器,$C = \frac{4\pi\varepsilon_0 R_A R_B}{R_B - R_A}$($R_B > R_A$)。以上两类电容器的电容公式请读者自行推导。从以上三种电容器电容的计算结果可知:电容器电容大小由电容器的几何形状、电介质的性质和分布决定。

对于电容器的分类,可按几何形状分为平行板电容器、圆柱形电容器、球形电容器等;按介质的种类分为空气电容器、纸介质电容器、云母电容器、电解电容器、陶瓷电容器等;按性能分为固定电容器、半可变电容器和可变电容器。

## *12.3.3　电容器的连接

电容器有两个非常重要的性能指标:一个是电容值;另一个是耐压值。使用电容器时,两极板上的电压不能超过所规定的耐压值。当单独一个电容器的电容值或耐压值不能满足实际需求时,可把几个电容器连接起来使用,电容器的基本连接方式有串联和并联两种。

电容器串联时,串联的每一个电容器都带有相同的电量 $q$,而电压与电容成反比地分配在各个电容器上。因此整个串联电容器系统的总电容 $C$ 的倒数为

$$\frac{1}{C} = \frac{U}{q} = \frac{U_1 + U_2 + \cdots + U_n}{q} = \frac{1}{C_1} + \frac{1}{C_2} + \cdots + \frac{1}{C_n} \tag{12.11}$$

电容器并联时,加在各电容器上的电压是相同的,电量与电容成正比地分配在各个电容器上。因此,整个并联电容器系统的总电容为

$$C = \frac{q}{U} = \frac{q_1 + q_2 + \cdots + q_n}{U} = \frac{U(C_1 + C_2 + \cdots + C_n)}{U}$$

$$= C_1 + C_2 + \cdots + C_n \tag{12.12}$$

## *12.3.4　范德格拉夫起电机

利用导体的静电特性和尖端放电现象,可使物体连续不断地带有大量电荷,这样的装置称为范德格拉夫起电机,其结构和作用原理可用图 12.9 来说明。

图 12.9 中,A 是空心金属球壳,由绝缘空心柱 B 支撑。D 和 D′ 表示上、下两个滑轮。滑轮 D′ 用电动机 M 拖动,通过绝缘传送带 C 带动 D 转动。F 是正极接地的高压直流电源(几万伏至十万伏),负极接放电针 E,E 由一排尖齿组成,正对着绝缘带 C。由于 E 的尖端放电,使绝缘带上带有负电荷。当负电荷随绝缘带向上移动到刮电针 G 附近时(G 也由一排尖齿组成),负电荷就通过 G 传递到金属球壳 A,并分布在 A 的外表面。随着传送不停运转,把大量负电荷送到 A 壳的外表面,就可使 A 达到很高的负电势。

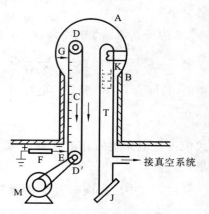

图 12.9　范德格拉夫起电机

金属球壳 A 内可装上抽成真空的加速管 T,管的上端装入产生电子束的电子枪 K,由于金属球壳相对外界具有很高的电势差,因此当电子束进入加速管后,将在强电场的作用下,自上而下地作加速运动,获得很大的动能电子束轰击在加速管下端的由不同材料制成的靶子 J 上,可产生不同的射线,如 $\alpha$ 射线、$\gamma$ 射线等,供不同的应用。

**例 12.3**　一平行板电容器的极板面积为 $S$,板间距离为 $d$,电势差为 $U$。两极板间平行放置一层厚度为 $t$,相对介电常数为 $\varepsilon_r$ 的电介质。试求:(1) 极板上的电量 $Q$;(2) 两极板间的电位移 $D$ 和电场强度 $E$;(3) 电容器的电容。

**解**　(1) 如图 12.10 所示,作柱形高斯面,它的一个底面 $\Delta S_1$ 在一个金属极板内,另一底面 $\Delta S_2$ 在两极板之间(电介质中或真空中),$\Delta S_1 = \Delta S_2 = \Delta S$,因为金属极板内 $E=0$,$D=0$,所以

$$\oint_S \boldsymbol{D} \cdot \mathrm{d}\boldsymbol{S} = D\Delta S$$

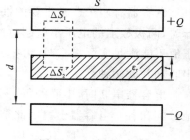

图 12.10　例 12.3 图

而 $\sum q_i = \sigma \Delta S$，由此得到两极板间的电介质或真空中的电位移 **D** 相同,其大小均是

$$D = \sigma = \frac{Q}{S}$$

其中,$Q$ 是正极板上的电量,待求。

在真空间隙中

$$E_1 = \frac{D}{\varepsilon_0} = \frac{Q}{\varepsilon_0 S}$$

在介质中

$$E_2 = \frac{D}{\varepsilon} = \frac{D}{\varepsilon_0 \varepsilon_r} = \frac{Q}{\varepsilon_0 \varepsilon_r S}$$

所以两极板的电势差为

$$U = E_1(d-t) + E_2 t = \frac{Q}{\varepsilon_0 S}(d-t) + \frac{Q}{\varepsilon_0 \varepsilon_r S}t = \frac{Qd}{\varepsilon_0 S}\left(1 - \frac{t}{d}\frac{\varepsilon_r - 1}{\varepsilon_r}\right)$$

由此可得极板上的电量为

$$Q = \frac{\varepsilon_0 S U}{d} r\left[\frac{\varepsilon_r d}{\varepsilon_r(d-t)+t}\right] = \frac{\varepsilon_0 \varepsilon_r S U}{\varepsilon_r(d-t)+t}$$

(2) 将 $Q = \dfrac{\varepsilon_0 \varepsilon_r S U}{\varepsilon_r(d-t)+t}$ 代入上述 $E_1 = \dfrac{Q}{\varepsilon_0 S}$ 和 $E_2 = \dfrac{Q}{\varepsilon_0 \varepsilon_r S}$ 得

$$E_1 = \frac{\varepsilon_r U}{\varepsilon_r(d-t)+t}$$

$$E_2 = \frac{\varepsilon_r U}{\varepsilon_r(d-t)+t}$$

$$D = \frac{\varepsilon_0 \varepsilon_r U}{\varepsilon_r(d-t)+t}$$

(3) $$C = \frac{Q}{U} = \frac{\varepsilon_0 \varepsilon_r S}{\varepsilon_r(d-t)+t} = \frac{C_0}{1 - \dfrac{t}{d}\dfrac{\varepsilon_r - 1}{\varepsilon_r}}$$

其中 $C_0 = \dfrac{\varepsilon_0 S}{d}$。可见,由于电介质插入,电容增大了;若 $t=d$,即电介质充满两极板之间间隙时,有 $C = \varepsilon_r C_0$,电容扩大到原来的 $\varepsilon_r$ 倍。

**例 12.4** 若在例 12.3 中的平板电容器两极板间左、右两半空间分别充满相对介电常数为 $\varepsilon_{r1}$ 和 $\varepsilon_{r2}$ 的电介质,如图 12.11 所示(设 $\varepsilon_{r1}$ 充满的空间的极板面积为 $S_1$)。试求:(1) 两极板间的电位移 $D$ 和电场强度 $E$;(2) 极板上的电荷面密度;(3) 电容器的电容。

**解** (1) 因为两极板间的电位差 $U$ 一定,所以左半边和右半边的电场强度相等,$E_1 = E_2 =$

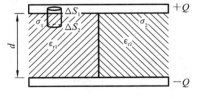

图 12.11 　例 12.4 图

$\dfrac{U}{d}$,而左半边和右半边的电位移 $\boldsymbol{D}$ 方向相同,大小不相等:

$$D_1 = \varepsilon_{r1}\varepsilon_0 E_1 = \varepsilon_{r1}\varepsilon_0\,\frac{U}{d}$$

$$D_2 = \varepsilon_{r2}\varepsilon_0 E_2 = \varepsilon_{r2}\varepsilon_0\,\frac{U}{d}$$

(2) 在左半边作如图 12.11 所示的高斯面,可得左半边正极板上电荷面密度为

$$\sigma_1 = D_1 = \varepsilon_{r1}\varepsilon_0\,\frac{U}{d}$$

同理,右半边正极板上电荷面密度为

$$\sigma_2 = D_2 = \varepsilon_{r2}\varepsilon_0\,\frac{U}{d}$$

(3) 左半边介质充满时极板面积为 $S_1$,则右半边介质充满时极板面积为 $S - S_1$。所以极板上总电量为

$$Q = \sigma_1 S_1 + \sigma_2(S - S_1) = \frac{\varepsilon_{r1}\varepsilon_0 U}{d}S_1 + \frac{\varepsilon_{r2}\varepsilon_0 U}{d}(S - S_1)$$

$$C = \frac{Q}{U} = \frac{\varepsilon_{r1}\varepsilon_0 S_1}{d} + \frac{\varepsilon_{r2}\varepsilon_0(S - S_1)}{d} = C_1 + C_2$$

其中 $C_1$,$C_2$ 分别表示左、右两半电容器的电容,可见整个电容器相当于两个电容器的并联。

从以上两例中我们可以看到,在利用有介质时的高斯定理求解电场分布时,必须注意到不同介质区域的电位移之间的关系和电场强度之间的关系与电介质分布的形状有关。

# 12.4　电场的能量

## 12.4.1　带电系统的能量

对于电量为 $Q$ 的带电体 A,可以设想是在不断地把微小电量 $\mathrm{d}q$ 从无穷远处移到 A 上的过程中,外界克服电场力做的功增加了带电体 A 的能量,即

$$\mathrm{d}W_e = \mathrm{d}W = \mathrm{d}q\,U$$

实际上,电容器充电的过程就是在电源作用下不断地从原来中性的极板 B 取正电荷移到极板 A 上的过程。所以当电容为 $C$ 的电容器两极板分别带有电量 $+Q$、$-Q$ 且两极板的电势差为 $U$ 时,电容器具有能量

$$W_e = \int \mathrm{d}W_e = \int_0^Q U\,\mathrm{d}q = \int_0^Q \frac{q}{C}\,\mathrm{d}q = \frac{1}{2}\frac{Q^2}{C}W \tag{12.13}$$

式(12.13)也可表示为 $W_e=\dfrac{1}{2}CU^2=\dfrac{1}{2}QU$。无论电容器的结构如何,这一结果都正确。

## 12.4.2　电场能量

在不随时间变化的静电场中,电荷和电场总是同时存在的,我们无法分辨电能是与电荷相关联还是与电场相关联。以后我们将看到,随时间迅速变化的电场和磁场将以电磁波的形式在空间传播,电场可以脱离电荷而传播到很远的地方去。实际上,电磁波携带能量已经是人所共知的事实。大量事实证明,能量确实是定域在(或者说是分布在)电场中的。

既然能量是定域在电场中,我们就可以把带电系统的能量公式用描述电场的物理量 $\boldsymbol{E}$ 和 $\boldsymbol{D}$ 来表示,为简单起见,考虑一个理想的平行板电容器,它的极板面积为 $S$,极板间电场占空间体积 $V=Sd$,极板上自由电荷为 $Q$,极板间电压为 $U$,则该电容器储存能量为 $W_e=\dfrac{1}{2}QU$。因为极板上电荷面密度 $\sigma=\dfrac{Q}{S}=D,U=Ed$,所以

$$W_e=\frac{1}{2}QU=\frac{1}{2}\sigma SU=\frac{1}{2}DSEd=\frac{1}{2}DEV$$

而电场中单位体积的能量,即电场能量密度为

$$\omega_e=\frac{W_e}{v}\frac{1}{2}DE \tag{12.14}$$

可以证明,电场能量体密度的公式适用于任何电场。在电场不均匀时,总电场能量等于 $W_e$ 在电场强度不为零的空间 $V$ 中的体积分,即

$$W_e=\int_V \mathrm{d}W_e=\int_V \frac{1}{2}DE\,\mathrm{d}V \tag{12.15}$$

在真空中 $\boldsymbol{D}=\varepsilon_0\boldsymbol{E}$,则

$$W_e=\int_V \frac{1}{2}\varepsilon_0 E^2\,\mathrm{d}V \tag{12.16}$$

$W_e$ 是纯粹的电场能量。在各向同性的电介质中

$$\boldsymbol{D}=\varepsilon_0\varepsilon_r\boldsymbol{E}=\varepsilon\boldsymbol{E},\quad W_e=\int_V \frac{1}{2}\varepsilon_0 E^2\,\mathrm{d}V$$

这时 $W_e$ 还包含了电介质极化能。在各向异性的电介质中 $\boldsymbol{D}$ 与 $\boldsymbol{E}$ 的方向不同,式(12.15)应采用以下形式:

$$W_e=\int_V \frac{1}{2}\boldsymbol{D}\cdot\boldsymbol{E}\mathrm{d}V \tag{12.17}$$

**例 12.5**　计算均匀带电球体的静电能。球的半径为 $R$,带电量为 $Q$。为简单起见,设球内、外介质的介电常数均为 $\varepsilon_0$。

**解**　解法一:直接计算定域在电场中的能量。

均匀带电球体的电场强度分布已在例 11.6 中求出，$E$ 沿着球的半径方向，大小为

$$E=\begin{cases} \dfrac{Qr}{4\pi\varepsilon_0 R^3}, & r\leqslant R \\[3mm] \dfrac{Q}{4\pi\varepsilon_0 r^2}, & r\geqslant R \end{cases}$$

于是，利用式(12.17)可得静电场能量为

$$W_e=\int_V \frac{1}{2}\varepsilon_0 E^2 \mathrm{d}V=\frac{\varepsilon_0}{2}\int_0^R \left(\frac{Qr}{4\pi\varepsilon_0 R^3}\right)^2 4\pi r^2 \mathrm{d}r+\frac{\varepsilon_0}{2}\int_R^\infty \left(\frac{Q}{4\pi\varepsilon r^2}\right)^2 4\pi r^2 \mathrm{d}r$$

$$=\frac{Q^2}{8\pi\varepsilon_0 R^6}\int_0^R r^4 \mathrm{d}r+\frac{Q^2}{8\pi\varepsilon_0 R^6}\int_R^\infty \frac{1}{r^2}\mathrm{d}r$$

$$=\frac{Q^2}{40\pi\varepsilon_0 R}+\frac{Q^2}{8\pi\varepsilon_0 R}=\frac{3Q^2}{20\pi\varepsilon_0 R}$$

* 解法二：设想把带电球体分割成一系列半径为 $r$ 的带电薄球壳($r$ 从零逐渐增大直至 $R$)，并相继把这些带电薄球壳移到一起累加后形成带电球体。当带电球体的半径为 $r$ 时，带有的电量为

$$q=\rho\left(\frac{4}{3}\pi r^3\right)=\frac{Qr^3}{R^3}$$

此时带电球体表面电势为

$$U(r)=\frac{q}{4\pi\varepsilon_0 r}=\frac{Qr^2}{4\pi\varepsilon_0 R^3}$$

这时增加一个厚度为 $\mathrm{d}r$ 的薄球壳，带电球增加的电量 $\mathrm{d}q$ 为

$$\mathrm{d}q=\rho 4\pi r^2 \mathrm{d}r=\frac{3Qr^2}{R^3}\mathrm{d}r$$

把以上电量从无穷远处移到带电球处并累加到半径为 $r$ 的带电球上，外界需克服电场力做功，亦即带电球半径增大 $\mathrm{d}r$ 时，带电球体增加静电能为

$$\mathrm{d}W_e=U\mathrm{d}q=\frac{Qr^2}{4\pi\varepsilon_0 R^3}\frac{3Qr^2}{R^3}\mathrm{d}r=\frac{3Q^2 r^4}{4\pi\varepsilon_0 R^6}\mathrm{d}r$$

所以，半径为 $R$ 的均匀带电球体的静电能为

$$W_e=\int \mathrm{d}W_e=\int_0^R \frac{3Q^2 r^4}{4\pi\varepsilon_0 R^6}\mathrm{d}r=\frac{3Q^2}{20\pi\varepsilon_0 R}\mathrm{d}r$$

两种解法结果相同。

# 习　题　12

一、选择题

(1) 在电场中的导体内部的(　　)。

(A) 电场和电势均为零　　　(B) 电场不为零,电势均为零

(C) 电势和表面电势相等　　(D) 电势低于表面电势

二、填空题

(1) 电介质在电容器中作用:① _____;② _____。

(2) 电量 $Q$ 均匀分布在半径为 $R$ 的球体内,则球内、球外的静电能之比为 _____。

三、三个平行金属板 A,B 和 C 的面积都是 $200 \text{ cm}^2$,A 和 B 相距 4.0 mm,A 与 C 相距2.0 mm,B,C 都接地,如图 1 所示。如果使 A 板带正电 $3.0 \times 10^{-7}$ C,略去边缘效应,问 B 板和 C 板上的感应电荷各是多少? 以地的电势为零,则 A 板的电势是多少?

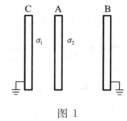

图 1

四、两个半径分别为 $R_1$ 和 $R_2 (R_1 < R_2)$ 的同心薄金属球壳,现给内球壳带电 $+q$。

试计算:(1) 外球壳上的电荷分布及电势大小;

(2) 先把外球壳接地,然后断开接地线重新绝缘,此时外球壳的电荷分布及电势;

*(3) 再使内球壳接地,此时内球壳上的电荷以及外球壳上的电势。

*五、在半径为 $R_1$ 的金属球之外包有一层外半径为 $R_2$ 的均匀电介质球壳,介质相对介电常数为 $\varepsilon_r$,金属球带电 $Q$。

试求:(1)电介质内、外的场强;

(2)电介质层内、外的电势;

(3)金属球的电势。

*六、如图 2 所示,在平行板电容器的一半容积内充入相对介电常数为 $\varepsilon_r$ 的电介质。试求:在有电介质部分和无电介质部分极板上自由电荷面密度的比值。

七、如图 3 所示,半径为 $R_1 = 2.0$ cm 的导体球外套有一同心的导体球壳,壳的内、外半径分别为 $R_2 = 4.0$ cm 和 $R_3 = 5.0$ cm,当内球带电荷 $Q = 3.0 \times 10^{-8}$ C 时,求:

(1) 整个电场储存的能量;

(2) 如果将导体壳接地,计算储存的能量;

(3) 此电容器的电容值。

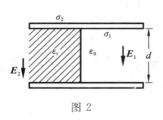

图 2

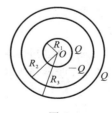

图 3

# 磁 单 极

在经典的电磁场理论中,麦克斯韦方程 $\oint_S \boldsymbol{B} \cdot \mathrm{d}\boldsymbol{S} = 0$。这意味着和电荷相对应的磁荷(或磁单极)不存在,因而,电和磁并不处于完全对称的地位,人们对此不很满意,近代对磁单极的讨论始于 1931 年狄拉克的一篇文章。狄拉克指出:磁单极的存在与电动力学和量子力学没有矛盾,而且如果自然界有磁荷存在,则任何粒子的电荷就必须是量子化的,即必须是电子电荷的整数倍。1974 年,苏联的鲍亚尔科夫(A. M. polykov)和荷兰的霍夫脱(G. tHooft)又指出:磁单极必然存在,它的质量超过质子质量的 5000 倍。在现今的关于大统一理论中的相互作用力,如电磁力、弱相互作用力,磁相互作用力,认为磁单极的质量约为质子质量的 $10^{16}$ 倍。1978 年,Zeldovic 和 khlopov 指出:在宇宙大爆炸的一瞬间,产生了能量极高的磁单极。但是由于爆炸引起的膨胀,使得宇宙物质的温度很快下降。这样,极性相反的磁单极就易于发生湮没,使得宇宙中幸存的磁单极寥寥无几。在大爆炸后的百分之一秒,宇宙中磁单极在大约 $5 \times 10^{19}$ $\mathrm{cm}^3$ 的空间中有一个。

几十年来,不少人千方百计地捕捉磁单极。1975 年夏,美国加利福尼亚大学和休斯敦大学组成的一个联合科研小组声称,他们在利用安放在高空气球上的探测仪器测量宇宙射线时发现了磁单极的痕迹。对他们的结果,许多人持怀疑态度。1982 年,美国斯坦福大学的卡勃莱拉(Blas. Cabrera)把一个直径 5 cm 的铌线圈降温到 9 K,使之成为超导线圈,并把它放在一个超导的铅箔圆筒中,圆筒屏蔽掉一切带电粒子的磁通量,只有磁单极进入铌线圈后可以引起磁通量的变化。1982 年 2 月 14 日下午 1 时 53 分,他的仪器测到磁通量突然增高,经过反复研究,Cabrera 认为这是磁单极进入铌线圈引起的变化。到 1982 年 3 月 11 日为止,这个实验共做了 15 天。当然这一结果要给予肯定,但是还必须能够重复做出这个实验。

如果真能找到磁单极的话,电荷的量子化就能得到很好的解释,现在的物理学也会有一个较大的变化,电磁场理论和量子电动力学需要做必要的修改,对宇宙的认识也会更深入一步。

# 第13章 恒定电流的磁场

本章将介绍磁场的产生、磁场的基本规律,以及磁场与电介质的相互作用。磁感应强度是描述磁场的基本物理量。"高斯定理"和"安培环路定理"是反映磁场性质的基本规律。磁场对运动电荷的作用力——洛伦兹力和磁场对载流导体的作用——安培力和力矩,在许多领域均得到广泛应用。在磁力作用下,磁介质发生磁化。磁化了的磁介质又会反过来影响磁场的分布。我们还将讨论磁场和介质的这种相互作用规律并特别介绍有很大实用价值的铁磁质的特性。

## 13.1 恒定电流

### 13.1.1 电流 电流密度

通常,电流是电荷作定向移动形成的。电荷的携带者称为载流子,金属导体中的载流子是大量可以作自由运动的电子;半导体中的载流子是电子和带正电的空穴;电解液的载流子是其中的正负离子,这些载流子形成的电流称为传导电流。

电流的强弱用电流这一物理量来描述,用符号 $I$ 表示。电流定义为单位时间内通过导体界面的电荷量,即

$$I = \frac{\mathrm{d}q}{\mathrm{d}t} \tag{13.1}$$

如果电流的大小和方向不随时间变化,则称为恒定电流(直流)。由于历史的原因,规定正电荷定向运动的方向为电流的方向。电流是标量,所谓电流的方向是指电流沿导线前行的指向。在国际单位制中规定电流为基本量,单位是安培。

电流 $I$ 虽能描写电流的强弱,但它只能反映通过导体截面的整体电流特征,并不能说明电流通过截面上各点的情况。在实际问题中,常会遇到电流在粗细不均匀或材料不均匀、甚至大块金属中通过的情况,这时,如果在单位时间内通过某一根粗细不均的导线各截面的电流 $I$ 相同,那么在导线内部不同点的电流情况将不同。因此,电流 $I$ 这个物理量不能细致地反映出电流在导体中的分布。图13.1分别画出了在导线和大块导体中的电流分布情况。为了细致地描述导体内各点电流分布的情况,必须引入一个新的物理量——电流密度。电流密度是矢量,用符号 $J$ 表示。电流密度的方向与该点正电荷运动方向一致,大小等于通过垂直于电流方向的单位面积的电流,记作

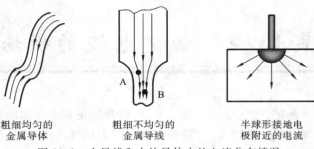

粗细均匀的　　　　　　粗细不均匀的　　　　　半球形接地电
金属导体　　　　　　　金属导线　　　　　　　极附近的电流

图 13.1　在导线和大块导体中的电流分布情况

$$J = \frac{\mathrm{d}I}{\mathrm{d}S} \qquad (13.2)$$

电流密度是空间位置的矢量函数,它能精确地描述导体中电流分布情况。

在一般情况下,截面元 d$S$ 法线的单位矢量 $n$ 与该点电流密度 $J$ 之间有一夹角 $\theta$,如图 13.2 所示。此时通过任一截面的电流为

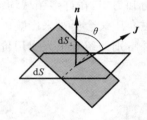

图 13.2　电流 $I$ 与电流密度 $J$ 的关系推导

$$I = \iint_S J \cdot \mathrm{d}S \qquad (13.3)$$

在国际单位制中,电流密度的单位为 A/m$^2$。

## 13.1.2　电源的电动势

将一个电势较高、带正电的导体 A 与一个电势较低、带负电的导体 B 用导线连接起来,在连接的瞬间,正电荷将沿着存在电场的导线从电势高的导体 A 流向电势低的导体 B,形成短暂电流。随着电荷的不断迁移,导体 A 和 B 之间的电势差逐渐减小,导线中的电流也随着减小,直至 A 和 B 电势相等,金属导线内的电场强度为零,电流也随之停止。这时,这个导体组达到静电平衡。所以,仅仅依靠短暂的静电场,不可能使金属导体内的自由电子保持持久的宏观定向移动。为了在导线中维持恒定的电流,必须把到达 B 的正电荷不断地输送到导体 A 上,保持导体 A 和导体 B 之间的电势差不变,使导体内的电流得以循环流动。这就需要一个能提供性质与静电力很不相同的"非静电力",把正电荷从电势低的 B 移向电势高的 A 的装置称为电源。电源的作用如同人造瀑布后的抽水机一样,水依靠重力场的作用从高处奔腾而下,但不能仍依靠重力做功把水送到高端,而必须借助非重力场的能量做功才能把水抽上去,形成循环瀑布。

因此,电源是把其他形式的能量转化为电势能的装置。各种形式的能量都可转化为电势能,所以有各种各样的电源,如化学电池、发电机、热电偶、硅太阳能电池、核反应堆等,它们分别把化学能、机械能、热能、太阳能、核能变为电势能的装置。为了

描述电源内能移动电荷的"非静电力"做功的本领,引入电动势这个物理量,并定义为

$$\varepsilon = \frac{\mathrm{d}A}{\mathrm{d}q}\qquad(13.4)$$

即电源的电动势等于把单位正电荷从负极通过电源内部移到正极时,电源中的非静电力所做的功。电动势是标量,但习惯上为了便于应用,常规定电动势的指向为自负极经电源内部到正极。沿着电动势的指向,电源将提高正电荷的电势能。电动势的单位和电势相同,也是 J/C,即 V。

非静电力移动电荷做功,可以设想在电源内存在一"非静电场",与静电场的定义类似,单位正电荷受到的非静电力定义为"非静电力场的场强",记作 $E_K$。因此,非静电场把单位正电荷从负极通过电源内部移到正极时,电源中的非静电力所做的功可以表示为

$$\varepsilon = \int_-^+ E_K \cdot \mathrm{d}l\qquad(13.5)$$

由于电源外部 $E_K$ 为零,所以电源电动势有时定义为把单位正电荷绕闭合回路一周时,电源中非静电力做功,即

$$\varepsilon = \oint_L E_K \cdot \mathrm{d}l\qquad(13.6)$$

也就是说,"非静电场的场强"沿整个闭合电流的环流不等于零,而等于电源的电动势。这是非静电场的场强与静电场的区别,后者的电场强度的环流为零。

# 13.2　磁场　磁感应强度

## 13.2.1　基本磁现象

我国是世界上最早认识磁性和运用磁性的国家,早在战国时期(公元前 300 年),就已发现磁石吸铁的现象。11 世纪(北宋)时,我国科学家沈括创制了航海用的指南针,并发现了地磁偏角。地球的 N 极在地理南极附近,S 极在地理北极附近。

天然磁铁和人造磁铁都称永磁铁。永磁铁不存在单一的磁极,磁铁的两个磁极不可能分割成为独立存在的 N 极和 S 极。但我们知道,有独立存在的正电荷或负电荷,这是磁极和电荷的基本区别。

历史上很长一段时期,人们对磁现象和电现象的研究都是彼此独立进行的。1820 年丹麦物理学家奥斯特发现,放在通有电流的导线周围的磁针,会受到力的作用而发生偏转,如图 13.3 所示。其转动方向与导线中电流的方向有关,这就是历史上著名的奥斯特实验,它第一次指出了磁现象与电现象之间的联系。同年法国

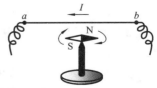

图 13.3　奥斯特实验

科学家安培发现,放在磁铁附近的载流导线及载流线圈,也会受到力的作用而发生运动,如图 13.4 所示。其后实验还发现,载流导线之间或载流线圈之间电有相互作用力。例如,把两个线圈面对面挂在一起,当两电流的流向相同时,两线圈相互吸引,如图 13.5(a)所示,当两电流的流向相反时,两线圈相互排斥,如图 13.5 (b)所示。

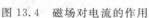
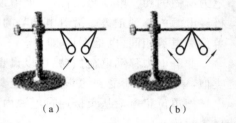

（a）　　　　　　（b）

图 13.4　磁场对电流的作用　　　　　图 13.5　载流线圈间的相互作用

上述各种实验现象,启发人们去探寻磁现象的本质。1822 年,安培提出了有关物质磁性本质的假说,他认为一切磁现象的根源是电流。任何物质的分子中都存在着圆形电流,称为分子电流。分子电流相当于一个基元磁铁,当物体不显示磁性时,各分子电流作无规则的排列,它们对外界所产生的磁效应互相抵消,在外磁场的作用下,与分子电流相当的基元磁铁将趋向于沿外磁场方向取向,从而使整个物体对外显示磁性,根据安培的物质磁性假说,也很容易说明两种磁极不能单独存在的原因。因为基元磁铁的两个磁极对应于分子回路电流的正反两个面,这两个面显然是无法单独存在的,安培的假说与现代对物质磁性的理解是相符合的。因为原子是由带正电的原子核和绕核旋转的电子所组成,原子、分子内电子的这些运动形成环形电流。电子和核还有自旋,也引起磁性。原子、分子等微观粒子内的这些运动就构成了等效的分子电流。

## 13.2.2　磁感应强度

电流与电流之间,电流与磁铁之间以及磁铁与磁铁之间的相互作用是通过什么来传递的呢? 它是通过一种叫磁场的特殊物质来传递的,这种关系可简单表示为

电流(或磁铁)⇔磁场⇔电流(或磁铁)

磁场与电场一样,是客观存在的特殊形态的物质,磁场对外的重要表现是:

（1）磁场对进入场中的运动电荷或载流导体有磁力的作用;

（2）载流导体在磁场中移动时,磁场的作用力将对载流导体做功,表明磁场具有能量。

在静电学中,我们引入电场强度矢量 $E$ 来描述电场的强弱和方向,同样,我们引入磁感应强度矢量 $B$ 来描述磁场的强弱和方向。在描述电场时,我们是用电场对试探电荷的电场力来表征电场的特性,并用电场强度来对电场各点作定量描述。磁场

对外的重要表现是:磁场对引入场中的运动试探电荷、载流导体或永久磁体有磁力的作用,因此也可以用磁场对运动试探电荷的作用来描述磁场,并由此引进磁感应强度 $B$,其地位与电场中的 $E$ 相当。

　　实验发现:① 当运动试探电荷以同一速率 $v$ 沿不同方向通过磁场中某点 $P$ 时,电荷所受磁力的大小是不同的,但磁力的方向却总是与电荷运动方向($v$)垂直;② 在磁场中的 $P$ 点处存在着一个特定的方向,当电荷沿这特定方向(或其反方向)运动时,磁力为零。显然,这个特定方向与运动试探电荷无关,它反映出磁场本身的一个性质,我们定义:$P$ 点处磁场的方向是沿着运动试探电荷通过该点时不受磁力的方向(至于磁场的指向是沿两个彼此相反的哪一方,将在下面另行规定)。实验还发现,如果电荷在 $P$ 点沿着与磁场方向垂直的方向运动时,所受到的磁力最大(见图13.6),而且这个最大磁力 $F_m$ 正比于运动试探电荷的电荷量 $q$,

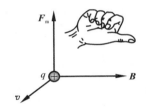

也正比于电荷运动的速率 $v$,但比值 $\dfrac{F_m}{qv}$ 却在该点具有确定的量值,而与运动试探电荷的 $qv$ 值的大小无关。由此可见,比值 $\dfrac{F_m}{qv}$ 反映该点磁场强弱的性质,这样,从运动试探电荷所受磁力的特征,可引入描述磁场中给定点性质的基本物理量——磁感应强度(矢量 $B$),该点磁感应强度的大小可定义为

图 13.6　$B$、$F_m$、$v$ 的方向关系

$$B = \frac{F_m}{qv} \tag{13.7}$$

该点磁场方向就是磁感应强度的方向。

　　实验同时发现,磁力 $F$ 总是垂直于 $B$ 和 $v$ 所组成的平面,这样就可以根据最大磁力 $F_m$ 和 $v$ 的方向,确定 $B$ 的方向如下:由正电荷所受力 $F_m$ 的方向,按右手螺旋法则,沿小于 $\pi$ 的角度转向正电荷运动速度 $v$ 的方向,这时螺旋前进的方向便是该点 $B$ 的方向,如图 13.6 所示。也就是说,对正电荷而言,可由矢积分 $F_m \times v$ 的方向确定矢量 $B$ 的方向。由这种规定所确定的磁场方向和用小磁针的 N 极来确定的磁场方向是一致的。

　　在国际单位制中,按上述定义式,力 $F_m$ 的单位用 N,电荷量 $q$ 的单位用 C,速度 $v$ 的单位用 m/s,磁感应强度 $B$ 的单位定义为 N·s/(C·m)＝N/(A·m),称为特斯拉(tesla),国际代号为 T。

## 13.2.3　磁通量

### 1. 磁感线
类似于用电场线形象地描述静电场,也可以用磁感线来形象地描述磁场。在磁场中作一系列曲线,使曲线上每一点的切线方向都和该点的磁场方向一致,同时,为了用磁感线的疏密来表示所在空间各点磁场的强弱,还规定:通过磁场中某点处垂直于磁感应强度矢量的单位面积的磁感线条数,等于该点磁感应强度矢量的量值。这样,磁场较强的地方,磁感线较密,反之,磁感线较疏。

几种不同形状的电流所产生的磁场的磁感线分布如图 13.7 所示,从磁感线的图示中,可以得出磁感线的特性如下:

(1) 磁场中每一条磁感线都是环绕电流的闭合曲线,而且每条闭合磁感线都与闭合电路互相套合,因此磁场是涡旋场。

(2) 任何两条磁感线在空间不相交。这是因为磁场中任一点的磁场方向都是唯一确定的。

(3) 磁感线的环绕方向与电流方向之间可以分别用右手螺旋法则表示。若拇指指向电流方向,则四指方向即为磁感线方向,如图 13.7(a)所示;若四指方向为电流方向,则拇指方向为磁感线方向,如图 13.7(b)、(c)所示。

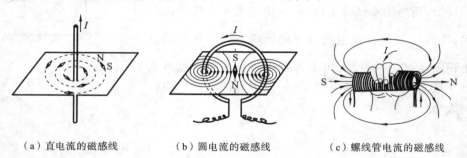

（a）直电流的磁感线          （b）圆电流的磁感线          （c）螺线管电流的磁感线

图 13.7    几种电流周围磁场的磁感线

**2. 磁通量**

穿过磁场中某一曲面的磁感线总数,称为穿过该曲面的磁通量,用符号 $\Phi_m$ 表示。

在非均匀磁场中,要通过积分计算穿过任一曲面 $S$ 的磁通量,如图 13.8 所示。在曲面 $S$ 上取一面积元 $dS$,$dS$ 上的磁感应强度可视为是均匀的,面积元 $dS$ 可视为平面,若其法线方向的单位矢量 $n$ 与该处的磁感应强度 $B$ 成 $\theta$ 角,则通过 $dS$ 的磁通量为

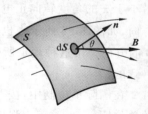

$$d\Phi_m = B\cos\theta dS = \boldsymbol{B} \cdot d\boldsymbol{S} \qquad (13.8)$$

图 13.8    磁通量

在 SI 制中,磁通量的单位为韦伯,符号为 Wb,1 Wb $=1$ T $\cdot$ m$^2$。

## 13.2.4    磁场中的高斯定理

对闭合曲面 $S$ 来说,我们通常取向外的指向为该面元法线的正方向。因此,从闭

合曲面穿出的磁通量为正,穿入闭合面的磁通量为负。由于磁感线是无头无尾的闭合曲面,所以穿过任意闭合曲面的总磁通量为零,即

$$\oint_s \boldsymbol{B} \cdot \mathrm{d}\boldsymbol{S} = 0 \tag{13.9}$$

式(13.9)称为磁场的高斯定理。此式与静电学中的高斯定理 $\oint_s \boldsymbol{D} \cdot \mathrm{d}\boldsymbol{S} = \sum q_i$ 形式上相似,但两者所反映的场在性质上却有本质的差别。由于自然界有单独存在的自由正电荷或自由负电荷,因此通过闭合曲面的电通量可以不等于零;但在自然界中至今尚未发现有单独磁极存在,所以通过任意闭合曲面的磁通量必为零。

## 13.2.5　毕奥-萨伐尔定律

### 1. 载流导线的磁场

在静电学中,任意形状的带电体所产生的电场强度 $\boldsymbol{E}$,可以看成是许多电荷元 $\mathrm{d}q$ 所产生的电场强度 $\mathrm{d}\boldsymbol{E}$ 的叠加。现在,我们研究任意形状的载流导线在给定点 $P$ 处所产生的磁感应强度 $\boldsymbol{B}$,也可以看成是导线上各个电流元 $I\mathrm{d}\boldsymbol{l}$ 在该点处所产生的磁感应强度 $\mathrm{d}\boldsymbol{B}$ 的叠加,不过,由于实际上不可能得到单独的电流元,因此也无法从实验中找到单独的电流元与其所产生的磁感应强度之间的关系。19 世纪 20 年代,法国科学家毕奥、萨伐尔两人研究和分析了很多实验资料,最后概括出一条有关电流产生磁场的基本定律,称为毕奥-萨伐尔定律。现在陈述如下。

任一电流元 $I\mathrm{d}\boldsymbol{l}$ 在给定点 $P$ 所产生的磁感应强度 $\mathrm{d}\boldsymbol{B}$ 的大小与电流元的大小成正比,与电流元和电流元到 $P$ 的矢径 $r$ 间的夹角的正弦成正比,而与电流元到 $P$ 点的距离 $r$ 的平方成反比。$\mathrm{d}\boldsymbol{B}$ 的方向垂直于 $\mathrm{d}\boldsymbol{l}$ 和 $r$ 所组成的平面,指向为由 $I\mathrm{d}\boldsymbol{l}$ 经小于 $180°$ 的角转向 $r$ 时右手螺旋前进的方向,如图 13.9 所示。其数学表达式为

$$\mathrm{d}B = k\frac{I\mathrm{d}l\sin(I\mathrm{d}\boldsymbol{l},\boldsymbol{r})}{r^2} \tag{13.10}$$

矢量式为

$$\mathrm{d}\boldsymbol{B} = k\frac{I\mathrm{d}\boldsymbol{l}\times\boldsymbol{r}}{r^3} \tag{13.11}$$

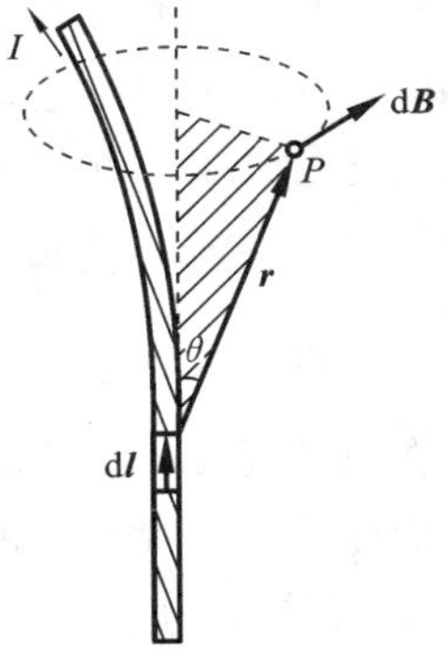

图 13.9　毕奥-萨伐尔定律

式中:$k$ 为比例系数,它与磁场中的磁介质和单位制的选取有关。

对于真空中的磁场,上式中各量用国际单位制,则比例系数 $k = \dfrac{\mu_0}{4\pi}$,$\mu_0$ 称为真空的磁导率。

$$\mu_0 = 4\pi\times10^{-7}\ \mathrm{T\cdot m/A}\quad(\text{或 H/m})$$

因此,在国际单位制中,真空中的毕奥-萨伐尔定律可表达为

$$dB = \frac{\mu_0}{4\pi r^2} I dl \sin(Idl, r) \tag{13.12a}$$

$$d\boldsymbol{B} = \frac{\mu_0}{4\pi} \frac{I d\boldsymbol{l} \times \boldsymbol{r}}{r^3} \tag{13.12b}$$

由叠加原理可知,任意形状的载流导线在给定点 $P$ 产生的磁场,等于各段电流元在该点产生的磁场的矢量和,即

$$\boldsymbol{B} = \int_L d\boldsymbol{B} = \frac{\mu_0}{4\pi} \int_L \frac{I d\boldsymbol{l} \times \boldsymbol{r}}{r^3} \tag{13.12c}$$

积分号下 $L$ 表示对整个载流导线 $L$ 进行积分。

虽然毕奥—萨伐尔定律不可能直接由实验验证,但是由定律计算出的通电导线在场点产生的磁场和实验测量的结果符合得很好,从而间接地证实了毕奥-萨伐尔定律的正确性。

**2. 运动电荷的磁场**

按照经典电子理论,导体中的电流就是大量带电粒子的定向运动。由此可知,电流产生的磁场实际上就是运动电荷产生磁场的宏观表现。

研究运动电荷的磁场,在理论上就是研究毕奥-萨伐尔定律的微观意义。那么,一个带电量为 $q$,速度为 $\boldsymbol{v}$ 的带电粒子在其周围空间产生的磁场分布是怎样的呢? 我们可以从毕奥-萨伐尔定律导出。

设在导体的单位体积内有 $n$ 个带电粒子,每个粒子带有电量 $q$,以速度 $\boldsymbol{v}$ 沿电流元 $Id\boldsymbol{l}$ 的方向作匀速运动而形成导体的电流,如果电流元横截面积为 $S$,那么,单位时间内通过截面 $S$ 的电量,即电流强度为 $I = qnvS$,将上式代入毕奥-萨伐尔定律(即式(13.12a)),并注意到 $Id\boldsymbol{l}$ 与 $\boldsymbol{v}$ 的方向,则得

$$dB = \frac{\mu_0}{4\pi} \frac{(qnvS) dl \sin(\boldsymbol{v}, \boldsymbol{r})}{r^2}$$

在电流元 $Id\boldsymbol{l}$ 内,有 $dN = nSdl$ 个带电粒子,因此,从微观意义上说,电流元 $Id\boldsymbol{l}$ 产生的磁感应强度 $d\boldsymbol{B}$ 就是 $dN$ 个运动电荷所产生的。这样,我们就可以得到以速度 $\boldsymbol{v}$ 运动的带电量为 $q$ 的粒子所产生的磁感应强度 $\boldsymbol{B}$ 的大小为

$$B = \frac{dB}{dN} = \frac{\mu_0}{4\pi} \frac{qv\sin(\boldsymbol{v}, \boldsymbol{r})}{r^2}$$

$\boldsymbol{B}$ 的方向垂直于 $\boldsymbol{v}$ 和电荷 $q$ 到场点的矢径 $\boldsymbol{r}$ 所决定的平面,而且 $\boldsymbol{B}$,$\boldsymbol{v}$ 和 $\boldsymbol{r}$ 三者的指向符合右手螺旋法则。如果运动电荷带负电,$\boldsymbol{B}$ 的方向与正电荷时的相反,如图 13.10 所示。

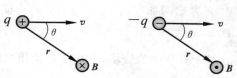

图 13.10　正、负电荷的磁场方向

运动电荷所产生的磁感应强度 $\boldsymbol{B}$（用矢量式表示）为

$$\boldsymbol{B}=\frac{\mu_0}{4\pi}\frac{q\,\boldsymbol{v}\times\boldsymbol{r}}{r^3} \tag{13.13}$$

## 13.2.6　毕奥-萨伐尔定律的运用

下面我们举几个运用毕奥-萨伐尔定律和磁场叠加原理计算几种常见的载流导线所产生磁感应强度的例子。

**1. 载流直导线的磁场**

如图 13.11 所示，设在真空中有一长为 $L$ 的载流直导线，导线中的电流强度为 $I$，先计算与导线垂线距离为 $a$ 的场点 $P$ 处的磁感应强度。

在载流直导线上任取一电流元 $I\mathrm{d}l$，电流元到 $P$ 点的矢量为 $\boldsymbol{r}$，电流元 $I\mathrm{d}l$ 转到 $\boldsymbol{r}$ 的夹角为 $\theta$，电流元在给定点 $P$ 处所产生的磁感应强度 $\mathrm{d}\boldsymbol{B}$ 的大小为

$$\mathrm{d}B=\frac{\mu_0}{4\pi}\frac{I\mathrm{d}l\sin\alpha}{r^2}$$

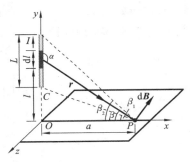

图 13.11　直电流磁场的计算

$\mathrm{d}\boldsymbol{B}$ 的方向垂直于电流元 $I\mathrm{d}l$ 与矢径 $\boldsymbol{r}$ 所决定的平面，指向如图 13.11 所示，即垂直于 $xOy$ 平面。由于直导线上各电流元在 $P$ 点所产生的总磁感应强度为

$$B=\int_L\mathrm{d}B=\int_L\frac{\mu_0}{4\pi}\frac{I\mathrm{d}l\sin\alpha}{r^2}$$

取 $\overline{OP}$ 与 $\boldsymbol{r}$ 的夹角 $\beta$ 为自变量，从图 13.11 中可以看出

$$\sin\alpha=\cos\beta,\quad r=a\sec\beta,\quad l=a\tan\beta$$

微分最后一式，得

$$\mathrm{d}l=a\sec^2\beta\mathrm{d}\beta$$

把以上各式代入积分式内，并按图 13.11 所示取积分下限为 $\beta_1$，上限为 $\beta_2$，得

$$B=\frac{\mu_0 I}{4\pi a}\int_{\beta_1}^{\beta_2}\cos\beta\mathrm{d}\beta=\frac{\mu_0 I}{4\pi a}(\sin\beta_2-\sin\beta_1) \tag{13.14}$$

式中：$\beta_1$，$\beta_2$ 分别为载流直导线两端到场点 $P$ 的连线与 $\overline{OP}$ 间的夹角。

当角的旋转方向（以垂线 $\overline{OP}$ 为始线）与电流流向相同时，$\beta$ 取正值；当角 $\beta$ 的旋转方向与电流流向相反时，$\beta$ 取负值。显然，在图 13.11 中，$\beta_1$，$\beta_2$ 均取正值。

如果在载流直导线为"无限长"，即导线的长度 $L$ 比垂距 $a$ 大得多（$L\gg a$），那么，$\beta_1\rightarrow\left(-\dfrac{\pi}{2}\right)$，$\beta_2\rightarrow\left(+\dfrac{\pi}{2}\right)$，得

$$B=\frac{\mu_0 I}{2\pi a} \tag{13.15}$$

**2. 圆形电流轴线上的磁场**

如图 13.12 所示，真空中有一半径为 $R$ 的圆形载流线圈，通有电流 $I$，先计算在圆线圈轴线上任一点 $P$ 的磁感应强度。

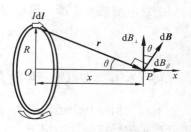

图 13.12　圆电流轴线上的
磁场计算

在线圈顶部取电流 $I\mathrm{d}\boldsymbol{l}$，电流元垂直纸面向外，到 $P$ 点的矢量为 $\boldsymbol{r}$，$\boldsymbol{r}$ 在纸面向内，选如图 13.12 所示的坐标系。电流元 $I\mathrm{d}\boldsymbol{l}$ 在 $P$ 点所产生的磁感应强度 $\mathrm{d}\boldsymbol{B}$ 的值为

$$\mathrm{d}B = \frac{\mu_0}{4\pi} \frac{I\mathrm{d}l\sin(I\mathrm{d}\boldsymbol{l}, \boldsymbol{r})}{r^2} = \frac{\mu_0}{4\pi} \frac{I\mathrm{d}l}{r^2}$$

$\mathrm{d}\boldsymbol{B}$ 的方向如图 13.12 所示，垂直于 $I\mathrm{d}\boldsymbol{l}$ 和 $\boldsymbol{r}$ 组成的平面。显然，线圈上各电流元在 $P$ 点所产生的 $\mathrm{d}\boldsymbol{B}$ 的方向各不相同。因此，我们把 $\mathrm{d}\boldsymbol{B}$ 分解为与轴线平行的分量 $\mathrm{d}B_{/\!/}$ 和与轴线垂直的分量 $\mathrm{d}B_{\perp}$，由对称性可知，$B_{\perp} = \int \mathrm{d}B_{\perp} = 0$。所以

$$B = \int \mathrm{d}B_{/\!/} = \int \mathrm{d}B\sin\theta = \int \frac{\mu_0}{4\pi} \frac{I\mathrm{d}l}{r^2} \frac{R}{r}$$

$$= \frac{\mu_0}{4\pi} \frac{IR}{r^3} \int_0^{2\pi R} \mathrm{d}l = \frac{\mu_0}{4\pi} \frac{2\pi IR^2}{r^3}$$

$$= \frac{\mu_0}{2} \frac{R^2 I}{(R^2 + x^2)^{3/2}} \tag{13.16}$$

$\boldsymbol{B}$ 的方向垂直于圆电流平面，与圆电流环绕方向构成右手螺旋关系，沿 $x$ 轴正方向。下面我们讨论两种特殊情况。

（1）当 $x = 0$，即在圆心处，磁感应强度大小为

$$B = \frac{\mu_0 I}{2R} \tag{13.17}$$

（2）当 $x \gg R$，则有

$$B \approx \frac{\mu_0 IR^2}{2x^3} = \frac{\mu_0}{2\pi} \frac{I\pi R^2}{x^3}$$

式中：$\pi R^2$ 为线圈的面积，$I\pi R^2$ 为载流线圈的磁矩。

考虑到的 $\boldsymbol{B}$ 方向与 $\boldsymbol{n}$ 的方向一致，故上式写成矢量式为

$$\boldsymbol{B} = \frac{\mu_0 IS}{2\pi x^3} \boldsymbol{n} = \frac{\mu_0 \boldsymbol{P}_{\mathrm{m}}}{2\pi x^3} \tag{13.18}$$

此式与电偶极子产生的电场关系式相似。

**3. 载流直螺线管内部的磁场**

均匀地绕在圆柱面上的螺旋线圈称为螺线管。设螺线管的半径为 $R$，总长度为 $L$，单位长度内的匝数为 $n$，若线圈用细导线绕得很密，则每匝线圈可视为圆形线圈。下面计算此螺线管轴线上任一场点 $P$ 的磁感应强度 $\boldsymbol{B}$。

如图 13.13 所示，在距 $P$ 点 $l$ 处取一小段 $dl$，则该小段上有 $ndl$ 匝线圈，对 $P$ 点而言，这一小段上的线圈等效于电流强度为 $Indl$ 的一个圆形电流。根据式（13.16），该圆形电流在 $P$ 点所产生的磁感应强度 $d\boldsymbol{B}$ 的大小为

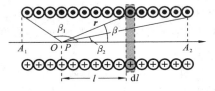

图 13.13　直螺线管轴上各点磁感应强度

$$dB = \frac{\mu_0}{2}\frac{R^2 Indl}{(R^2+l^2)^{3/2}}$$

方向与圆形电流构成右手螺旋关系。由于螺线管上各小段的圆形电流在 $P$ 点所产生的磁感应强度方向都相同，因此整个载流螺线管在 $P$ 点所产生的磁感应强度 $\boldsymbol{B}$ 的大小为

$$B = \int dB = \int \frac{\mu_0}{2}\frac{R^2 In\,dl}{(R^2+l^2)^{3/2}}$$

设螺线管与从 $P$ 点到 $dl$ 处所引矢径 $\boldsymbol{r}$ 之间的夹角为 $\beta$，则由图 13.13 可知 $l = R\cot\beta$。

微分上式得

$$dl = -R\csc^2\beta d\beta$$

又

$$R^2 + l^2 = r^2, \quad \sin^2\beta = \frac{R^2}{r^2}$$

即

$$R^2 + l^2 = \frac{R^2}{\sin^2\beta} = R^2\csc^2\beta$$

所以

$$B = \int\frac{\mu_0}{2}\frac{R^2 In\,dl}{(R^2+l^2)^{3/2}} = \int_{\beta_1}^{\beta_2}\left(-\frac{\mu_0}{2}nI\sin\beta\right)d\beta = \frac{\mu_0}{2}nI(\cos\beta_2 - \cos\beta_1)$$

式中：$\beta_1$ 和 $\beta_2$ 分别表示 $P$ 点到螺线管两端的连线与轴之间的夹角。

（1）若 $R \ll L$，即对无限长的螺线管，此时 $\beta_1 \to \pi$，$\beta_2 \to 0$，则有

$$B = \mu_0 nI \tag{13.19}$$

（2）对长直螺线管的端点，如图 13.13 中 $A_1$ 点，$\beta_1 \to \frac{\pi}{2}$，$\beta_2 \to 0$，则 $A_1$ 点处磁感应强度 $\boldsymbol{B}$ 的大小为

$$B = \frac{1}{2}\mu_0 nI \tag{13.20}$$

式（13.20）表明，长直螺线管端点轴线上的磁感应强度恰是内部磁感应强度的一半，载流长直螺线管所产生的磁感应强度 $\boldsymbol{B}$ 的方向沿着螺线管轴线，指向可按右手螺线管法则确定。轴线上各处 $\boldsymbol{B}$ 的量值变化大致如图 13.14 所示。

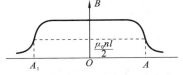

图 13.14　螺线管轴线上的磁场分布

例 13.1　半径为 $R$ 的薄圆盘均匀带电，总电量为 $q$。令此盘绕过盘心，且垂直于

盘面的轴线匀速转动，角速度为 $\omega$。求：（1）轴线上距盘心 $O$ 为 $x$ 的 $P$ 点处的磁感应强度 $\boldsymbol{B}$。（2）圆盘的磁矩 $\boldsymbol{P}_{\mathrm{m}}$。

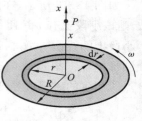

图 13.15　例 13.1 图

**解**　（1）均匀带电薄圆盘绕轴线转动产生的磁场可看成由半径不同的一系列同心载流圆环产生的磁场。如图 13.15 所示，在圆盘上任取一半径为 $r$，宽度为 $\mathrm{d}r$ 的圆环，此圆环所带的电量 $\mathrm{d}q = \sigma \cdot 2\pi r \mathrm{d}r$，$\sigma = \dfrac{q}{\pi R^2}$ 为圆盘的电荷面密度。当此圆环以角速度 $\omega$ 转动时，相当于一个电流面，其电流大小为

$$\mathrm{d}I = \frac{\omega}{2\pi}\mathrm{d}q = \frac{\omega q}{\pi R^2} r \mathrm{d}r$$

该圆形电流 $\mathrm{d}I$ 在轴线上 $P$ 点处产生的磁感应强度 $\mathrm{d}\boldsymbol{B}$ 的大小为

$$\mathrm{d}B = \frac{\mu_0 r^2 \mathrm{d}I}{2(r^2 + x^2)^{\frac{3}{2}}} = \frac{\mu_0 \omega q}{2\pi R^2} \frac{r^3 \mathrm{d}r}{(r^2 + x^2)^{\frac{3}{2}}}$$

$\mathrm{d}\boldsymbol{B}$ 的方向沿 $x$ 轴正方向。由于各同心圆环旋转时在 $P$ 点处产生的 $\mathrm{d}\boldsymbol{B}$ 方向均相同，故均匀带电圆盘转动时在 $P$ 点处产生的总磁感应强度 $\boldsymbol{B}$ 的大小为

$$B = \int \mathrm{d}B = \frac{\mu_0 \omega q}{2\pi R^2} \int_0^R \frac{r^3 \mathrm{d}r}{(r^2 + x^2)^{\frac{3}{2}}} = \frac{\mu_0 \omega q}{2\pi R^2}\left[\frac{R^2 + 2x^2}{\sqrt{(R^2 + x^2)}} - 2x\right]$$

$\boldsymbol{B}$ 的方向沿 $x$ 轴正方向。

（2）先求圆环的磁矩 $\mathrm{d}\boldsymbol{P}_{\mathrm{m}}$，其大小为

$$\mathrm{d}P_{\mathrm{m}} = \pi r^2 \mathrm{d}I = \frac{\omega q r^3}{R^2} \mathrm{d}r$$

圆盘的总磁矩 $\boldsymbol{P}_{\mathrm{m}}$ 可以看成是半径不同的一系列同心载流圆环的磁矩 $\mathrm{d}\boldsymbol{P}_{\mathrm{m}}$ 的叠加。由于各同心载流圆环的磁矩 $\mathrm{d}\boldsymbol{P}_{\mathrm{m}}$ 方向相同，故圆盘的总磁矩 $\boldsymbol{P}_{\mathrm{m}}$ 的大小为

$$P_{\mathrm{m}} = \int \mathrm{d}P_{\mathrm{m}} = \frac{\omega q}{R^2} \int_0^R r^3 \mathrm{d}r = \frac{\omega q}{4} R^2$$

另外，实验室常用亥姆霍兹线圈获得均匀磁场，其结构为两个半径均是 $R$ 的同轴圆线圈，两圆中心相距为 $a$，且 $a = R$。可以证明，轴上中点附近的磁场近似于均匀磁场。

# 13.3　安培环路定理

在静电场中，电场强度 $E$ 的环流等于零，即 $\displaystyle\oint E \cdot \mathrm{d}l = 0$，说明静电场是保守力场。现在，我们研究稳恒电流的磁场，磁感应强度 $B$ 的环流 $\displaystyle\oint E \cdot \mathrm{d}l$ 等于多少呢？

## 13.3.1　安培环路定理

如图 13.16 所示,在无限长直电流产生的磁场中,取与电流垂直的平面上的任一包围载流导线的闭合曲线 $L$,环路方向与电流方向成右手螺旋关系。曲线上任一点 $P$ 的磁感应强度 $\boldsymbol{B}$ 的大小为

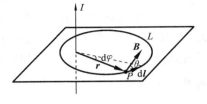

$$B = \frac{\mu_0 I}{2\pi r}$$

图 13.16　安培环路定理

式中:$I$ 为载流直导线的电流强度;$r$ 为 $P$ 点离导线的垂直距离。

$\boldsymbol{B}$ 的方向在平面上且与矢径 $\boldsymbol{r}$ 垂直。由图 13.16 可知

$$\cos\theta \mathrm{d}l = r\mathrm{d}\varphi$$

故磁感应强度 $\boldsymbol{B}$ 沿闭合曲线 $L$ 的线积分为

$$\oint_L \boldsymbol{B} \cdot \mathrm{d}\boldsymbol{l} = \oint_L B\cos\theta \mathrm{d}l = \oint B r \mathrm{d}\varphi = \frac{\mu_0 I}{2\pi} \int_0^{2\pi} \mathrm{d}\varphi = \mu_0 I$$

如果使曲线积分的绕行方向(环路方向)反过来(或在图 13.16 中,积分绕行方向不变,而电流方向反过来),则上述积分将变为负值,即

$$\oint_L \boldsymbol{B} \cdot \mathrm{d}\boldsymbol{l} = -\mu_0 I$$

如果闭合环路不包括载流导线,上述积分将等于零,即

$$\oint_L \boldsymbol{B} \cdot \mathrm{d}\boldsymbol{l} = 0$$

如果闭合曲线 $L$ 不在一个平面内,可以通过 $L$ 上各点且垂直于导线的各个平面做参考,分别把每一段积分元 $\mathrm{d}\boldsymbol{l}$ 分解为在该平面的分矢量 $\mathrm{d}\boldsymbol{l}_{/\!/}$ 及垂直于该平面的分矢量 $\mathrm{d}\boldsymbol{l}_{\perp}$,则

$$\boldsymbol{B} \cdot \mathrm{d}\boldsymbol{l} = \boldsymbol{B} \cdot (\mathrm{d}\boldsymbol{l}_{\perp} + \mathrm{d}\boldsymbol{l}_{/\!/}) = B\cos 90°\mathrm{d}l_{\perp} + B\cos\theta \mathrm{d}l_{/\!/} = 0 \pm \frac{\mu_0 I}{2\pi r} r \mathrm{d}\varphi = \pm \frac{\mu_0 I}{2\pi r} r \mathrm{d}\varphi$$

式中:"$\pm$"号取决于积分回路的绕行方向与电流方向的关系。

上式积分结果仍为

$$\oint_L \boldsymbol{B} \cdot \mathrm{d}\boldsymbol{l} = \mu_0 I$$

以上讨论虽然是对于长直载流导线而言,但其结论仍具有普遍性。对于任意的稳恒电流所产生的磁场,闭合回路 $L$ 也不一定是平面曲线,并且穿过闭合回路的电流还可以有许多个,都具有与我们上面的讨论同样的特性。这一普遍规律性的关系式称为安培环路定理,可表述如下:在真空中的稳恒电流磁场中,磁感应强度 $\boldsymbol{B}$ 沿任意闭合曲线 $L$ 的线积分(也称 $\boldsymbol{B}$ 矢量的环流),等于穿过这个闭合曲线的所有电流强度(即穿过以闭合曲线为边界的任意曲面的电流强度)的代数和的 $\mu_0$ 倍,其数学表达

式为

$$\oint_L \boldsymbol{B} \cdot \mathrm{d}\boldsymbol{l} = \mu_0 \sum I_i \qquad\qquad (13.21)$$

上式中，对于 $L$ 内的电流的正负，我们做这样的规定：当穿过回路 $L$ 的电流方向与回路 $L$ 的绕行方向符合右手螺旋法则时，$I$ 为正，反之，$I$ 为负。如果 $I$ 不穿过回路 $L$，则对式（13.21）右端无贡献，但是决不能误认为沿回路 $L$ 上各点的磁感应强度 $\boldsymbol{B}$ 仅由 $L$ 内所包围的那部分电流所产生。如果 $\oint_L \boldsymbol{B} \cdot \mathrm{d}\boldsymbol{l} = 0$，它只说明回路 $L$ 所包围的电流强度的代数和及磁感应强度沿回路 $L$ 的环流为零，而不能说明闭合回路 $L$ 上各点的 $\boldsymbol{B}$ 一定为零。

安培环路定理反映了稳恒电流的磁场与静电场的一个截然不同的性质：静电场的环流 $\oint_L \boldsymbol{E} \cdot \mathrm{d}\boldsymbol{l} = 0$，因而可以引进电势这一物理量来描述电场。但对稳恒电流的磁场来说，一般情况下 $\oint_L \boldsymbol{B} \cdot \mathrm{d}\boldsymbol{l} \neq 0$，因此不存在标量势。环流不等于零的矢量场称为有旋场，故磁场是有旋场（或涡旋场），是非保守力场。

### 13.3.2　安培环路定理的应用

应用安培环路定理可较为简便地计算某些具有特定对称性的载流导线的磁场分布，下面讨论几个简单的应用。

**1. 长直载流螺线管内的磁场分布**

设有一长直螺线管，每单位长度上密绕 $n$ 匝线圈，通过每匝的电流强度为 $I$，求管内某点 $P$ 的磁感应强度。可以证明：由于螺线管相当长，管内中央部分的磁场是匀强的，方向与螺线管轴向平行，管外侧的磁场沿着与轴线垂直的圆周方向且与管内磁场相比很微弱，可忽略不计。

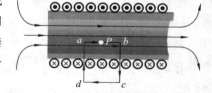

图 13.17　长直载流螺线管内磁场计算示意图

为了计算管内某点 $P$ 的磁感应强度，过 $P$ 点作一矩形回路 $abcd$，如图 13.17 所示，则磁感应强度沿此闭合回路的环流为

$$\oint_L \boldsymbol{B} \cdot \mathrm{d}\boldsymbol{l} = \int_a^b \boldsymbol{B} \cdot \mathrm{d}\boldsymbol{l} + \int_b^c \boldsymbol{B} \cdot \mathrm{d}\boldsymbol{l} + \int_c^d \boldsymbol{B} \cdot \mathrm{d}\boldsymbol{l} + \int_d^a \boldsymbol{B} \cdot \mathrm{d}\boldsymbol{l}$$

因为管外侧的磁场忽略不计，管内磁场沿着轴线方向，所以

$$\oint_L \boldsymbol{B} \cdot \mathrm{d}\boldsymbol{l} = \int_{ab} \boldsymbol{B} \cdot \mathrm{d}\boldsymbol{l} = B\,\overline{ab}$$

闭合回路 $abcd$ 所包围的电流强度的代数和为 $\overline{ab}nI$，根据安培环路定理，得

$$B\,\overline{ab} = \mu_0\,\overline{ab}nI$$

故　　　　　　　$B = \mu_0 n I$　　　　　　(13.22)

可以看出,上式与式(13.19)的结果完全相同,但应用安培环路定理推导上式,比较简便。

**2. 环形载流螺线管内的磁场分布**

均匀密绕在环形管上的线圈形成环形螺线管,称为螺绕环,如图 13.18 所示。当线圈密绕时,可认为磁场几乎全部集中在管内,管内的磁感线都是同心圆。在同一条磁感线上,$\boldsymbol{B}$ 大小相等,方向就是该圆形磁感线的切线方向。

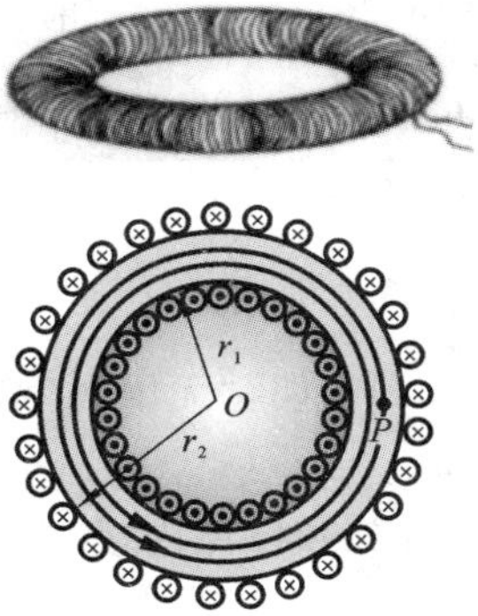

现在计算管内任一点 $P$ 的磁感应强度。在环形螺线管内取过 $P$ 点的磁感线 $l$ 作为闭合回路,则有

图 13.18　环形载流螺线管内磁场

$$\oint_L \boldsymbol{B} \cdot d\boldsymbol{l} = B \oint_L d\boldsymbol{l} = BL$$

式中:$L$ 是闭合回路的长度。

设环形螺线管共有 $N$ 匝线圈,每匝线圈的电流为 $I$,则闭合回路 $L$ 所包围的电流强度的代数和为 $NI$。由安培环路定理,得

$$\oint_L \boldsymbol{B} \cdot d\boldsymbol{l} = BL = \mu_0 NI$$

$$B = \mu_0 \frac{N}{L} I \qquad (13.23)$$

当环形螺线管截面的直径比闭合回路 $L$ 的长度小很多时,管内的磁场可近似地认为是均匀的,$L$ 可认为是环形螺线管的平均长度,所以 $\frac{N}{L} = n$,即为单位长度上的线圈匝数,因此

$$B = \mu_0 n I$$

**3. "无限长"载流圆柱导体内外磁场的分布**

设载流导体为一"无限长"直圆柱形导体,半径为 $R$,电流 $I$ 均匀地分布在导体的横截面上,如图 13.19 所示。显然,场源电流对中心轴线分布对称,因此,其产生的磁场对柱体中心轴线也有对称性,磁感线是一组分布在垂直于轴线的平面上并以轴线为中心的同心圆。与圆柱轴线等距离处的磁感应强度 $\boldsymbol{B}$ 的大小相等,方向与电流构成右手螺旋关系。

现在计算圆柱体外任一点 $P$ 的磁感应强度。设点 $P$ 与轴线的距离为 $r$,过点 $P$ 沿磁感线方向作圆形回路 $L$,则 $\boldsymbol{B}$ 沿此回路的环流为

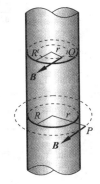

图 13.19　"无限长"载流圆柱体内磁场的计算示意图

$$\oint_L \boldsymbol{B} \cdot \mathrm{d}l = \oint_L B \mathrm{d}l = B \oint_L \mathrm{d}l = 2\pi rB$$

再应用安培环路定理得

$$2\pi rB = \mu_0 I$$

$$B = \frac{\mu_0 I}{2\pi r}, \quad r > R \tag{13.24}$$

式(13.24)说明,"无限长"载流圆柱体外的磁场与"无限长"载流直导线产生的磁场相同。

再计算圆柱体内任一点 $Q$ 的磁场,取过 $Q$ 点的磁感线为积分回路,包围在这一回路之内的电流为 $\dfrac{I}{\pi R^2}\pi r^2$,所以

$$\oint_L \boldsymbol{B} \cdot \mathrm{d}l = 2\pi rB = \mu_0 \frac{I}{\pi R^2}\pi r^2$$

$$B = \frac{\mu_0 Ir}{2\pi R^2}, \quad r < R \tag{13.25}$$

可见在圆柱体内,磁感应强度 $\boldsymbol{B}$ 的大小与离轴线的距离 $r$ 成正比;而在圆柱体外,$\boldsymbol{B}$ 的大小与离轴线的距离 $r$ 成反比。

**例 13.2**　如图 13.20 所示,一无限大导体薄平板垂直于纸面放置,其上有方向指向读者的电流,而电流密度(通过与电流方向垂直的单位长度的电流)到处均匀,大小为 $i$,求其磁场分布。

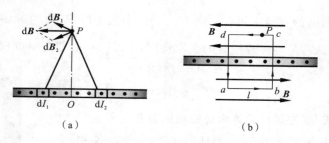

图 13.20　例 13.2 图

**解**　无限大平面电流可看成是由无限多根平行排列的长直电流 $\mathrm{d}I$ 所组成,先分析任一点 $P$ 处磁场的方向,如图 13.20(b)所示,在以 $OP$ 为对称轴的两侧分别取宽度相等的长直电流 $\mathrm{d}I_1$ 和 $\mathrm{d}I_2$,则 $\mathrm{d}I_1 = \mathrm{d}I_2$,故它们在点 $P$ 产生的元磁场感应 $\mathrm{d}\boldsymbol{B}_1$ 和 $\mathrm{d}\boldsymbol{B}_2$ 相叠加后的合磁场 $\mathrm{d}\boldsymbol{B}$ 的方向一定平行于电流平面,方向向左。由此可知,整个平面电流在点 $P$ 产生的合磁场 $\boldsymbol{B}$ 的方向必然平行于电流平面,方向向右。又由于电流平面无限大,故与电流平面等距离的各点的大小相等。

根据以上所述的磁场分布的特点,过点 $P$ 作矩形回路 $abcda$,$ab = cd = l$,如图 13.20(b)所示,其中 $ab$ 和 $cd$ 两边与电流平面平行,而 $bc$ 和 $da$ 两边与电流平面垂直

且被电流平面等分。该回路所包围的电流为 $li$,由安培环路定理可得

$$\oint_L \boldsymbol{B} \cdot \mathrm{d}\boldsymbol{l} = \int_a^b \boldsymbol{B} \cdot \mathrm{d}\boldsymbol{l} + \int_b^c \boldsymbol{B} \cdot \mathrm{d}\boldsymbol{l} + \int_c^d \boldsymbol{B} \cdot \mathrm{d}\boldsymbol{l} + \int_d^a \boldsymbol{B} \cdot \mathrm{d}\boldsymbol{l} = \mu_0 li$$

于是

$$2Bl = \mu_0 li$$

$$B = \frac{1}{2}\mu_0 i \tag{13.26}$$

这一结果说明,在无限大均匀平面电流两侧的磁场是匀强磁场,且大小相等、方向相反。其磁感线在无限远处闭合,与电流亦构成右手螺旋关系。

# 13.4　磁场对运动电荷的作用

本节将研究磁场对运动电荷的磁力作用和带电粒子在磁场中的运动规律,以及霍尔效应等实际应用的例子。

## 13.4.1　洛伦兹力

从安培定律可以推算出每一个运动着的带电粒子在磁场中所受到的力,由安培定律得,任一电流元 $I\mathrm{d}l$ 在磁感应强度为 $\boldsymbol{B}$ 的磁场中,所受到的力 $\mathrm{d}\boldsymbol{F}$ 的大小为

$$\mathrm{d}F = BI\mathrm{d}l\sin(I\mathrm{d}\boldsymbol{l},\boldsymbol{B})$$

因为电流强度可写成

$$I = qnvS$$

则上式可写成

$$\mathrm{d}F = qvnSB\mathrm{d}l\sin(\boldsymbol{v},\boldsymbol{B})$$

式中:$S$ 为电流元的截面积;$v$ 为带电粒子的定向运动速率;$q$ 为带电粒子的电量;$n$ 为导体内带电粒子数密度。

由于电流元 $I\mathrm{d}l$ 与带电粒子 $q$ 定向运动方向一致,故上式中的 $\sin(\boldsymbol{v},\boldsymbol{B}) = \sin(I\mathrm{d}\boldsymbol{l},\boldsymbol{B})$,而在线元 $\mathrm{d}l$ 这一导体内定向运动的带电粒子数目 $\mathrm{d}N = nS\mathrm{d}l$,磁场对载流导线的作用力 $\mathrm{d}\boldsymbol{F}$ 是每一个带电粒子受到的磁场作用力的合力,因此每一个定向运动带电粒子所受到的磁力 $f$ 的大小为

$$f = \frac{\mathrm{d}F}{\mathrm{d}N} = qvB\sin(\boldsymbol{v},\boldsymbol{B}) \tag{13.27}$$

磁场对运动电荷作用的力 $f$ 称为洛伦兹力。如果电粒子带正电荷,则它所受的洛伦兹力 $f$ 的方向与 $\boldsymbol{v}\times\boldsymbol{B}$ 的方向一致。如果粒子带负电荷,洛伦兹力方向与正电荷的情形相反,如图 13.21 所示。

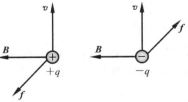

图 13.21　洛伦兹力的方向

洛伦兹力的矢量表达式为

$$f = q\,\boldsymbol{v} \times \boldsymbol{B} \tag{13.28}$$

式中:$q$ 的正负取决于粒子所带电荷的正负。

由式(13.28)可以看出,洛伦兹力 $f$ 总是与带电粒子运动速度$\boldsymbol{v}$的方向垂直,即有 $f \cdot \boldsymbol{v} = 0$。因此,洛伦兹力不能改变运动电荷速度的大小,只能改变速度的方向,使带电粒子的运动路径弯曲。

如果带电粒子处于同时存在电场和磁场的空间运动时,则其所受合力为

$$\boldsymbol{F} = q(\boldsymbol{E} + \boldsymbol{v} \times \boldsymbol{B}) \tag{13.29}$$

式(13.29)称为洛伦兹力关系式,它包含电场力和磁场力(洛伦兹力)$q\,\boldsymbol{v} \times \boldsymbol{B}$ 两部分。

## 13.4.2　带电粒子在匀强磁场中的运动

设有一匀强磁场,磁感应强度为 $\boldsymbol{B}$,一电量为 $q$,质量为 $m$ 的粒子以速度$\boldsymbol{v}$进入磁场,在磁场中粒子受到洛伦兹力,其运动方程为

$$\boldsymbol{F} = q\,\boldsymbol{v} \times \boldsymbol{B} = m\frac{\mathrm{d}\boldsymbol{v}}{\mathrm{d}t} \tag{13.30}$$

下面分三种情况进行讨论。

(1)$\boldsymbol{v}$ 与 $\boldsymbol{B}$ 平行或反平行。

当带电粒子的运动速度$\boldsymbol{v}$与 $\boldsymbol{B}$ 同向或反向时,作用于带电粒子的洛伦兹力等于零。由式(13.30)可知,$\boldsymbol{v}$=恒矢量,故带电粒子仍作匀速直线运动,不受磁场的影响。

(2)$\boldsymbol{v}$ 与 $\boldsymbol{B}$ 垂直。

当带电粒子以速度$\boldsymbol{v}$沿垂直于磁场的方向进入一匀强磁场 $\boldsymbol{B}$ 中,如图 13.22 所示。此时洛伦兹力 $\boldsymbol{F}$ 的方向始终与速度$\boldsymbol{v}$垂直,故带电粒子将在 $\boldsymbol{F}$ 与$\boldsymbol{v}$所组成的平面内作匀速圆周运动。洛伦兹力即为向心力,其运动方程为

$$qvB = m\frac{v^2}{R}$$

可求得轨道半径(又称回旋半径)为

$$R = \frac{mv}{qB} \tag{13.31}$$

由式(13.31)可知,对于一定的带电粒子(即 $\dfrac{q}{m}$ 一定),当它在均匀磁场中运动时,其轨道半径 $R$ 与带电粒子的速度值成正比。由式(13.31)还可求得粒子在圆周轨道上绕行一周所需的时间(即周期)为

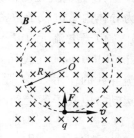

图 13.22　$\boldsymbol{v} \perp \boldsymbol{B}$ 的运动

$$T = \frac{2\pi R}{v} = \frac{2\pi m}{qB} \tag{13.32}$$

$T$ 的倒数即粒子在单位时间内绕圆周轨道转过的圈数,称为带电粒子的回旋频

率,用 $\nu$ 表示为

$$\nu = \frac{1}{T} = \frac{qB}{2\pi m} \tag{13.33}$$

以上两式表明,带电粒子在垂直于磁场方向的平面内作圆周运动时,其周期 $T$ 和回旋频率 $\nu$ 只与磁感应强度 $B$ 及粒子本身的质量和所带的电量有关,而与粒子的速度及回旋半径无关。也就是说,同种粒子在同样的磁场中运动时,快速粒子在半径大的圆周上运动,慢速粒子在半径小的圆周上运动,但它们绕行一周所需的时间都相同。这是带电粒子在磁场作圆周运动的一个显著特征,回旋加速器就是根据这一特征设计制造的。

（3）$v$ 与 $B$ 斜交成 $\theta$ 角。

当带电粒子的运动速度 $v$ 与磁场 $B$ 成 $\theta$ 角时,可将 $v$ 分解为与 $B$ 垂直的速度 $v_\perp = v\sin\theta$ 和与 $B$ 平行的速度分量 $v_{/\!/} = v\cos\theta$。根据上面的讨论可知,在垂直于磁场的方向,由于具有分速度 $v_\perp$,磁场力将使粒子在垂直于 $B$ 的平面内作匀速圆周运动。在平行于磁场的方向上,磁场对粒子没有作用力,粒子以速度分量 $v_{/\!/}$ 作匀速直线运动。这

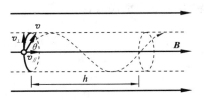

图 13.23　$v$ 与 $B$ 与斜交时的运动

两种运动合成的结果,使带电粒子在均匀磁场中作等螺距的螺旋运动,如图 13.23 所示。此时螺旋线的半径为

$$R = \frac{mv_\perp}{qB} = \frac{mv\sin\theta}{qB}$$

螺旋周期为

$$T = \frac{2\pi R}{v_\perp} = \frac{2\pi m}{qB} \tag{13.34}$$

螺距为

$$h = v_{/\!/} T = v\cos\theta T = \frac{2\pi mv\cos\theta}{qB} \tag{13.35}$$

带电粒子在磁场中的螺旋线运动,广泛地应用于"磁聚焦"技术。

**例 13.3**　测定离子荷质比的仪器称为质谱仪。倍恩勃立奇质谱仪原理如图 13.24(a)所示。离子源所产生的带电量为 $q$ 的离子,经狭缝 $S_1$ 和 $S_2$ 之间的加速电场加速,进入由 $P_1$ 和 $P_2$ 组成的速度选择器。在速度选择器中,电场强度为 $E$,磁感应强度为 $B'$。$E$、$B'$ 方向如图 13.24(b)所示。从 $S_0$ 射出的离子垂直射入一磁感应强度为 $B$ 的均匀磁场中。离子进入这一磁场后因受洛伦兹力而作匀速圆周运动。不同质量的离子打在底片的不同位置上,形成按离子质量排列的线系。若底片上线系有三条。该元素有几种同位素？设 $d_1$，$d_2$，$d_3$ 是底片上 1，2，3 三个位置与速度选择器轴线间的距离,该元素的三种同位素的质量 $m_1$，$m_2$，$m_3$ 各为多少？

**解**　如图 10.24(b)所示,在速度选择器中,带电量为 $q$ 的离子受电场力 $f_e=eE$,同时受磁场力 $f_m=qvB'$,两力方向相反。只有当离子的速度满足 $qE=qvB'$,即 $v=\dfrac{E}{B'}$ 时离子才有可能穿过 $P_1$ 和 $P_2$ 两板间的狭缝,而从 $S_0$ 射出。

离子自 $S_0$ 进入匀强磁场 $\boldsymbol{B}$ 后,作匀速圆周运动,设半径为 $R$,则式中 $B,q,v$ 是一定的,则质量 $m$ 不同的离子对应不同的圆周运动半径 $R$,故该元素有三种同位素。

又因为 $v=\dfrac{E}{B'}$,代入上式得

$$m=\frac{qBB'}{E}R$$

将 $R=\dfrac{d}{2}$ 分别代入,得

$$m_1=\frac{qBB'}{2E}d_1,\quad m_2=\frac{qBB'}{2E}d_2,\quad m_3=\frac{qBB'}{2E}d_3$$

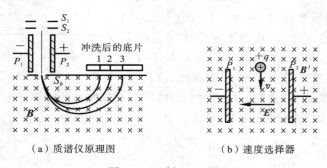

（a）质谱仪原理图　　　　　（b）速度选择器

图 13.24　例 13.3 图

## 13.4.3　霍尔效应

将一导体板放在垂直于板面的磁场 $\boldsymbol{B}$ 中,如图 13.25(a)所示。当有电流 $I$ 沿着垂直于 $\boldsymbol{B}$ 的方向通过导体时,在金属板上下两表面 $M$ 和 $N$ 之间就会出现横向电势差 $U_H$。这种现象是美国青年物理学家霍尔在 1879 年首先发现的,称为霍尔效应。电势差 $U_H$ 称为霍尔电势差(或霍尔电压)。实验表明,霍尔电势差 $U_H$ 与电流强度 $I$ 及磁感应强度 $\boldsymbol{B}$ 的大小成正比,与导体板的厚度 $d$ 成反比,即

$$U_H=R_H\frac{IB}{d} \tag{13.36}$$

式中:$R_H$ 是仅与导体材料有关的常数,称为霍尔系数。

霍尔电势差的产生是由于运动电荷在磁场中受洛伦兹力作用的结果。因为导体中的电流是载流子定向运动形成的。如果作定向运动的带电粒子是负电荷,则它所受的洛伦兹力 $f_m$ 的方向如图 13.25(b)所示,结果使导体的上表面 $M$ 聚集负电荷,

下表面 $N$ 聚集正电荷,在 $M$ 和 $N$ 表面产生方向向上的电场;如果作定向运动的带电粒子是正电荷,则它所受的洛伦兹力 $f_m$ 的方向如图 13.25(c)所示,在这个力作用下,使导体的上表面 $M$ 聚集正电荷,下表面 $N$ 聚集负电荷,在 $M$ 和 $N$ 两表面间产生方向向下的电场,当这个电场对带电粒子的电场力 $f_m$ 正好与磁场 $\boldsymbol{B}$ 对带电粒子的洛伦兹力 $f_m$ 相平衡时,达到稳定状态,此时上、下两面的电势差 $U_M - U_N$ 就是霍尔电势差 $U_H$。

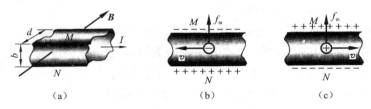

(a)　　　　　　　　　(b)　　　　　　　　　(c)

图 13.25　霍尔效应

设在导体内载流子的电量为 $q$,平均定向运动速度为 $\boldsymbol{v}$,它在磁场中所受的洛伦兹力大小为

$$f_m = qvB$$

如果导体板的宽度为 $b$,当导体上、下两表面间的电势差为 $U_M - U_N$ 时,带电粒子所受电场力大小为

$$f_e = qE = q\frac{U_M - U_N}{b}$$

由平衡条件有

$$qvB = q\frac{U_M - U_N}{b}$$

则导体上、下两表面间的电势差为

$$U_H = U_M - U_N = bvB$$

设导体内载流子数密度为 $n$,于是 $I = nqvbd$,以此代入上式可得

$$U_H = \frac{1}{nq}\frac{IB}{d} \tag{13.37}$$

将式(13.37)与式(13.36)比较,得霍尔系数

$$R_H = \frac{1}{nq} \tag{13.38}$$

式(13.38)表明,霍尔系数的数值取决于每个载流子所带的电量 $q$ 和载流子数密度 $n$,其正负取决于载流子所带电荷的正负。若 $q$ 为正,则 $R_H > 0$,$U_M - U_N > 0$;若 $q$ 为负,则 $R_H < 0$,$U_M - U_N < 0$。由实验测定霍尔电势差或霍尔系数后,就可判定载流子带的是正电荷还是负电荷。也可用此方法来判定半导体是空穴型(P 型)还是电子型(N 型)。此外,根据霍尔系数的大小,还可测定载流子的浓度。

一般金属导体中的载流子就是自由电子，其浓度很大，所以金属材料的霍尔系数很小，相应的霍尔电压也很弱。但在半导体材料中，载流子浓度 $n$ 很小，因而半导体材料的霍尔系数电压比金属大得多，故实用中大多采用半导体霍尔效应。

近年来，霍尔效应已在测量技术、电子技术、自动化技术、计算技术等各个邻域得到越来越普遍的应用。例如，我国已制造出多种半导体材料的霍尔元件，可以用来测量磁感应强度、电流、压力、转速等，还可以用于放大、振荡、调制、检波等方面，也可以用于电子计算机中的计算元件等。

**例 13.4**　有一宽为 0.50 cm，厚为 0.10 mm 的薄片银导线，当通以 2 A 电流，且有 0.8 T 的磁场垂直薄片时，试求产生的霍尔电势差为多大？（银密度为 10.5 g/cm³）

**解**　银原子是单价原子，每个原子给出一个自由电子，则单位体积中的自由电子数 $n$ 将等于单位体积中的银原子数，已知银的原子量 108，1 mol 银（0.108 kg）有 $N_0 = 6.0 \times 10^{23}$ 个原子，所以

$$n = N_0 \frac{\rho}{M_{\text{mol}}} = 6.0 \times 10^{23} \times \frac{10.5 \times 10^3}{0.108} \text{ m}^{-3} \approx 6 \times 10^{28} \text{ m}^{-3}$$

由式（13.37）可求出霍尔电势差为

$$U_{\text{H}} = \frac{1}{nq} \frac{IB}{d} = \frac{2 \times 0.80}{6 \times 10^{28} \times 1.6 \times 10^{-19} \times 0.10 \times 10^{-3}} \text{ V} = 1.7 \times 10^{-6} \text{ V}$$

由此可知，对于良导体，霍尔电势差是非常微小的。

## *13.4.4　磁流体发电

除固体中的霍尔效应外，在导电流体中同样会产生霍尔效应。图 13.26 是磁流体发电原理示意图，在燃烧室中利用燃料（油、煤气或原子能反应堆）燃烧的热能加热气体使之成为等离子体，其温度约为 3000 K（为了加速等离子体的形成，往往在气体中加入少量钾或铯等容易电离的物质）。然后使这种高温等离子体（导电流体）以约 1000 m/s 的高速进入发电通道，发电通道的上、下两面有磁极以产生磁场 **B**，其两侧安有电极。则在高速 $v$ 流动着的导电流体中，正、负带电粒子的运动方向与磁场垂直，由于受洛伦兹力的作用，正、负带电粒子将分别向垂直于 $v$ 和 **B** 的两个相反方向偏转，结果在发电通道两侧的电极上产生电势差，如果不断提供高温高速的等离子体，便能在电极上连续输出电能。

我们知道，在普通发电机中，电动势是由线圈在磁场中转动产生的，为此必须先把初级能源（化学燃料、核燃料）燃烧放出的热能经过锅炉、热机等变成机械能，然后再变成电能。而在磁流体发电机中，是利用热能加热等离子体，然后使等离子体通过磁场产生电动势直接得到电能。由于不经过热能到机械能的转变，因而损耗少，热效率高（可达 50%～60%，而火力发电的热效率通常只有 30%～40%），但磁流体发电目前还存在某些技术问题有待解决，如发电通道效率低，通道和电极的材料都要求耐

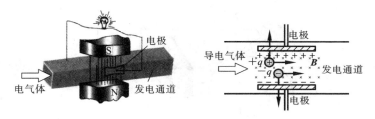

图 13.26　磁流体发电原理图

高温、耐腐蚀、耐化学烧蚀等。目前所用材料的寿命都比较短,因而使磁流体发电机不能长时间运行,所以磁流体发电还没有达到实用阶段。

# 13.5　磁场对载流导线的作用

## 13.5.1　安培定律

磁场对载流导线的作用即磁力,通常称为安培力。安培在研究电流与电流之间的相互作用时,仿照电荷之间相互作用的库仑定律,把载流导线分割成电流元,得到了电流元之间的相互作用规律,并与 1820 年总结出了电流元受力的安培定律。内容如下:位于磁场中某点处的电流元 $I\mathrm{d}l$ 将受到磁场的作用力 $\mathrm{d}\boldsymbol{F}$ 的大小与电流元 $I\mathrm{d}l$ 的大小、磁感应强度 $\boldsymbol{B}$ 的大小及 $I\mathrm{d}l$ 与 $\boldsymbol{B}$ 的夹角的正弦成正比,即

$$\mathrm{d}F = kBI\mathrm{d}l\sin(I\mathrm{d}\boldsymbol{l}, \boldsymbol{B}) \tag{13.39}$$

$\mathrm{d}\boldsymbol{F}$ 的方向垂直于 $I\mathrm{d}l$ 与 $\boldsymbol{B}$ 所组成的平面,方向按右旋法则决定,如图 13.27 所示。式中 $k$ 为比例系数,取决于各量所用的单位。在国际单位制中,$k=1$,则式(13.39)写成

$$\mathrm{d}F = BI\mathrm{d}l\sin(I\mathrm{d}\boldsymbol{l}, \boldsymbol{B}) \tag{13.40}$$

写成矢量式为

$$\mathrm{d}\boldsymbol{F} = I\mathrm{d}\boldsymbol{l} \times \boldsymbol{B} \tag{13.41}$$

计算一给定载流导线在磁场中所受到的安培力时,必须对各个电流元所受的力 $\mathrm{d}\boldsymbol{F}$ 求矢量和,即

$$\boldsymbol{F} = \int_L \mathrm{d}\boldsymbol{F} = \int_L I\mathrm{d}\boldsymbol{l} \times \boldsymbol{B}$$

由于单独的电流元不能获取,因此无法用实验直接证明安培定律,但是用式(13.41)可以计算各种形状的载流导体在磁场中所受的安培力,其结果都与实验相符合。例如,长为 $l_1$ 的直导线中通有电流 $I$,位于磁感应强度为 $\boldsymbol{B}$ 的均匀磁场中,若电流方向与 $\boldsymbol{B}$ 的夹角为 $\theta$,如图 13.28(a)所示,因为各电流元所受磁力的方向一致,可采用标量积分,所以这段载流直导线所受的安培力大小为

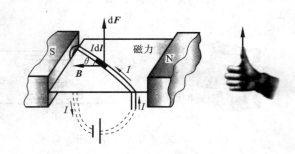

图 13.27　电流元在磁场中所受的安培力

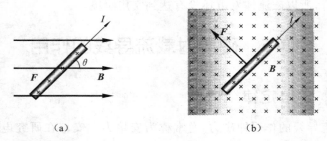

（a）　　　　　　　　　　　　　（b）

图 13.28　均匀磁场中一段载流直导线所受的安培力

$$F = \int_0^l IB\sin\theta \mathrm{d}l = IBL\sin\theta \tag{13.42}$$

$\boldsymbol{F}$ 的方向垂直纸面向内。当导线电流方向与磁场方向平行时,导线所受安培力为零;当导线电流方向与磁场方向垂直时,导线所受的力为最大,$F_{\max}=BIl$。$\boldsymbol{F}$ 的方向既与磁场垂直又与导线垂直,如图 13.28(b)所示。

## 13.5.2　无限长两平行载流直导线间的相互作用力

设有两根相距为 $a$ 的无限长平行直导线,分别通有同方向的电流 $I_1$ 和 $I_2$,现在计算两根导线每单位长度所受的磁场力。如图 13.29 所示,在导线 2 上取一电流元,由毕奥-萨伐尔定律可知,载流导线 1 在 $\mathrm{d}l_2$ 处产生的磁感应强度 $\boldsymbol{B}_1$ 的大小为

$$B_1 = \frac{\mu_0 I_1}{2\pi a}$$

$\boldsymbol{B}_1$ 的方向如图 13.29 所示,垂直于两导线所在的平面。由安培定律可得,电流元 $I_2\mathrm{d}l_2$ 所受安培力大小为

$$\mathrm{d}F_2 = B_1 I_2 \mathrm{d}l_2 \sin(I_2\mathrm{d}l_2, \boldsymbol{B}_1) = B_1 I_2 \mathrm{d}l_2 = \frac{\mu_0 I_1 I_2}{2\pi a} \mathrm{d}l_2$$

$\mathrm{d}\boldsymbol{F}_2$ 的方向在平行两导线所在的平面内,垂直于导线 2,并指向导线 1。所以,载流导线 2 每单位长度所受安培

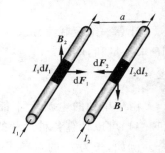

图 13.29　平行载流导线间的相互作用

力的大小为

$$F_2 = \frac{\mu_0 I_1 I_2}{2\pi a} \tag{13.43a}$$

同理可得载流导线 1 每单位长度所受的安培力大小为

$$F_1 = \frac{\mu_0 I_1 I_2}{2\pi a} \tag{13.43b}$$

方向指向导线 2。由此可知,两平行直导线中的电流流向相同时,两导线通过磁场的作用而相互吸引;如果两导线中的电流流向相反时,两导线通过磁场的作用而相互排斥,斥力与引力大小相等。

　　在国际单位制中,规定电流强度的基本单位为安培。由式(13.43),单位安培的定义如下:放在真空中的两条无限长平行直导线,各通有相等的稳恒电流,当两导线相距 1 m,每一导线每米长度上受力为 $2 \times 10^7$ N 时,各导线中的电流强度为 1 A。

　　**例 13.5**　载有电流 $I_1$ 的长直导线旁边有一与长直导线垂直的共面导线,载有电流 $I_2$。其长度为 $l$,近端与长直导线的距离为 $d$,如图 13.30 所示。求 $I_1$ 作用在 $l$ 上的力。

　　**解**　在 $l$ 上取 $\mathrm{d}l$,它与长直导线距离为 $r$,电流 $I_1$ 在此处产生的磁场方向垂直向内,大小为

$$B = \frac{\mu_0 I_1}{2\pi r}$$

$\mathrm{d}l$ 受力为

$$\mathrm{d}\boldsymbol{F} = I_2 \mathrm{d}\boldsymbol{l} \times \boldsymbol{B}$$

方向垂直导线 $l$ 向上,大小为

$$\mathrm{d}F = \frac{\mu_0 I_1 I_2}{2\pi r}\mathrm{d}l = \frac{\mu_0 I_1 I_2}{2\pi r}\mathrm{d}r$$

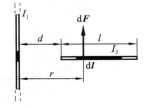

图 13.30　例 13.5 图

所以,$I_1$ 作用在 $l$ 上的力方向垂直导线 $l$ 向上,大小为

$$F = \int_L \mathrm{d}F = \int_d^{d+l} \frac{\mu_0 I_1 I_2}{2\pi r}\mathrm{d}r = \frac{\mu_0 I_1 I_2}{2\pi}\ln\frac{d+l}{d}$$

## 13.5.3　磁场对载流线圈的作用

### 1. 均匀磁场对载流线圈的作用

　　设在磁感应强度为 $\boldsymbol{B}$ 的均匀磁场中,有一刚性矩形线圈,线圈的边长分别为 $l_1$、$l_2$,电流强度为 $I$,如图 13.31(a)所示。当线圈磁矩的方向 $\boldsymbol{n}$ 与磁场 $\boldsymbol{B}$ 的方向成 $\varphi$ 角(线圈平面与磁场的方向成 $\theta$ 角,$\varphi + \theta = \dfrac{\pi}{2}$)时,由安培定律,导线 $bc$ 和 $da$ 所受的安培力分别为 $\boldsymbol{F}_1$ 和 $\boldsymbol{F}_1'$,其大小为

$$F_1 = BIl_1\sin(\pi - \theta) = BIl_1\sin\theta$$

$$F_1' = BIl_1\sin\theta$$

这两个力在同一直线上，大小相等而方向相反，其合力为零。而导线 $ab$ 和 $cd$ 都与磁场垂直，它们所受的安培力分别为 $\boldsymbol{F}_2$ 和 $\boldsymbol{F}_2'$，其大小为

$$F_2 = F_2' = BIl_2$$

如图 13.31(b)所示，$F_2$ 和 $F_2'$ 大小相等而方向相反，但不在同一直线上，形成一力偶，因此，载流线圈所受的磁力矩为

$$M = F_2\frac{l_2}{2}\cos\theta + F_2'\frac{l_1}{2}\cos\theta = BIl_1l_2\cos\theta = BIS\cos\theta = BIS\sin\varphi$$

式中：$S = l_1 l_2$ 表示线圈平面的面积。

如果线圈有 $N$ 匝，那么线圈所受磁力矩的大小为

$$M = NBIS\sin\varphi = P_{\mathrm{m}}B\sin\varphi \qquad\qquad (13.44)$$

式中：$P_{\mathrm{m}} = NIS$ 就是磁矩的大小。

磁矩是矢量，用 $\boldsymbol{P}_{\mathrm{m}}$ 表示。所以式(13.44)写成矢量式为

$$\boldsymbol{M} = \boldsymbol{P}_{\mathrm{m}} \times \boldsymbol{B} \qquad\qquad (13.45)$$

$\boldsymbol{M}$ 方向与 $\boldsymbol{P}_{\mathrm{m}} \times \boldsymbol{B}$ 的方向一致。

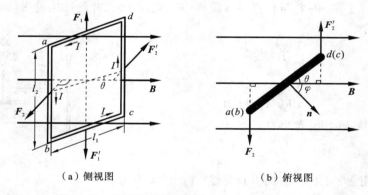

（a）侧视图　　　　　　　　　　（b）俯视图

图 13.31　平面载流线圈在均匀磁场中所受的力矩

式(13.44)和式(13.45)不仅对矩形线圈成立，对于在均匀磁场中任意形状的载流平面线圈也同样成立。甚至，带电粒子沿闭合回路的运动，以及带电粒子的自旋所具有的磁矩，带电粒子在磁场中所受的磁力矩作用，均可用式(13.45)来描述。

下面讨论几种特殊情况。

(1) 当 $\varphi = \dfrac{\pi}{2}$，此时线圈平面与 $\boldsymbol{B}$ 平行，$\boldsymbol{P}_{\mathrm{m}}$ 与 $\boldsymbol{B}$ 垂直，线圈所受的磁力矩最大，其值为 $M = NBIS$，这时磁力矩有使 $\varphi$ 减少的趋势。

(2) 当 $\varphi = 0$，此时线圈平面与 $\boldsymbol{B}$ 垂直，$\boldsymbol{P}_{\mathrm{m}}$ 与 $\boldsymbol{B}$ 同方向，线圈所受磁力矩为零，此时线圈处于稳定平衡状态。

(3) 当 $\varphi = \pi$，此时线圈平面与 $\boldsymbol{B}$ 垂直，但 $\boldsymbol{P}_{\mathrm{m}}$ 与 $\boldsymbol{B}$ 反向，线圈所受磁力矩也为零，

这时线圈处于非稳定平衡位置。所谓非稳定平衡位置是指,一旦外界扰动使线圈稍稍偏离这一平衡位置,磁场对线圈的磁力矩作用就将使线圈继续偏离,直到 $P_m$ 转向 $B$ 的方向(线圈达到稳定平衡状态)时为止。

从上面的讨论可知,平面载流刚性线圈在均匀磁场中,由于只受磁力矩作用,因此只发生转动,而不会发生整个线圈的平动。

磁场对载流线圈作用力矩的规律是制成各种电动机和电流计的基本原理。

### *2. 非均匀磁场对载流线圈的作用

如果平面载流线圈处于非均匀磁场中,由于线圈上各个电流元所在处的 $B$ 在大小和方向上都不相同,各个电流元所受到的安培力的大小和方向一般也都不同,因此,线圈所受的合力和合力矩一般也不会等于零,所以线圈除转动外还要平动。下面我们通过特例来说明这种情况。在图 13.32 所示的辐射形磁场中,设线圈的磁矩 $P_m$ 与线圈中心所在处的 $B$ 同方向,取线圈上任一电流元 $Idl$,把电流元所在处的 $B$ 分解为两个分矢量:垂直于线圈平面的分矢量 $B_\perp$ 和平行于线圈平面的分矢量 $B_{/\!/}$。电流元 $Idl$ 受到 $B_\perp$ 的作用力为 $dF_2$(图中未画出),方向沿线圈的半径向外。对整个线圈来说,作用在各个电流元上的这些力,只能使线圈发生形变,而不能使线圈发生平动或转动。但是电流元 $Idl$ 还同时受到 $B_{/\!/}$ 分矢量作用的力 $dF_1$,方向垂直于线圈平面,指向左方。对整个线圈来说,各个电流元所受的这些力,方向都相同,所以在合力的作用下,线圈将向磁场较强处平移。可以证明:合力的大小与线圈的磁矩和磁感应强度的梯度成正比。

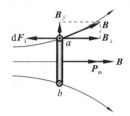

图 13.32 非匀强磁场中的载流线圈

## 13.5.4 磁力的功

载流导线或载流线圈在磁场中运动时,其所受的磁力或磁力矩将对它们做功。

### 1. 载流导线在磁场中运动时磁力所做的功

设在磁感应强度为 $B$ 的均匀磁场中,有一载流的闭合回路 $abcda$,电流强度 $I$ 保持不变,电路中 $ab$ 长为 $l$,$ab$ 可沿 $da$ 和 $cb$ 滑动,如图 13.33 所示。按安培定律,$ab$ 所受的磁力 $F$ 的大小为

$$F = BIl$$

$F$ 的方向如图 13.33 所示,在 $ab$ 从初始位置向右位移 $\Delta x$ 距离过程中,磁力 $F$ 所做的功为

$$W = F\Delta x = BIl\Delta x = BI\Delta S = I\Delta\Phi \qquad (13.46)$$

上式说明,当载流导线在磁场中运动时,如果电流保持不变,磁力所做的功等于电流强度乘以通过回路所环绕的面积内磁通量的增量。

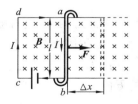

图 13.33 磁力所做的功

**2. 载流线圈在磁场中转动时磁力矩所做的功**

设一面积为 $S$，通有电流强度为 $I$ 的线圈，处于磁感应强度为 $B$ 的匀强磁场中。现在我们来计算线圈转动时，磁力矩所做的功。

如图 13.34 所示，设线圈转过极小的角度 $d\varphi$，使 $n(P_m)$ 与 $B$ 之间的夹角从 $\varphi$ 增为 $\varphi+d\varphi$，在此转动过程中，磁力矩做负功(磁力矩总是力图使 $P_m$ 转向 $B$)，因此，

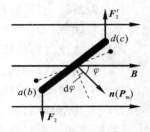

图 13.34　磁力矩所做的功

$$dW = -Md\varphi = -BIS\sin\varphi d\varphi = BIS d(\cos\varphi)$$
$$= I d(BS\cos\varphi) = Id\Phi \qquad (13.47)$$

当上述线圈从 $\varphi_1$ 转到 $\varphi_2$ 的过程中，维持线圈内电流不变，则磁力矩所做的总功为

$$W = \int_{\phi_{m1}}^{\phi_{m2}} Id\phi_m = I(\phi_{m2} - \phi_{m1}) = I\Delta\phi_m \qquad (13.48)$$

式中：$\phi_{m1}$ 和 $\phi_{m2}$ 分别表示线圈在 $\varphi_1$ 和 $\varphi_2$ 时，通过线圈的磁通量。

可以证明，一个任意的闭合回路在磁场中改变位置或形状时，如果维持线圈上电流不变，则磁力或磁力矩所做的功都可按 $W = I\Delta\Phi_m$ 计算，亦即磁力或磁力矩所做的功等于电流强度乘以通过载流线圈的磁通量的增量。

如果电流随时间的改变而改变，这时磁力所做的总功要用积分计算，即

$$W = \int_{\phi_{m1}}^{\phi_{m2}} Id\phi_m \qquad (13.49)$$

这是计算磁力做功的一般公式。

根据磁矩为 $P_m$ 的载流线圈在均匀磁场中受到磁力矩的作用，可以引入线圈磁矩与磁场的相互作用能的概念，设 $\varphi$ 表示 $P_m$ 与 $B$ 之间的夹角，此夹角由 $\varphi_1$ 增大到 $\varphi_2$ 过程中，外力需要克服磁力矩做的功为

$$W_{外} = \int_{\varphi_1}^{\varphi_2} Md\varphi = \int_{\varphi_1}^{\varphi_2} P_m B\sin\varphi d\varphi = P_m B(\cos\varphi_1 - \cos\varphi_2)$$

此功就等于磁矩 $P_m$ 与磁场相互作用能的增量。通常以 $\varphi_1 = \dfrac{\pi}{2}$ 时的位置为相互作用能零值的位置。这样，由上式可得，在均匀磁场中，当磁矩与磁场方向间夹角为 $\varphi(\varphi = \varphi_2)$ 时，磁矩与磁场的相互作用能为

$$W_m = -P_m B\cos\varphi = -\boldsymbol{P_m} \cdot \boldsymbol{B}$$

由此可见，磁矩与磁场平行时，相互作用能有极小值 $-P_m B$；磁矩与磁场反平行时，相互作用能有极大值 $P_m B$。

**例 13.6**　载有电流 $I$ 的半圆形闭合线圈，半径为 $R$，放在均匀的外磁场 $B$ 中，$B$ 的方向与线圈平面平行，如图 13.35 所示。(1)求此时线圈所受的力矩大小和方向；(2)求在这力矩作用下，当线圈平面转到与磁场 $B$ 垂直的位置时，磁力矩所做的功。

**解**　(1)线圈的磁矩为

$$P_{\mathrm{m}} = IS\boldsymbol{n} = I\,\frac{\pi}{2}R^2\,\boldsymbol{n}$$

在图示位置时，线圈磁矩 $\boldsymbol{P}_{\mathrm{m}}$ 的方向与 $\boldsymbol{B}$ 垂直。

由式(13.45)，$\boldsymbol{M} = \boldsymbol{P}_{\mathrm{m}} \times \boldsymbol{B}$，故图示位置线圈所受磁力矩的大小为

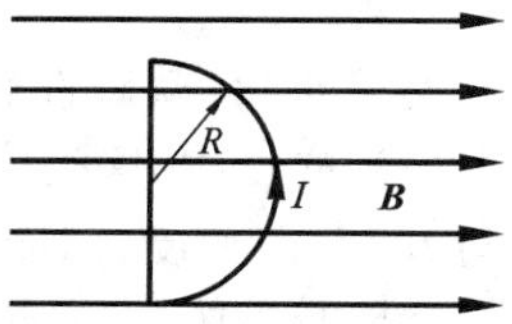

图 13.35　例 13.6 图

$$M = P_{\mathrm{m}} B \sin\frac{\pi}{2} = \frac{1}{2}\pi IBR^2$$

磁力矩 $\boldsymbol{M}$ 的方向由 $\boldsymbol{P}_{\mathrm{m}} \times \boldsymbol{B}$ 确定，为垂直于 $\boldsymbol{B}$ 的方向向上。

（2）计算磁力矩做功。

根据式(13.48)，有

$$W = I\Delta\varphi_{\mathrm{m}} = I(\phi_{\mathrm{m2}} - \phi_{\mathrm{m1}}) = I\left(B\,\frac{1}{2}\pi R^2 - 0\right) = \frac{1}{2}IB\pi R^2$$

也可以用积分计算

$$W = \int_{\frac{\pi}{2}}^{0} -M\mathrm{d}\theta = \int_{\frac{\pi}{2}}^{0} -P_{\mathrm{m}} B\sin\theta\,\mathrm{d}\theta = P_{\mathrm{m}} B\cos\theta\,\Big|_{\frac{\pi}{2}}^{0} = \frac{1}{2}IB\pi R^2$$

# 13.6　磁　介　质

## 13.6.1　磁介质的分类

实际的磁场中大多存在着各种各样的物质，这些物质因受磁场的作用而处于一种特殊的状态，称为磁化状态。磁化后的物质反过来又要对磁场产生影响，我们称能够影响磁场的物质为磁介质。实验表明，不同的物质对磁场的影响差异很大。若均匀磁介质处于磁感应强度为 $\boldsymbol{B}_0$ 的外磁场中，磁介质要被磁化，从而产生磁化电流，磁化电流也要激发磁感应强度为 $\boldsymbol{B}'$ 的附加磁场，则磁场中的总磁感应强度 $\boldsymbol{B}$ 是 $\boldsymbol{B}_0$ 和 $\boldsymbol{B}'$ 的叠加，即

$$\boldsymbol{B} = \boldsymbol{B}_0 + \boldsymbol{B}' \tag{13.50}$$

对不同的磁介质，$\boldsymbol{B}'$ 的大小和方向可能有很大的差别。为了便于讨论磁介质的分类，我们引入相对磁导率 $\mu_{\mathrm{r}}$，当均匀磁介质充满整个磁场时，磁介质的相对磁导率定义为

$$\mu_{\mathrm{r}} = \frac{B}{B_0} \tag{13.51}$$

式中：$B$ 为磁介质中的总磁场的磁感应强度的大小；$B_0$ 为真空中磁场或者说外磁场的磁感应强度的大小。

$\mu_{\mathrm{r}}$ 可用来描述不同磁介质磁化后对原外磁场的影响。类似于介电常数 $\varepsilon$ 的定义，我们定义磁介质的磁导率

$$\mu = \mu_0 \mu_r \tag{13.52}$$

实验指出,就磁性来说,物质可分为以下三类。

(1) 抗磁质:这类磁介质的相对磁导率 $\mu_r < 1$。在外磁场中,其附加磁感应强度 $\boldsymbol{B}'$ 与 $\boldsymbol{B}_0$ 方向相反,因而总磁感应强度的大小 $B < B_0$,如汞、铜、铋、氢、锌、铅等。

(2) 顺磁质:这类磁介质的相对磁导率 $\mu_r > 1$。在外磁场中,其附加磁感应强度 $\boldsymbol{B}'$ 与 $\boldsymbol{B}_0$ 同方向,因而总磁感应强度的大小 $B > B_0$,如锰、铬、铂、氧、铝等。

(3) 铁磁质:这类磁介质的相对磁导率 $\mu_r \gg 1$。在外磁场中,其附加磁感应强度 $\boldsymbol{B}'$ 与 $\boldsymbol{B}_0$ 方向相同,且 $B' \gg B_0$,因而总磁感应强度的大小 $B \gg B_0$,如铁、镍、钴等。

抗磁质和顺磁质的磁性都很弱,统称为弱磁质。它们的 $\mu_r$ 尽管大于 1 或者小于 1,但是都很接近 1,而且 $\mu_r$ 都是与外磁场无关的常数。铁磁质的磁性都很强,且还具有一些特殊的性质。

## *13.6.2　抗磁质与顺磁质的磁化

现在我们从物质的电结构来说明物质的磁性。在无外磁场作用时,分子中任何一个电子,都同时参与两种运动,即环绕原子核的轨道运动和电子本身的自旋,这两种运动都能产生磁效应,把分子看成一个整体,分子中各个电子对外界所产生的磁效应的总和可用一个等效的圆电流表示,称为分子电流。这种分子电流具有的磁矩称为分子固有磁矩或分子磁矩,用 $\boldsymbol{P}_m$ 表示。

当没有外磁场作用时,抗磁质分子的固有磁矩 $\boldsymbol{P}_m = 0$,从而整块磁介质的 $\sum \boldsymbol{P}_{mi} = 0$,介质不显磁性;而顺磁质分子的固有磁矩 $\boldsymbol{P}_m \neq 0$,但由于排列杂乱无章,整块磁介质仍有 $\sum \boldsymbol{P}_{mi} = 0$,因此介质也不显磁性。无外磁场时,抗磁质分子的固有磁矩 $\boldsymbol{P}_m = 0$ 是由于分子中各电子的轨道运动磁矩和自旋运动磁矩的矢量和为零。就每个电子而言,无论是轨道运动还是自旋运动都产生磁矩。当有外磁场作用时,将引起分子磁矩的变化,在分子上产生附加磁矩 $\Delta \boldsymbol{P}_m$。下面我们来分析附加磁矩 $\Delta \boldsymbol{P}_m$ 及由此产生的附加磁场 $\boldsymbol{B}'$ 的方向。

附加磁矩 $\Delta \boldsymbol{P}_m$ 是由电子的进动产生的,具体分析如下。

(1) 绕核轨道运动磁矩为 $\boldsymbol{P}_{m,e}$ 的电子的进动:设电子绕核轨道运动的磁矩为 $\boldsymbol{P}_{m,e}$,因为电子带负电,所以电子绕核轨道运动的角动量 $\boldsymbol{P}_e$ 与磁矩 $\boldsymbol{P}_{m,e}$ 反方向(见图 13.36)。在外磁场作用下,电子受的磁力矩为

$$\boldsymbol{M} = \boldsymbol{P}_{m,e} \times \boldsymbol{B}_0$$

根据角动量定理 $\boldsymbol{M} = \dfrac{\mathrm{d} \boldsymbol{P}_e}{\mathrm{d} t}$,电子轨道运动角动量 $\boldsymbol{P}_e$ 的改变量 $\mathrm{d} \boldsymbol{P}_e$ 与 $\boldsymbol{M}$ 同方向,即顺着 $\boldsymbol{B}_0$ 方向看去,电子运动的轨道角动

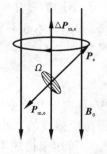

图 13.36　电子的进动

量 $P_e$ 是绕 $B_0$ 以顺时针方向转动,因此,电子在绕核轨道运动的同时还以外磁场 $B_0$ 的方向为轴线转动。电子的这种运动就称为电子的进动,进动角速度为 $\Omega$。而且,不论电子原来轨道运动角动量的方向如何,即电子磁矩 $P_{m,e}$ 与 $B_0$ 的夹角大于或小于 $\frac{\pi}{2}$,由电子进动产生的附加磁矩 $P_{m,e}$ 总是与外磁场 $B_0$ 的方向相反,如图13.36所示。

（2）分子的附加磁矩 $\Delta P_m$:因为电子的附加磁矩 $\Delta P_{m,e}$ 总是与 $B_0$ 反方向,所以,电子附加磁矩 $\Delta P_{m,e}$ 的总和即分子的附加磁矩 $\Delta P_m$ 总是与 $B_0$ 反向。它将产生一个与 $B_0$ 反方向的 $B'$,这就是抗磁效应。

在顺磁质分子中,即使在没有外磁场时,各个电子的磁效应也不相抵消,故顺磁质分子的固有磁矩 $P_m$ 不等于零。当存在外磁场时,外磁场在电子上也引起附加磁矩。但分子磁矩 $P_m$ 比分子中电子附加磁矩的总和大得多,以致 $\Delta P_m$ 可以忽略不计。这样,顺磁性物质中的分子电流由于外磁场的作用,它们的磁矩将转向外磁场方向,于是 $\sum P_{mi} \neq 0$,产生与外磁场同方向的附加磁场 $B'$,故顺磁质内的磁感应强度的大小为 $B = B_0 + B'$,这就是顺磁性物质磁效应的成因。

## *13.6.3　磁化强度

与电介质中引入极化强度 $P$ 来描述电介质的极化程度类似,在磁介质中我们引入磁化强度 $M$ 来描述磁介质的磁化程度。

对于顺磁质,我们将磁介质内某点处单位体积内分子磁矩的矢量和定义为该点的磁化强度,即

$$M = \frac{\sum P_{mi}}{\Delta V} \tag{13.53a}$$

顺磁质中 $M$ 的方向与外磁场 $B_0$ 的方向一致。

对于抗磁质,磁化的主要原因是抗磁质分子在外磁场中所产生的附加磁矩 $\Delta P_m$。$\Delta P_m$ 与 $B_0$ 的方向相反,大小与 $B_0$ 成正比,抗磁质的磁化强度为

$$M = \frac{\sum \Delta P_{mi}}{\Delta V} \tag{13.53b}$$

抗磁质中 $M$ 的方向与外磁场 $B_0$ 的方向相反。在国际单位制中,$M$ 的单位为 A/m。

## 13.6.4　磁介质中的安培环路定理

### *1. 磁化强度与磁化电流的关系

当电介质极化时,极化强度与极化电荷有着密切的关系。与此相类似,当磁介质被磁化时,磁化强度与磁化电流也有着密切的关系,为此我们用一简例来进行讨论。

设有一无限长载流直螺线管,管内充满均匀的顺磁介质,螺线管的电流强度为 $I$。在此电流磁场 $B_0$ 的作用下,磁介质中分子电流平面将趋向与 $B_0$ 方向垂直,如图

13.37(a)所示。在均匀磁介质内部任意位置处,通过的分子电流是成对的,而且方向相反,结果互相抵消,如图 13.37(b)所示。只有在截面边缘处,分子电流未被抵消,形成与截面边缘重合的圆电流 $I_s$。对磁介质整体来说,分子电流沿着圆柱面垂直其母线方向流动,称为磁化面电流,因为是顺磁质,磁化面电流与螺线管上导线中的电流 $I$ 方向相同,如图 13.37(c)所示。如果是抗磁质,则两者方向相反。

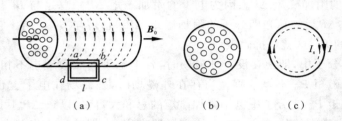

图 13.37　充满磁介质的长直螺线管

　　设 $j_s$ 为圆柱形磁介质表面上“每单位长度的分子面电流”(即磁化面电流密度)。$S$ 为磁介质的截面,$l$ 为所选取的一段磁介质的长度,在 $l$ 长度上,磁化电流 $I_s = lj_s$,因此在这段磁介质总体积 $Sl$ 中的总磁矩为

$$\sum \boldsymbol{P}_{mi} = I_s \boldsymbol{S} = j_s l \boldsymbol{S}$$

按定义,磁介质的磁化强度大小为

$$M = \frac{\sum \boldsymbol{P}_{mi}}{\Delta V} = \frac{j_s Sl}{Sl} = j_s \tag{13.54}$$

上式表明,磁化强度 $\boldsymbol{M}$ 在量值上等于磁化面电流密度。$\boldsymbol{M}$ 是矢量,$j_s$ 也是矢量,它们之间的关系写成矢量式有

$$\boldsymbol{j}_s = \boldsymbol{M} \times \boldsymbol{n}_0 \tag{13.55}$$

式中:$\boldsymbol{n}_0$ 是介质表面外法线方向的单位矢量。

　　不难看出,这一关系与介电质中极化电荷面密度与极化强度 $\boldsymbol{P}$ 的关系 $\sigma' = \boldsymbol{P} \cdot \boldsymbol{n} = P_n$ 相对应。

　　下面我们进一步讨论在一定范围内,磁化强度与电流之间的关系。如图 13.37(a)所示,在圆柱形磁介质的边界附近,取一长方形的闭合同路 $abcda$,$ab$ 在磁介质内部,它平行于柱体轴线,长度为 $l$,而 $bc$、$ad$ 两边则垂直于柱面。现在,在磁介质内部各点处 $\boldsymbol{M}$ 都沿 $ab$ 方向,大小相等,在柱外各点处 $\boldsymbol{M} = \boldsymbol{0}$。所以,磁化强度 $\boldsymbol{M}$ 对图 13.35(a)中的闭合回路的线积分为

$$\oint \boldsymbol{M} \cdot \mathrm{d}\boldsymbol{l} = \int_{ab} M \overline{ab} = Ml$$

将式 $M = j_s$ 代入后得

$$\oint \boldsymbol{M} \cdot \mathrm{d}\boldsymbol{l} = j_s l = I_s \tag{13.56}$$

这里，$j_s l = I_s$ 就是通过闭合回路 $abcda$ 的总磁化电流。式(13.56)虽然是从均匀磁介质及长方形闭合回路的简单特例导出，但却是在任何情况下都普遍适用的关系式。

**2. 磁介质中的安培环路定理**

把真空中磁场的安培环路定理推广到有磁介质存在的稳恒磁场中去，当电流的磁场中有磁介质时，由于介质的磁化，要产生磁化电流。如果考虑到磁化电流对磁场的贡献，则安培环路定理应写成

$$\oint_L \boldsymbol{B} \cdot \mathrm{d}\boldsymbol{l} = \mu_0 \left( \sum I_i + I_s \right) \tag{13.57}$$

式中：$\boldsymbol{B}$ 为磁介质中的总磁感应强度；等式右边括号内的两项电流是穿过回路所围面积的总电流，即传导电流 $\sum I_i$ 和磁化电流 $I_s$ 的代数和。

将式(13.56)代入式(13.57)中，则有

$$\oint_L \boldsymbol{B} \cdot \mathrm{d}\boldsymbol{l} = \mu_0 \left( \sum I_i + \oint_L \boldsymbol{M} \cdot \mathrm{d}\boldsymbol{l} \right)$$

或

$$\oint_L \left( \frac{\boldsymbol{B}}{\mu_0} - \boldsymbol{M} \right) \cdot \mathrm{d}\boldsymbol{l} = \sum I_i$$

这与电介质中引进矢量 $\boldsymbol{D}$ 相似，我们以 $\left( \dfrac{\boldsymbol{B}}{\mu_0} - \boldsymbol{M} \right)$ 定义一个新的物理量 $\boldsymbol{H}$，称为磁场强度矢量，即

$$\boldsymbol{H} = \frac{\boldsymbol{B}}{\mu_0} - \boldsymbol{M} \tag{13.58}$$

这样，有磁介质时的安培环路定理便有下列简单的形式：

$$\oint_L \boldsymbol{H} \cdot \mathrm{d}\boldsymbol{l} = \sum I_i \tag{13.59}$$

从式(13.59)可知，在稳恒磁场中，磁场强度矢量 $\boldsymbol{H}$ 沿任一闭合路径的线积分（即 $\boldsymbol{H}$ 的环流）等于包围在环路内各传导电流的代数和，与磁化电流无关。该式虽是从长直螺线管这一特殊情况下推导出来的，但仍可从理论上证明它是普遍适用的。

**3. 磁感应强度与磁化强度的关系**

式(13.58)是磁场强度 $\boldsymbol{H}$ 的定义式，它表示了磁场中任一点处 $\boldsymbol{H}$、$\boldsymbol{B}$、$\boldsymbol{M}$ 三个物理量之间的关系。而且不论磁介质是否均匀，甚至是铁磁性物质，用此式定义的 $\boldsymbol{H}$ 都是正确的。

实验表明，对于各向同性的均匀磁介质，介质内任一点的磁化强度 $\boldsymbol{M}$ 与该点的磁场强度 $\boldsymbol{H}$ 成正比。比例系数 $\chi_m$ 是恒量，称为磁介质的磁化率，即

$$\boldsymbol{M} = \chi_m \boldsymbol{H} \tag{13.60}$$

把式(13.60)代入式(13.58)，则得

$$\boldsymbol{B} = \mu_0 \boldsymbol{H} + \mu_0 \boldsymbol{M} = \mu_0 (1 + \chi_m) \boldsymbol{H} \tag{13.61}$$

如果引入一个物理量 $\mu_r$，令

$$\mu_r = 1 + \chi_m \tag{13.62}$$

$\mu_r$ 就是磁介质的相对磁导率，这和我们在前面用式(13.51)所定义的 $\mu_r$ 是同一个量，于是式(13.61)成为

$$B = \mu_0 \mu_r H = \mu H \tag{13.63}$$

对于真空，$M=0$，$\chi_m=0$，$\mu_r=1$，$\mu=\mu_0$，因此，$B=\mu_0 H$。对于各向同性的均匀磁介质，$\chi_m$ 是恒量，$\mu_r$ 也是恒量，且都是纯数，$\mu_r=1+\chi_m$，磁介质的磁化率 $\chi_m$、相对磁导率 $\mu_r$、磁导率 $\mu$ 都是描述磁介质磁化特性的物理量，只要知道三个量中的任一个量，该介质的磁性就完全清楚了。对于顺磁质，$\chi_m>0$，故 $\mu_r>1$；对于抗磁质，$\chi_m<0$，故 $\mu_r<1$。表 13.1 列出了部分顺磁质及抗磁质的磁化率。

表 13.1　几种常见磁介质的磁化率

| | 材料 | $\chi_m = \mu_r - 1(18\ ℃)$ | | 材料 | $\chi_m = \mu_r - 1(18\ ℃)$ |
|---|---|---|---|---|---|
| 顺磁质 | 锰 | $12.4 \times 10^{-5}$ | 抗磁质 | 铋 | $-1.70 \times 10^{-5}$ |
| | 铬 | $4.5 \times 10^{-5}$ | | 铜 | $-0.108 \times 10^{-5}$ |
| | 铝 | $0.82 \times 10^{-5}$ | | 银 | $-0.25 \times 10^{-5}$ |
| | 空气(101 kPa,20 ℃) | $30.36 \times 10^{-5}$ | | 氢(20 ℃) | $-2.47 \times 10^{-5}$ |

可见，在常温下，磁化率的值都很小，相对磁导率 $\mu_r$ 都很接近于 1。

通过以上的讨论我们可以知道，引入磁场强度 $H$ 这个物理量以后，能够比较方便地处理有磁介质的磁场问题，就像引入电位移 $D$ 后，能够比较方便地处理有电介质的静电场问题一样。特别是当均匀磁介质充满整个磁场，且磁场分布又具有某些对称性的情况，我们可用有磁介质的安培环路定理先求出磁场强度 $H$ 的分布，再根据 $B=\mu H$ 得出介质中磁场的磁感应强度的分布，在整个过程中可不考虑磁化电流。下面举例说明。

**例 13.7**　一根"无限长"的直圆柱形铜导线，外包一层相对磁导率为 $\mu_r$ 的圆筒形磁介质，导线半径为 $R_1$，磁介质的外半径为 $R_2$，导线内有电流 $I$ 通过，电流均匀分布在横截面上，如图 13.38 所示。求：(1) 介质内外的磁场强度分布，并画出 $H$-$r$ 图，加以说明($r$ 是磁场中某点到圆柱轴线的距离)；(2) 介质内外的磁感应强度分布，并画出 $B$-$r$ 图，加以说明。

**解**　(1) 求 $H$-$r$ 关系。由于电流分布的轴对称性，因而磁场分布也有轴对称性，因此可用安培环路定理求解。在垂直于轴线的平面上，选择积分回路 $L$(以圆柱轴线为圆心，$r$ 为半径的圆周)，由式(13.59)可得

$$\oint_L H \cdot dl = 2\pi r H = \sum_i I_i$$

$$H_1 = \frac{1}{2\pi r}\sum I_i$$

当 $r<R_1$ 时，$H_1 = \frac{1}{2\pi r}\frac{I}{\pi R_1^2}\pi r^2 = \frac{I}{2\pi R^2}r$

当 $R_1<r<R_2$ 时，　　$H_2 = \frac{I}{2\pi r}$

当 $r>R_2$ 时，　　　　$H_3 = \frac{I}{2\pi r}$

画出 $H$-$r$ 曲线，如图 13.39(a)所示。

（2）求 $B$-$r$ 关系。由已求出的介质内外的磁场强度分布，再根据 $\boldsymbol{B}=\mu\boldsymbol{H}=\mu_0\mu_r\boldsymbol{H}$ 确定介质内外的磁感应强度分布。

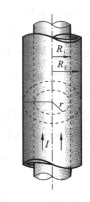

图 13.38　例 13.7 图 1

当 $r<R_1$ 时，该区域在金属导体内，可作为真空处理，$\mu_r=1$，故

$$B_1 = \mu H_1 = \frac{\mu_0 I}{2\pi R^2}r$$

当 $R_1<r<R_2$ 时，该区域是相对磁导率为 $\mu_r$ 的磁介质内，故

$$B_2 = \mu_0 H_2 = \mu_0\mu_r\frac{I}{2\pi r}$$

当 $r>R_2$ 时，该区域为真空，故

$$B_3 = \mu_0 H_3 = \frac{\mu_0 I}{2\pi r}$$

画出 $B$-$r$ 曲线，如图 13.39(b)所示。可见，在边界 $r=R_1$ 和 $r=R_2$ 处，磁感应强度 $\boldsymbol{B}$ 不连续。

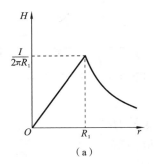
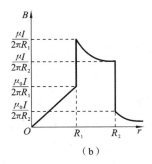

图 13.39　例 13.7 图 2

## 13.6.5　铁磁质

铁磁质是一类特殊的磁介质，也是最有用的磁介质，铁、镍、钴和它们的一些合金均属于铁磁质。

### 1. 磁化曲线

在实验室中,常用以铁磁质作芯的环形螺线管和电源及可变电阻串联成一电路来研究铁磁质的磁化特性。设螺线管每单位长度的匝数为 $n$,当线圈中通有强度为 $I$ 的电流时,螺线环内的磁场强度为

$$H = nI$$

实验结果:测得铁磁质内的磁感应强度 $\boldsymbol{B}$ 和磁场强度 $\boldsymbol{H}$ 之间的关系,不再是顺磁质和抗磁质内那种简单的线性正比关系,而是较复杂的函数关系,如图 13.40 所示。开始时 $H=0,B=0$,磁介质处于未磁化状态,当逐渐增大线圈中的电流时,$H$ 值逐渐增大,$B$ 也逐渐增大,相当于线圈中 0—1 段;当 $H$ 值继续增大,$B$ 急剧增大,相当于曲线中的 1—2 段;$H$ 值再继续增大,$B$ 值开始缓慢增加,相当于曲线中的 2—$a$ 段;一旦到达 $a$ 点后,$H$ 值再增大时,铁磁质内的磁感应强度 $B$ 不再增大了,达到磁化饱和状态。这时的磁感应强度 $B_m$ 称为饱和磁感应强度。这条曲线称为起始磁化曲线,简称磁化曲线。

由图 13.40 可以看出,对于铁磁质,$\boldsymbol{B}$ 和 $\boldsymbol{H}$ 之间不是线性关系,故曲线上各点的斜率即磁导率 $\mu$ 是不同的。也就是说,铁磁质的 $\mu$ 不再是常数,而是磁场强度 $H$ 的函数,这个函数关系可用图 13.41 所示的曲线表示。由于铁磁质具有很大的磁导率,即 $\mu_r \gg 1$,故在外磁场的作用下,铁磁质中将产生与外磁场同方向、量值很大的磁感应强度,并且在外磁场撤除后,介质的磁化状态并不恢复到原来的起点,而是保留部分磁性。

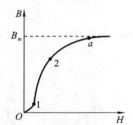　　　　　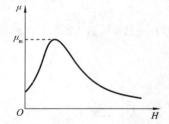

图13.40　铁磁质的起始磁化曲线　　　图 13.41　铁磁质的 $\mu$-$H$ 曲线

### 2. 磁滞回线

铁磁质的磁化在达到饱和状态以后,如果使 $H$ 值减小,实验发现,此时 $B$ 值也将减小,但 $B$ 值并不沿原来的起始磁化曲线($Oa$ 曲线)下降,而是沿着另一曲线 $ab$ 下降,如图 13.42 所示。到 $H=0$ 时,$B$ 没有回到零,磁介质中还保留一定的磁感应强度 $B_r$,$B_r$ 称为剩余磁感应强度,简称剩磁。到达 $b$ 点以后,按下列顺序,继续改变磁化场场强 $\boldsymbol{H}$:$0 \rightarrow -H_c$,$-H_c \rightarrow -H_s$,$-H_s \rightarrow 0$,$0 \rightarrow +H_c$,$+H_c \rightarrow +H_s$;相应的磁感

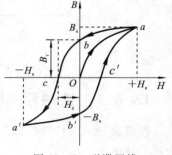

图 13.42　磁滞回线

应强度 $B$ 将分别沿着曲线 $b\to c$，$c\to a'$，$a'\to b'$，$b'\to c'$，$c'\to a$ 形成闭合曲线。从上述变化过程可以看出，磁感应强度 $B$ 的变化总是落后于磁场场强 $H$ 的变化，这种现象称为磁滞现象，是铁磁质的重要特性之一。图 13.42 中的闭合曲线 $abca'b'c'a$ 称为磁滞回线。如果在还未到达饱和状态以前，就把 $H$ 减小，$B$ 将沿另一较小的磁滞回线变化。

从上述的实验结果可知，对铁磁质而言，$B$ 不是 $H$ 的单值函数。对同一磁场场强（如 $H=0$），磁感应强度可能有不同的量值（$B=Ob,Ob',\cdots,0$），这取决于铁磁质的磁化历史。

若要完全消除铁磁质内的剩磁（称为完全退磁），需要加上反向磁场，使铁磁质完全退磁所需的反向磁场强度 $H_c$ 的量值称为矫顽力。实际上通常不采用加恒定的反向电流消除剩磁的方法，而是采用施加一个由强变弱的交变磁场，使铁磁质的剩磁逐渐减弱到零。例如，手表、录音机和录像机的磁头、磁带等的退磁大都采用这一方法。

实验指出，铁磁质反复磁化时要发热，这种耗散为热量的能量损失称为磁滞损耗。这是因为铁磁质反复磁化时，分子的振动加剧，使分子振动加剧的能量是由产生磁化场的电流所供给的，可以证明，反复磁化一次的磁滞损耗与 $B$-$H$ 磁滞回线所包围的面积成正比，而磁滞损耗的功率与反复磁化的频率成正比，因此，对一具有铁芯的线圈来说，线圈中所通的交变电流频率越高，以及磁滞回线面积越大时，磁滞损耗的功率也越大。

### 3. 磁畴

铁磁性不能用一般顺磁质的磁化理论来解释，因为铁磁质的单个原子或分子并不具有任何特殊的磁性。如铁原子和铬原子的结构大致相同，原子的磁矩也相同，但铁是典型的铁磁质，而铬是普通的顺磁质。可见，铁磁质并不是与原子或分子有关的性质，而是与物质的固体结构有关的性质。

现代理论和实验都证明在铁磁质内存在着许多小区域，其体积约为 $10^{-12}$ $m^3$，其中含有 $10^{12}\sim10^{15}$ 个原子。在这些小区域内的原子间存在着非常强的电子"交换耦合作用"，使相邻原子的磁矩排列整齐，也就是说，这些小区域已自发磁化到饱和状态了。这种小区域称为磁畴，每个磁畴相当于一个小的磁性极强的永久磁铁。在无外磁场作用时，同一磁畴内的分子磁矩方向一致，各个磁畴的磁矩方向杂乱无章，磁介质的总磁矩为零，宏观上对外不显磁性。

为下面讨论方便，特在图 13.43(a) 中示意地画出四个体积相同的磁畴，它们的取向不同，磁矩恰好抵消，对外不呈现磁性。当加有外磁场时，铁磁质内自发磁化方向和外场相近的磁畴体积将因外场的作用而扩大，自发磁化方向与外场有较大偏离的磁畴体积将缩小，如果磁场还较弱，则磁畴的这种扩大、缩小过程还较缓慢，如图 13.43(b) 所示，这相当于图 13.40 中磁化曲线的 0—1 段。如外场继续增强，到一定值时，磁畴界壁就以相当快的速度跳跃地移动，直到自发磁化方向与外场偏离较大的那些磁畴全部消失,如图 13.43(c)所示,该过程与图 13.40 中 1—2 段相当,是不可逆过程(亦即外磁场减弱后,磁畴不能完全恢复原状了)。如外场再继续增加,则留存的磁畴逐渐转向外场方向,如图 13.43(d)所示,当所有磁畴的自发磁化方向都和外磁场方向相同时,磁化达到饱和,这相当于图 13.40 中的 2—a 段。

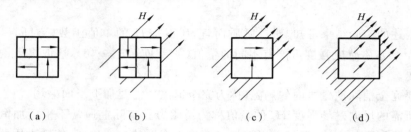

　　　　　（a）　　　　　　　（b）　　　　　　　（c）　　　　　　　（d）

图 13.43　用磁畴的观点说明铁磁质的磁化过程

　　由于铁磁质内存在杂质和内应力,因此磁畴在磁化和退磁过程中作不连续的体积变化和转向时,不能按原来的变化规律逆着退回原状,因而出现磁滞现象和剩磁。

　　铁磁性和磁畴结构的存在是分不开的。当铁磁体受到强烈震动,或在高温下剧烈运动使磁畴瓦解时,铁磁体的铁磁性也就消失了。居里(P. Curie)曾发现:对任何铁磁质来说,各有一特定的温度,当铁磁质的温度高于这一温度时,磁畴全部瓦解,铁磁性完全消失而成为普通的顺磁质。这个温度称为居里点。铁、镍、钴的居里点分别为 770 ℃、358 ℃、1150 ℃。

　　**4. 铁磁质的分类及其应用**

　　从铁磁质的性质和应用方面来看,铁磁质按矫顽力的大小可分为软磁材料、硬磁材料和矩磁材料。

　　软磁材料的矫顽力小($H_c < 100$ A/m),磁滞回线狭长,如图 13.44(a)所示。这种材料容易磁化,也容易退磁,适合在交变电磁场中工作,如各种电感元件、变压器、镇流器、继电器等。一旦切断电流后,剩磁很小。常用的金属软磁材料有工程纯铁、硅钢、坡莫合金等。还有非金属软磁铁氧体,如锰锌铁氧体、镍锌铁氧体等。

　　硬磁材料的矫顽力较大($H_c > 100$ A/m),磁滞回线肥大,如图 13.44(b)所示。其磁滞特性显著。这种材料一旦磁化后,会保留较大的剩磁,且不易退磁,故适合于作永久磁体,用于磁电式电表、永磁扬声器、拾音器、电话、录音机、耳机等电器设备。常见的金属硬磁材料有碳钢、钨钢、铝钢等。

　　矩磁材料的特点是剩磁很大,接近于饱和磁感应强度 $B_m$,而矫顽力小,其磁滞回线接近于矩形,如图 13.44(c)所示。当它被外磁场磁化时,总是处在 $B_r$ 或 $-B_r$ 两种不同的剩磁状态,因此适用于计算机中,作储存记忆元件。通常计算机中采用二进制,只有"1"和"0"两个数码,因此可用矩磁材料的两种剩磁状态分别代表两个数码,起到"记忆"的作用。目前常用的矩磁材料有锰-镁铁氧体和锂-锰铁氧体等,广泛用作天线、电感磁芯和记忆元件。

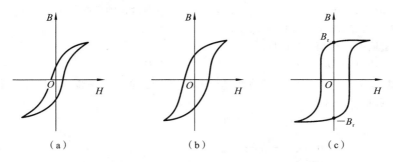

(a)　　　　　　　　　(b)　　　　　　　　　(c)

图 13.44　几种铁磁质的磁滞回线

# 习　题　13

一、选择题

(1) 对于安培环路定理的理解,正确的是(　　　)。

(A) 若环流等于零,则在回路 L 上必定是 H 处处为零

(B) 若环流等于零,则在回路 L 上必定不包围电流

(C) 若环流等于零,则在回路 L 所包围传导电流的代数和为零

(D) 回路 L 上各点的 H 仅与回路 L 包围的电流有关

(2) 对半径为 $R$、载流为 $I$ 的无限长直圆柱体,距轴线 $r$ 处的磁感应强度 $B$(　　　)。

(A) 内外部磁感应强度 $B$ 都与 $r$ 成正比

(B) 内部磁感应强度 $B$ 与 $r$ 成正比,外部磁感应强度 $B$ 与 $r$ 成反比

(C) 内外部磁感应强度 $B$ 都与 $r$ 成反比

(D) 内部磁感应强度 $B$ 与 $r$ 成反比,外部磁感应强度 $B$ 与 $r$ 成正比

(3) 质量为 $m$、电量为 $q$ 的粒子,以速度 $\boldsymbol{v}$ 与均匀磁场 $\boldsymbol{B}$ 成 $\theta$ 角射入磁场,轨迹为一螺旋线,若要增大螺距,则要(　　　)。

(A) 增加磁感应强度 $B$　　　(B) 减少磁感应强度 $B$　　　(C) 增加 $\theta$ 角　　　(D) 减少速率 $v$

(4) 一个 100 匝的圆形线圈,半径为 5 cm,通过电流为 0.1 A,当线圈在 1.5 T 的磁场中从 $\theta=0$ 的位置转到 180°($\theta$ 为磁场方向和线圈磁矩方向的夹角)时磁场力做功为(　　　)。

(A) 0.24 J　　　　　　(B) 2.4 J　　　　　　(C) 0.14 J　　　　　　(D) 14 J

二、填空题

(1) 边长为 $a$ 的正方形导线回路载有电流为 $I$,则其中心处的磁感应强度为_____。

(2) 计算有限长的直线电流产生的磁场_____用毕奥-萨伐尔定律,而_____用安培环路定理求得。(填能或不能)

(3) 电荷在静电场中沿任一闭合曲线移动一周,电场力做功为_____。电荷在磁场中沿任一闭合曲线移动一周,磁场力做功为_____。

(4) 两个大小相同的螺线管中一个有铁芯一个没有铁芯,当给两个螺线管通以_____电流

时,管内的磁力线 $H$ 分布相同,当把两螺线管放在同一介质中,管内的磁力线 $H$ 分布将_____。

三、已知磁感应强度 $B=2.0$ Wb/m² 的均匀磁场,方向沿 $x$ 轴正方向,如图 1 所示。

试求:(1) 通过图中 $abcd$ 面的磁通量;

(2) 通过图中 $befc$ 面的磁通量;

(3) 通过图中 $aefd$ 面的磁通量。

四、如图 2 所示,$AB$、$CD$ 为长直导线,$BC$ 为圆心在 $O$ 点的一段圆弧形导线,其半径为 $R$。若通以电流 $I$,求 $O$ 点的磁感应强度。

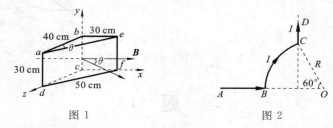

图 1　　　　　　　　　　　　　　　　图 2

五、在真空中,有两根互相平行的无限长直导线 $L_1$ 和 $L_2$,相距 0.1 m,通有方向相反的电流,$I_1=20$ A,$I_2=10$ A,如图 3 所示。$A,B$ 两点与导线在同一平面内,这两点与导线 $L_2$ 的距离均为 5.0 cm。试求 $A,B$ 两点处的磁感应强度,以及磁感应强度为零的点的位置。

六、如图 4 所示,两根导线沿半径方向引向铁环上的 $A,B$ 两点,并在很远处与电源相连。已知圆环的粗细均匀,求环中心 $O$ 的磁感应强度。

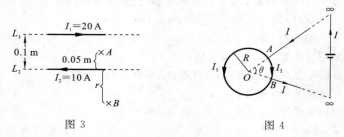

图 3　　　　　　　　　　　　　　　　图 4

七、在一半径 $R=1.0$ cm 的无限长半圆柱形金属薄片中,自上而下地有电流 $I=5.0$ A 通过,分布均匀,如图 5 所示。试求圆柱轴线任一点 $P$ 处的磁感应强度。

八、两平行长直导线相距 $d=40$ cm,每根导线载有电流 $I_1=I_2=20$ A,如图 6 所示。

求:(1) 两导线所在平面内与该两导线等距的一点 $A$ 处的磁感应强度;

(2) 通过图中斜线所示面积的磁通量。($r_1=r_3=10$ cm,$l=25$ cm)。

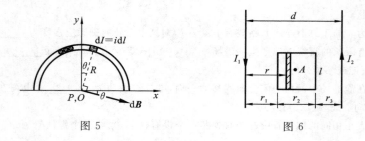

图 5　　　　　　　　　　　　　　　　图 6

九、一根很长的铜导线载有电流 10 A,设电流均匀分布。在导线内部作一平面 $S$,如图 7 所示。试计算通过 $S$ 平面的磁通量(沿导线长度方向取长为 1 m 的一段作计算)。铜的磁导率 $\mu = \mu_0$。

十、一根很长的同轴电缆,由一导体圆柱(半径为 $a$)和一同轴的导体圆管(内、外半径分别为 $b$,$c$)构成,如图 8 所示。使用时,电流 $I$ 从一导体流去,从另一导体流回,设电流都是均匀地分布在导体的横截面上。

求:(1) 导体圆柱内($r<a$);(2) 两导体之间($a<r<b$);(3) 导体圆筒内($b<r<c$);(4) 电缆外($r>c$)各点处磁感应强度的大小。

十一、在半径为 $R$ 的长直圆柱形导体内部,与轴线平行地挖成一半径为 $r$ 的长直圆柱形空腔,两轴间距离为 $a$,且 $a>r$,横截面如图 9 所示。现在电流 $I$ 沿导体管流动,电流均匀分布在管的横截面上,而电流方向与管的轴线平行。

求:(1) 圆柱轴线上的磁感应强度的大小;

(2) 空心部分轴线上的磁感应强度的大小。

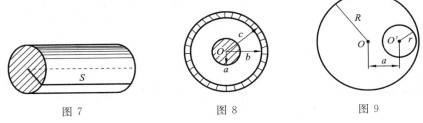

图 7　　　　　　　　　　图 8　　　　　　　　　　图 9

十二、如图 10 所示,长直电流 $I_1$ 附近有一等腰直角三角形线框,通以电流 $I_2$,两者共面。求 $\triangle ABC$ 的各边所受的磁力。

十三、在磁感应强度为 $B$ 的均匀磁场中,垂直于磁场方向的平面内有一段载流弯曲导线,电流为 $I$,如图 11 所示。求其所受的安培力。

十四、如图 12 所示,在长直导线 $AB$ 内通以电流 $I_1 = 20$ A,在矩形线圈 $CDEF$ 中通有电流 $I_2 = 10$ A,$AB$ 与线圈共面,且 $CD$,$EF$ 都与 $AB$ 平行。已知 $a = 9.0$ cm,$b = 20.0$ cm,$d = 1.0$ cm。

求:(1) 导线 $AB$ 的磁场对矩形线圈每边所作用的力;

(2) 矩形线圈所受合力和合力矩。

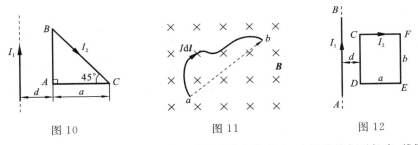

图 10　　　　　　　　　　图 11　　　　　　　　　　图 12

十五、边长为 $l = 0.1$ m 的正三角形线圈放在磁感应强度 $B = 1$ T 的均匀磁场中,线圈平面与磁场方向平行,如图 13 所示,线圈通以电流 $I = 10$ A。

求:(1) 线圈每边所受的安培力;

(2) 对 $OO'$ 轴的磁力矩大小;

(3) 从所在位置转到线圈平面与磁场垂直时磁力所做的功。

十六、一长直导线通有电流 $I_1 = 20$ A,旁边放一导线 $ab$,其中通有电流 $I_2 = 10$ A,且两者共面,如图 14 所示。求导线 $ab$ 所受作用力对 $O$ 点的力矩。

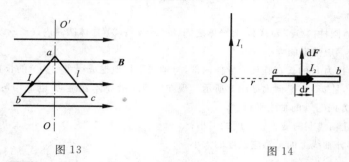

图 13　　　　　　　　　　　　图 14

十七、在霍尔效应实验中,一宽 1.0 cm,长 4.0 cm,厚 $1.0 \times 10^{-3}$ cm 的导体,沿长度方向载有 3.0 A 的电流,当磁感应强度大小为 $B = 1.5$ T 的磁场垂直地通过该导体时,产生 $1.0 \times 10^{-5}$ V 的横向电压。

试求:(1) 载流子的漂移速度;

(2) 每立方米的载流子数目。

十八、螺绕环中心周长 $L = 10$ cm,环上线圈匝数 $N = 200$ 匝,线圈中通有电流 $I = 100$ mA。

(1) 当管内是真空时,求管中心的磁场强度 $H$ 和磁感应强度 $B_0$;

(2) 若环内充满相对磁导率 $\mu_r = 4200$ 的磁性物质,则管内的 $B$ 和 $H$ 各是多少?

*(3) 磁性物质中心处由导线中传导电流产生的 $B_0$ 和由磁化电流产生的 $B'$ 各是多少?

# 等离子体及其磁约束

## 一、等离子体

等离子体(plasma)又称为电浆,是由部分电子被剥夺后的原子及原子团被电离后产生的正负离子组成的离子化气体状物质,尺度大于德拜长度的宏观电中性电离气体,其运动主要受电磁力支配,并表现出显著的集体行为。它广泛存在于宇宙中,常被视为是除去固、液、气外,物质存在的第四态。等离子体是一种很好的导电体,利用经过巧妙设计的磁场可以捕捉、移动和加速等离子体。等离子体物理的发展为材料、能源、信息、环境空间、空间物理、地球物理等科学的进一步发展提供了新的技术和工艺。

等离子体是不同于固体、液体和气体的物质第四态。物质由分子构成,分子由原子构成,原子由带正电的原子核和围绕它的带负电的电子构成。当被加热到足够高的温度或其他原因,外层电子摆脱原子核的束缚成为自由电子,就像下课后的学生跑到操场上随意玩耍一样。电子离开原子核,这个过程就称为"电离"。这时,物质就变成了由带正电的原子核和带负电的电子组成的一团均匀的"浆糊",因此人们戏称它为离子浆,这些离子浆中正负电荷总量相等,因此它是近似电中性的,所以就叫等离子体。

看似"神秘"的等离子体,其实是宇宙中一种常见的物质,在太阳、恒星、闪电中都存在等离子体,它占了整个宇宙的99%。21世纪人们已经掌握和利用电场和磁场来控制等离子体。最常见的等离子体是高温电离气体,如电弧、霓虹灯和日光灯中的发光气体,又如闪电、极光等。金属中的电子气和半导体中的载流子以及电解质溶液也可以看作是等离子体。在地球上,等离子体物质远比固体、液体、气体物质少。在宇宙中,等离子体是物质存在的主要形式,占宇宙中物质总量的99%以上,如恒星(包括太阳)、星际物质以及地球周围的电离层等,都是等离子体。为了研究等离子体的产生和性质以阐明自然界等离子体的运动规律并利用它为人类服务,在天体物理、空间物理,特别是核聚变研究的推动下,近三、四十年来形成了磁流体力学和等离子体动力学。

等离子体由离子、电子以及未电离的中性粒子的集合组成,整体呈中性的物质状态。等离子体可分为两种:高温等离子体和低温等离子体。等离子体温度分别用电子温度和离子温度表示,两者相等称为高温等离子体;不相等则称为低温等离子体。低温等离子体广泛应用于多种生产领域,如等离子电视、婴儿尿布表面防水涂层、增加啤酒瓶阻隔性。更重要的是在计算机芯片中的运用,让网络时代成为现实。

高温等离子体只有在温度足够高时发生,恒星不断地发出这种等离子体。低温等离子体是在常温下发生的等离子体(虽然电子的温度很高)。低温等离子体可以被用于氧化、变性等表面处理或者在有机物和无机物上进行沉淀涂层处理。

二、磁约束

用磁场来约束等离子体中带电粒子的运动,主要为可控核聚变提供理论与技术支持,其主要形式为托卡马克装置和仿星器装置。磁约束的基本原理是带电粒子在磁场中受的洛伦兹力。氘、氚等较轻的原子核聚合成较重的原子核时,会释放大量核能,但这种聚变反应只能在极高温下进行,任何固体材料都将熔毁。因此,需要用特殊形态的磁场把由氘、氚等原子核及自由电子组成的一定密度的高温等离子体约束在有限体积内,使之脱离器壁并限制其热导,这是实现受控热核聚变的重要条件。工作原理:两端呈瓶颈状的磁力线,因瓶颈处磁场(也称为磁镜)较强,能将带电粒子反射回来,从而限制粒子的纵向(沿磁力线方向)移动,使粒子在作回旋运动的同时,不断地来回穿梭,被约束在两端的磁镜之间,但是仍有一部分的轨道与磁力线的夹角小于某值的带电粒子会逃逸出去。为了避免带电粒子的流失,曾经把磁力线连同等离子体弯曲连接成环形;后来又改进为呈 8 字形的圆环形磁力线管,称为仿星器;实验上最有成效的磁约束装置是托卡马克装置,又称环流器,它是环形螺线管,其中的磁力线具有螺旋形状。

# 第 14 章　电磁感应

电流能够激发磁场,但能否利用磁场来产生电流呢? 许多人在这方面做了大量实验。1831 年英国物理学家法拉第发现了电磁感应现象及其规律。本章将介绍电磁感应现象的基本规律、两类感应电动势、自感与互感、磁场的能量。

电磁感应现象的发现,是电磁学领域中最重大的成就之一。法拉第在理论上揭示了电与磁相互联系和转化的重要一面,电磁感应定律本身就是麦克斯韦电磁场理论的基本内容之一。在实践上,它为电工学和电子技术奠定了基础,为人类获得巨大而廉价的电能和进入无线电通信的信息时代开辟了道路。

## 14.1　电磁感应定律

### 14.1.1　电磁感应现象

基本的电磁感应现象可以归纳如下:

(1) 当磁棒移近并插入线圈时,与线圈串联的电流计上有电流通过;磁棒拔出时,电流计上的电流方向相反。磁棒相对线圈的速度越快,线圈中产生的电流就越大。

(2) 用一通有电流的线圈代替上述磁棒时,结果相同。

(3) 如果两个靠近的线圈相互位置固定,当与电源相连的原线圈中电流发生变化时(接通或断开开关,改变电阻大小),也会在另一线圈(副线圈)内引起电流。若线圈中有铁磁性介质棒时,效果更明显。

(4) 把接有电流计的、一边可滑动的导线框放在均匀的恒定磁场中,可滑动的一边运动时线框中有电流。

以上这些现象都是利用磁场产生电流。条件是:穿过闭合回路所包围的面积的磁通量发生变化。对于现象(1)和(2),是由于闭合回路与磁棒或通有电流的线圈的相对运动而导致闭合回路所包围的面积的磁通量发生变化;对于现象(3),则是由于磁场中各点磁感应强度的变化而导致穿过闭合回路所包围的面积的磁通量发生变化;而现象(4)则是由于闭合回路所包围的面积的变化而导致闭合回路所包围的面积的磁通量发生变化。因此,以上现象说明,不管由于什么原因引起通过闭合回路所包围的面积的磁通量发生变化,回路中就会有电流产生,这种现象称为电磁感应现象,回路中产生的电流称为感应电流。感应电流的方向可由楞次定律判断。

### 14.1.2　楞次定律

楞次定律可以表述为：闭合回路中感应电流的方向，总是使它所激发的磁场来阻止引起感应电流的磁通量的变化。或者也可以表述为：感应电流的效果，总是反抗引起感应电流的原因。

楞次定律是能量守恒定律在电磁感应现象上的具体体现。如把磁棒 N 极插入线圈时，线圈中因有感应电流流过，也相当于一根磁棒。由楞次定律可知，线圈的 N 极应出现在上端，与磁棒的 N 极相对。这样，插入磁棒时外力必须克服两个 N 极的斥力做机械功。正是这种机械功转化为感应电流的焦耳热。

在不要求具体确定感应电流方向、只要判断感应电流引起的机械效果时，采用楞次定律的后一种表述来分析问题更为方便。

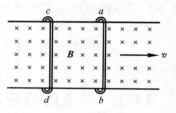

如图 14.1 所示，导体 $ab$ 和 $cd$ 在均匀磁场中可在两根平行的金属导轨上自由滑动。当 $ab$ 向右移动时，$cd$ 如何移动？这个问题只要判断由电磁感应引起的机械效果，可采用楞次定律的后一种表述来分析，因为引起感应电流的原因是 $ab$ 相对于 $cd$ 有向右的相对运动，所以感应电流的效果应当是反抗 $ab$ 相对于 $cd$ 的运动，即 $ab$ 向右移动时，$cd$ 也得向右移动。

图 14.1　楞次定律后一种
表述的应用

整个分析不必指出感应电流方向和导体 $cd$ 所受安培力的方向，显然比较方便。实际上，这也是电磁驱动的原理。

### 14.1.3　法拉第电磁感应定律

电磁感应现象中闭合回路内产生的感应电流是由于闭合回路中存在因电磁感应产生的电动势而形成的，这种电动势称为感应电动势。因而，当穿过闭合回路的磁通量（磁感应强度 $B$ 的通量）发生变化时，回路中将产生感应电动势。法拉第提出的电磁感应定律为：不论任何原因使通过回路面积的磁通量发生变化时，回路中产生的感应电动势与磁通量对时间的变化率成正比。如果采用国际单位制，则此定律表示为

$$\varepsilon_i = -k \frac{d\Phi_m}{dt}$$

式中：$k$ 为比例系数，其值取决于式中各量所采用的单位。

在国际单位制中，电动势以伏特（V）计，磁通量以韦伯（Wb）计，$t$ 以秒（s）计，则 $k = 1$，所以

$$\varepsilon_i = -\frac{d\Phi_m}{dt} \tag{14.1}$$

若线圈密绕 $N$ 匝，则

$$\varepsilon_i = -N\frac{\mathrm{d}\Phi_m}{\mathrm{d}t} = -\frac{\mathrm{d}\Psi_m}{\mathrm{d}t}$$

其中,$\Psi_m = N\Phi_m$ 称为磁通链。

式(14.1)中的负号反映了感应电动势的方向,是楞次定律的数学表示。由式(14.1)确定感应电动势的方向的符号规定如下:先在闭合回路上任意规定一个正绕向,并用右手螺旋法则确定回路所包围的面积的正法线 $\boldsymbol{n}$ 的方向。于是磁通量 $\Phi_m$、磁通量变化率$\dfrac{\mathrm{d}\Phi_m}{\mathrm{d}t}$和感应电动势 $\varepsilon_i$ 的正负均可确定。例如,磁场方向与 $\boldsymbol{n}$ 的方向相同,即磁通量为正值。此时若磁通量增加,则$\dfrac{\mathrm{d}\Phi_m}{\mathrm{d}t}>0$,$\varepsilon_i<0$,表示感应电动势 $\varepsilon_i$ 的方向与规定的正绕向相反;若此时磁通量减少,则$\dfrac{\mathrm{d}\Phi_m}{\mathrm{d}t}<0$,$\varepsilon_i>0$,表示感应电动势 $\varepsilon_i$ 的方向与规定的正绕向相同。磁通量的其他变化情况可类似分析。

对于只有电阻 $R$ 的回路,感应电流

$$i = \frac{\varepsilon_i}{R} = -\frac{1}{R}\frac{\mathrm{d}\Phi_m}{\mathrm{d}t} \tag{14.2}$$

由式(14.2)可确定感应电流的大小。

在 $t_1$ 到 $t_2$ 的一段时间内通过回路导线中任一截面的感应电量为

$$q = \int_{t_1}^{t_2} i\,\mathrm{d}t = -\frac{1}{R}\int_{\Phi_{m2}}^{\Phi_{m1}}\mathrm{d}\Phi_m = \frac{1}{R}(\Phi_{m1} - \Phi_{m2})$$

式中:$\Phi_{m1}$ 和 $\Phi_{m2}$ 分别是时刻 $t_1$ 和 $t_2$ 通过回路的磁通量。

上式表明,在一段时间内通过导线任一截面的电量与这段时间内导线所包围的面积的磁通量的变化量成正比,而与磁通量变化的快慢无关。常用的测量磁感应强度的磁通计(又称高斯计)就是根据这个原理制成的。

**例 14.1** 一长直导线中通有交变电流 $i = I_0\sin\omega t$ 在长直导线旁平行放置一矩形线圈 $abcd$,图 14.2 所示的线圈平面与直导线在同一平面内。已知线圈长为 $l$,宽为 $b$,线圈靠近长直导线的一边离直导线距离为 $a$,求任一瞬间线圈中的感应电动势。

**解** 某一瞬间,距离直导线 $x$ 处的磁感应强度为

$$B = \frac{\mu_0 i}{2\pi x}$$

选顺时针方向为矩形线圈的绕行正方向,则通过图中阴影部分的磁通量为

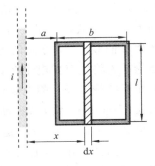

图 14.2 例 14.1 图

$$\mathrm{d}\Phi_m = \boldsymbol{B}\cdot\mathrm{d}\boldsymbol{S} = \frac{\mu_0 i}{2\pi x}l\,\mathrm{d}x$$

在该瞬间 $t$,通过整个线圈的磁通量为

$$\Phi = \int \mathrm{d}\Phi = \int_a^{a+b} \frac{\mu_0 i}{2\pi x} l \, \mathrm{d}x = \frac{\mu_0 l I_0 \sin\omega t}{2\pi} \ln\left(\frac{a+b}{a}\right)$$

由于电流随时间的变化而变化，通过线圈的磁通量也随时间的变化而变化，故线圈内的感应电动势为

$$\varepsilon = -\frac{\mathrm{d}\Phi}{\mathrm{d}t} = -\frac{\mu_0 l I_0 \omega}{2\pi} \ln\left(\frac{a+b}{a}\right) \cos\omega t$$

感应电动势随时间按余弦规律变化，其方向也随余弦值的正负作顺、逆时针转向的变化。

# 14.2　动生电动势与感生电动势

法拉第电磁感应定律说明，不论什么原因，只要穿过回路面积的磁通量发生了变化，回路中就有感应电动势产生。事实上，磁通量的变化不外乎两种原因：一种是回路或其一部分在磁场中有相对磁场的运动，这样产生的感应电动势称为动生电动势；另一种是回路不动，因磁场的变化而产生的感应电动势，称为感生电动势。

## 14.2.1　动生电动势

动生电动势的产生，可以用洛伦兹力来解释。如图 14.3 所示，长为 $l$ 的导体棒与导轨所构成的矩形回路 $abcd$ 平放在纸面内，均匀磁场 $\boldsymbol{B}$ 垂直向里，当导体 $ab$ 以速度 $\boldsymbol{v}$ 沿导轨向右滑动时，导体棒内的自由电子也以速度 $\boldsymbol{v}$ 随之向右运动。电子受到的洛伦兹力为

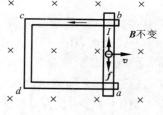

图 14.3　动生电动势

$$\boldsymbol{f} = (-e)\boldsymbol{v} \times \boldsymbol{B}$$

$\boldsymbol{f}$ 的方向从 $b$ 指向 $a$。在洛伦兹力作用下，自由电子有向下的定向漂移运动。如果导轨是导体，在回路中将产生沿曲线 $abcd$ 方向的电流；如果导轨是绝缘体，则洛伦兹力将使自由电子在 $a$ 端积累，使 $a$ 端带负电而 $b$ 端带正电，在 $ab$ 棒上产生自上而下的静电场。静电场对电子的作用力从 $a$ 端指向 $b$，与电子所受洛伦兹力方向相反，当静电力与洛伦兹力达到平衡时，$ab$ 间的电势差达到稳定值，$b$ 端电势比 $a$ 端电势高。由此可见，这段运动导体棒相当于一个电源，它的非静电力就是洛伦兹力。

我们已经知道，电动势定义为把单位正电荷从负极通过电源内部移到正极的过程中，非静电力做的功，在动生电动势的情形中，作用在单位正电荷上的非静电力 $\boldsymbol{E}_k$ 是洛伦兹力，即

$$\boldsymbol{E}_k = \frac{\boldsymbol{f}}{-e} = \boldsymbol{v} \times \boldsymbol{B}$$

所以,动生电动势

$$\varepsilon_{iab} = \int_{-}^{+} \boldsymbol{E}_k \cdot \mathrm{d}\boldsymbol{l} = \int_{a}^{b} (\boldsymbol{v} \times \boldsymbol{B}) \cdot \mathrm{d}\boldsymbol{l} \tag{14.3}$$

一般而言,在任意的稳恒磁场中,一个任意形状的导线 $L$(闭合的或不闭合的)在运动或发生形变时,各个线元 $\mathrm{d}\boldsymbol{l}$ 的速度 $\boldsymbol{v}$ 的大小和方向都可能不同。这时,在整个线圈 $L$ 中所产生的动生电动势为

$$\varepsilon_{i} = \int_{L} (\boldsymbol{v} \times \boldsymbol{B}) \cdot \mathrm{d}\boldsymbol{l} \tag{14.4}$$

式(14.4)提供了计算动生电动势的方法。

我们知道,洛伦兹力总是垂直于电荷的运动速度,即 $\boldsymbol{f} \perp \boldsymbol{v}$,因此洛伦兹力对电荷不做功。然而,当导体棒与导轨构成的回路中有感应电流时,感应电动势是要做功的。那么做功的能量从何而来呢? 为了说明这个问题,我们必须考虑到,在运动导体中自由电子不但具有导体本身的运动速度 $\boldsymbol{v}$,而且还具有相对于导体的定向运动速度 $\boldsymbol{u}$,如图 14.4 所示。于是,自由电子所受到的总洛伦兹力为

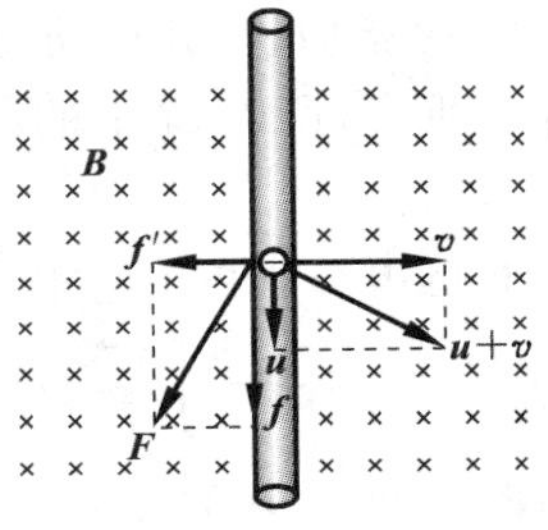

图 14.4　洛伦兹力不做功

$$\boldsymbol{F} = -e(\boldsymbol{u}+\boldsymbol{v}) \times \boldsymbol{B} = -e\boldsymbol{u} \times \boldsymbol{B} - e\boldsymbol{v} \times \boldsymbol{B} = \boldsymbol{f}' + \boldsymbol{f}$$

这个力 $\boldsymbol{F}$ 与合速度 $\boldsymbol{V}=\boldsymbol{u}+\boldsymbol{v}$ 的点乘为功率,即

$$p = \boldsymbol{F} \cdot \boldsymbol{V} = (\boldsymbol{f}'+\boldsymbol{f}) \cdot (\boldsymbol{u}+\boldsymbol{v}) = \boldsymbol{f} \cdot \boldsymbol{u} + \boldsymbol{f}' \cdot \boldsymbol{v} = +evBu - euBv = 0$$

所以,实际上 $\boldsymbol{F} \perp \boldsymbol{V}$,即总洛伦兹力对电子不做功。然而为使导体棒保持速度为 $\boldsymbol{v}$ 的匀速运动,必须施加外力 $\boldsymbol{f}$。以克服洛伦兹力的一个分力 $\boldsymbol{f}' = -e\boldsymbol{u} \times \boldsymbol{B}$。利用上式 $-\boldsymbol{f}' \cdot \boldsymbol{v} = \boldsymbol{f} \cdot \boldsymbol{u}$ 的结果可以看到,外力克服 $\boldsymbol{f}'$ 做功的功率为 $\boldsymbol{f}_0 \cdot \boldsymbol{v} = -\boldsymbol{f}' \cdot \boldsymbol{v} = \boldsymbol{f} \cdot \boldsymbol{u}$。这就是说,外力克服洛伦兹力的一个分量 $\boldsymbol{f}'$ 所做的功的功率 $\boldsymbol{f}_0 \cdot \boldsymbol{v}$ 等于通过洛伦兹力的另一个分量 $\boldsymbol{f}$ 对电子的定向运动做正功的功率 $\boldsymbol{f} \cdot \boldsymbol{u}$,从而外力做的功全部转化为感应电流的能量。洛伦兹力起到了能量转化的传递作用,但前提是运动导体中必须有能自由移动的电荷。

## 14.2.2　动生电动势的计算

动生电动势可用两种方法计算:

(1) 对闭合回路,用 $\varepsilon = -\dfrac{\mathrm{d}\Phi}{\mathrm{d}t}$ 求 $\Phi$ 及其变化,即可得 $\varepsilon$ 大小及方向;

(2) 非闭合回路:

① 可设想一回路,再用 $\varepsilon = -\dfrac{\mathrm{d}\Phi}{\mathrm{d}t}$ 求得,但设想的回路不能改变其原来的宏观的效果;

② 可直接用 $\varepsilon_{ab} = \int_a^b (\boldsymbol{v} \times \boldsymbol{B}) \cdot \mathrm{d}\boldsymbol{l}$ 求得,若 $\varepsilon_{ab} > 0$,则电动势方向为 $a \to b, b$ 为高电势端。

**例 14.2**　如图 14.5 所示,铜棒 $OA$ 长 $L = 50$ cm,处在方向垂直纸面向内的均匀磁场($B = 0.01$ T)中,沿逆时针方向绕 $O$ 轴转动,角速率 $\omega = 100\pi$ rad/s,求铜棒中的动生电动势大小及方向。如果是半径为 50 cm 的铜盘以上述角速度转动,求盘中心和边缘之间的电势差。

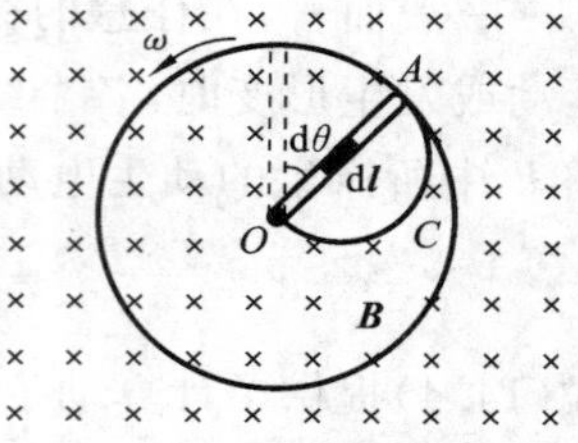

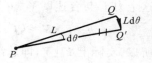

图 14.5　例 14.2 图

**解**　方法一:在铜棒上距 $O$ 点为 $l$ 处取线元 $\mathrm{d}\boldsymbol{l}$,其方向沿 $O$ 指向 $A$,其运动速度的大小为 $v = \omega l$,显然 $\boldsymbol{v}$、$\boldsymbol{B}$、$\mathrm{d}\boldsymbol{l}$ 相互垂直,所以 $\mathrm{d}\boldsymbol{l}$ 上的动生电动势为

$$\mathrm{d}\varepsilon_i = (\boldsymbol{v} \times \boldsymbol{B}) \cdot \mathrm{d}\boldsymbol{l} = vB\mathrm{d}l$$

由此可得金属棒上总电动势为

$$\varepsilon_i = \int_0^L B\omega l \, \mathrm{d}l = \frac{1}{2} B\omega L^2 = \frac{0.01 \times 100\pi \times 0.5^2}{2} \text{ V} = 0.39 \text{ V}$$

由图可知 $\boldsymbol{v} \times \boldsymbol{B}$ 的方向由 $A$ 指向 $O$,此即电动势的方向

$$V_O - V_A = 0.39 \text{ V}$$

方法二:如图 14.6 所示,作辅助线,形成闭合回路

$$\Delta\Phi = B \frac{1}{2} LL\Delta\theta = \frac{1}{2} BL^2 \Delta\theta$$

所以,铜棒中的电动势为

$$\varepsilon_i = \frac{\Delta\Phi}{\Delta t} = \frac{1}{2} BL^2 \frac{\Delta\theta}{\Delta t} = \frac{1}{2} BL^2 \omega$$

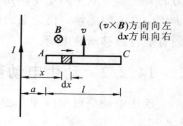

图 14.6

结果与上一解法完全相同。如果是铜盘转动,等效于无数铜棒并联,因此,铜盘中心与边缘电势差仍为 0.39 V。此为一种简易发电机模型。

**例 14.3**　如图 14.7 所示,一长直导线中通有电流 $I = 10$ A,有一长 $l = 0.2$ m 的金属棒 $AC$,以 $v = 2$ m/s 的速度平行于长直导线作匀速运动,棒的近导线端距导线 $a = 0.1$ m,求金属棒中的动生电动势。

**解**　金属棒处在通电导线的非均匀磁场中,将金属棒分成很多长度元 $\mathrm{d}x$,每一个 $\mathrm{d}x$ 处的磁场可看作是均匀的,其处的 $B = \dfrac{\mu_0 I}{2\pi x}$。

图 14.7　例 14.3 图 1

由动生电动势公式可知,$\mathrm{d}x$ 小段上的动生电动势为

$$\mathrm{d}\varepsilon = -Bv\mathrm{d}x = -\frac{\mu_0 I}{2\pi x} v \mathrm{d}x$$

由于所有长度元上产生的动生电动势的方向相同,故金属棒中的总电动势为

$$\varepsilon_{AC} = \int \mathrm{d}\varepsilon = \int_a^{a+l} -\frac{\mu_0 I}{2\pi x} v \,\mathrm{d}x = -\frac{\mu_0 I}{2\pi} v \ln\frac{a+l}{a} = -4.4 \times 10^{-6}\ \mathrm{V}$$

说明电动势的方向由 $C$ 指向 $A$,$A$ 为高电势端。

此题也可用作辅助线的方法进行求解:如图 14.8 所示,

$$\mathrm{d}\phi = \frac{\mu_0 I}{2\pi x} l' \,\mathrm{d}x$$

$$\phi = \int \mathrm{d}\phi = \frac{\mu_0 I}{2\pi x} l' \ln\frac{a+l}{a}$$

$$\varepsilon_{AC} = -\frac{\mathrm{d}\Phi}{\mathrm{d}t} = \frac{\mu_0 I}{2\pi} v \ln\frac{a+l}{a} = -4.4 \times 10^{-6}\ \mathrm{V}$$

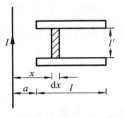

图 14.8 例 14.3 图 2

## 14.2.3 感生电动势

如上所述,导体在磁场中运动产生动生电动势,其非静电力是洛伦兹力,在因磁场变化而产生感生电动势的情况下,导体回路不动,其非静电力不可能是洛伦兹力。然而人们发现,不论回路的形状及导体的性质和温度如何,只要磁场变化导致穿过回路的磁通量发生了变化,就会有数值等于 $\dfrac{\mathrm{d}\Phi_\mathrm{m}}{\mathrm{d}t}$ 的感生电动势在回路上产生,这说明感生电动势的产生只是变化的磁场本身引起的。在分析电磁感应现象的基础上,麦克斯韦提出:变化的磁场在其周围空间激发一种新的电场,这种电场称为感生电场或涡旋电场,用 $\boldsymbol{E}_\mathrm{r}$ 表示。

涡旋电场与静电场的共同之处在于,它们都是一种客观存在的物质,它们对电荷都有作用力。涡旋电场与静电场的不同之处在于,涡旋电场不是由电荷激发,而是由变化的磁场激发,它的电场线是闭合的,即 $\oint \boldsymbol{E}_\mathrm{r} \cdot \mathrm{d}\boldsymbol{l} \neq 0$。涡旋电场不是保守场,而在回路中产生感生电动势的非静电力正是这一涡旋电场力,即

$$\varepsilon_\mathrm{i} = \oint_L \boldsymbol{E}_\mathrm{r} \cdot \mathrm{d}\boldsymbol{l} = -\frac{\mathrm{d}\Phi_\mathrm{m}}{\mathrm{d}t}$$

因为对 $l$ 围成的面积为 $S$,磁通量为

$$\Phi_\mathrm{m} = \int_S \boldsymbol{B} \cdot \mathrm{d}\boldsymbol{S}$$

所以感生电动势可表示为

$$\varepsilon_\mathrm{i} = \oint_L \boldsymbol{E}_\mathrm{r} \cdot \mathrm{d}\boldsymbol{l} = -\frac{\mathrm{d}}{\mathrm{d}t} \int_S \boldsymbol{B} \cdot \mathrm{d}\boldsymbol{S}$$

当闭合回路不动时,可以把对时间的微商和对曲面 $S$ 的积分两个运算的顺序交换,得

$$\oint_L \boldsymbol{E}_\mathrm{r} \cdot \mathrm{d}\boldsymbol{l} = -\int_S \frac{\partial \boldsymbol{B}}{\partial t} \cdot \mathrm{d}\boldsymbol{S} \tag{14.5}$$

这就是法拉第电磁感应定律的积分形式。式(14.5)中的负号表示 $E_r$ 与 $\dfrac{\partial \boldsymbol{B}}{\partial t}$ 构成左手螺旋关系,是楞次定律的数学表示。

如果同时存在静电场 $E_e$,则总电场 $E$ 等于涡旋电场 $E_r$ 与静电场 $E_e$ 的矢量和,并且有静电场环流定理 $\oint_L \boldsymbol{E}_e \cdot \mathrm{d}\boldsymbol{l} = 0$,所以不难得到,对总电场 $\boldsymbol{E} = \boldsymbol{E}_r + \boldsymbol{E}_e$ 而言,有

$$\oint_l \boldsymbol{E} \cdot \mathrm{d}\boldsymbol{l} = -\oint_s \frac{\partial \boldsymbol{B}}{\partial t} \cdot \mathrm{d}\boldsymbol{S} \tag{14.6}$$

这是麦克斯韦方程组的基本方程之一。

**例 14.4**　如图 14.9 所示,半径为 $R$ 的圆柱形空间内分布有沿圆柱轴线方向的均匀磁场,磁场方向垂直纸面向里,其变化率为 $\dfrac{\mathrm{d}B}{\mathrm{d}t}$。试求(1)圆柱形空间内、外涡旋电场 $E_r$ 的分布;(2)若 $\dfrac{\mathrm{d}B}{\mathrm{d}t} > 0$,把长为 $L$ 的导体 $ab$ 放在圆柱截面上,则 $\varepsilon_{ab}$ 等于多少?

**解**　(1) 由于场的对称性,变化磁场所激发的感生电场的电场线在管内外都是与螺线管同轴的同心圆,如图 14.9 所示,$E_r$ 处处与圆线相切,且在同一条电场线上 $E_r$ 的大小处处相等。任取一电场线作为闭合回路,则由式(14.6)可求出离轴线为 $r$ 处的感生电场的大小为

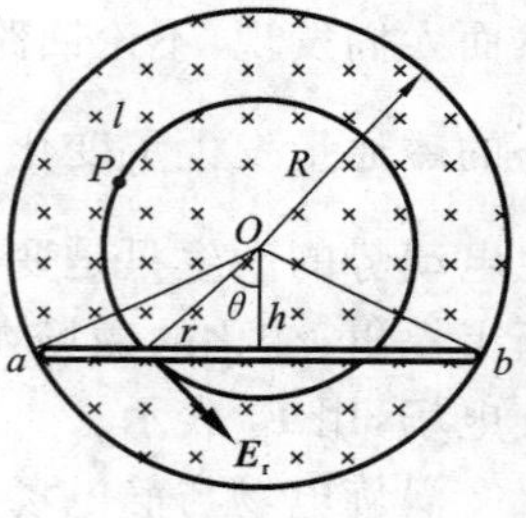

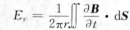

图 14.9　例 14.4 图

$$\oint_l \boldsymbol{E} \cdot \mathrm{d}\boldsymbol{l} = 2\pi r E_r = -\iint \frac{\partial \boldsymbol{B}}{\partial t} \cdot \mathrm{d}\boldsymbol{S}$$

或

$$E_r = \frac{1}{2\pi r} \iint \frac{\partial \boldsymbol{B}}{\partial t} \cdot \mathrm{d}\boldsymbol{S}$$

式中:$S$ 是以所取回路为边线的任一曲面。

当 $r < R$,即所考察的场点在螺线管内时,我们选回路所围的圆面作为积分面,在这个面上各点的 $\dfrac{\mathrm{d}B}{\mathrm{d}t}$ 相等且和面法线的方向平行,故上式右边的面积分为

$$\iint \frac{\partial \boldsymbol{B}}{\partial t} \cdot \mathrm{d}\boldsymbol{S} = \iint \frac{\partial B}{\partial t} \mathrm{d}S = \pi r^2 \frac{\mathrm{d}B}{\mathrm{d}t}$$

由此可得 $r < R$ 处的感生电场为

$$E_r = -\frac{r}{2} \frac{\mathrm{d}B}{\mathrm{d}t}$$

$E_r$ 的方向沿圆周切线,指向与圆周内的 $\dfrac{\mathrm{d}\boldsymbol{B}}{\mathrm{d}t}$ 成左旋关系。

当 $r > R$,即考虑的场点在螺线管外时,右边的面积分包容螺线管的整个截面,因

为只有管内的 $\dfrac{\mathrm{d}\boldsymbol{B}}{\mathrm{d}t}$ 不为零，显然

$$\iint \dfrac{\partial \boldsymbol{B}}{\partial t} \cdot \mathrm{d}\boldsymbol{S} = \pi R^2 \dfrac{\mathrm{d}B}{\mathrm{d}t}$$

于是可得管外各点的感生电场为

$$E_r = -\dfrac{R^2}{2r}\dfrac{\mathrm{d}B}{\mathrm{d}t}$$

（2）当 $\dfrac{\mathrm{d}B}{\mathrm{d}t}>0$ 时，$E_r<0$，即沿逆时针方向。

方法一：用电动势定义求解。

根据上面的结果，在螺线管内 $E_r = -\dfrac{r}{2}\dfrac{\mathrm{d}B}{\mathrm{d}t}(r<R)$。在金属棒上取 $\mathrm{d}l$，$\mathrm{d}l$ 上的感生电动势为

$$\mathrm{d}\varepsilon = \boldsymbol{E}_r \cdot \mathrm{d}\boldsymbol{l} = \dfrac{r}{2}\dfrac{\mathrm{d}B}{\mathrm{d}t}\cos\theta = \dfrac{h}{2}\dfrac{\mathrm{d}B}{\mathrm{d}t}\mathrm{d}l$$

得

$$\varepsilon_{ab} = \int_a^b \mathrm{d}\varepsilon = \int_0^L \dfrac{h}{2}\dfrac{\mathrm{d}B}{\mathrm{d}t}\mathrm{d}l = \dfrac{1}{2}hL\dfrac{\mathrm{d}B}{\mathrm{d}t}$$

由 $\dfrac{\mathrm{d}B}{\mathrm{d}t}>0$，故 $\varepsilon>0$，说明电动势 $a$ 端为负，$b$ 端为正。电源开路，无电流。

方法二：用法拉第电磁感应定律求解。

取 $OabO$ 为闭合回路，回路的面积为 $S=\dfrac{1}{2}hL$，穿过 $S$ 的磁通量为

$$\Phi = -\dfrac{1}{2}hLB$$

由法拉第电磁感应定律，得

$$\varepsilon = -\dfrac{\mathrm{d}\Phi}{\mathrm{d}t} = \dfrac{1}{2}hL\dfrac{\mathrm{d}B}{\mathrm{d}t}$$

$$\varepsilon_{ab} = \varepsilon - \varepsilon_{Oa} - \varepsilon_{bO} = -\dfrac{\mathrm{d}\Phi}{\mathrm{d}t} = \dfrac{1}{2}hL\dfrac{\mathrm{d}B}{\mathrm{d}t}$$

因为

$$\varepsilon_{Oa} = \varepsilon_{bO} = 0$$

所以

$$\varepsilon_{ab} = \dfrac{hL}{2}\dfrac{\mathrm{d}B}{\mathrm{d}t}$$

结果与方法一相同。

## 14.2.4　电子感应加速器

作为感生电动势的一个重要应用，我们讨论电子感应加速器。它的结构如图

14.10 所示,在电磁铁极间放一个环形真空室。电磁铁线圈中通以交变电流,在两磁极间产生交变磁场。交变磁场又在真空室内激发涡旋电场,电子由电子枪注入环形真空室时,在磁场施加的洛伦兹力和涡旋电场的电场力共同作用下电子作加速圆周运动,由于磁场和涡旋电场都是周期性变化的,只有在涡旋电场的方向与电子绕行方向相反时,电子才能得到加速,所以每次电子束注入并得到加速后,要在涡旋电场的方向改变之前把电子束引出使用。容易分析出,电子得到加速的时间最长只是交变电流周

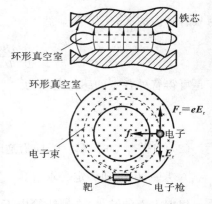

图 14.10　电子感应加速器

期 $T$ 的四分之一。这个时间虽短,但由于电子束注入真空室时初速度相当大,所以在加速的短时间内,电子束已在环内加速绕行了几十万圈,小型电子感应加速器可把电子加速到 $0.1 \sim 1$ MeV,用来产生 X 射线,大型的加速器能量可达到数百兆电子伏,用于科学研究。

## * 14.2.5　涡电流

在一些设备中,常常遇到大块的金属导体在磁场中运动或者处在变化的磁场中。此时,金属内部也会有感生电流,这种在金属导体内部自成闭合回路的电流称为涡电流。由于在大块金属中电流流经的横截面积很大、电阻很小,所以涡电流可能达到很大的数值。

利用涡电流的热效应可以使金属导体加热。例如,高频感应冶金炉就是把难熔或贵重的金属放在陶瓷坩埚里,坩埚外面套上线圈,线圈中通以高频电流,利用高频电流激发的交变磁场在金属中产生的涡电流的热效应把金属熔化。在真空技术方面,也广泛利用涡电流给待抽真空仪器内的金属部分加热,以清除附在其表面的气体。

大块金属导体在磁场中运动时,导体上产生涡电流。反过来,有涡电流的导体又受到磁场的安培力的作用,根据楞次定律,安培力阻碍金属导体在磁场中的运动,这就是电磁阻尼原理。一般的电磁测量仪器中,都设计有电磁阻尼装置。

涡电流的产生,当然要消耗能量,最后变为焦耳热,在发电机和变压器的铁芯中就有这种能量损失,称为涡流损耗。为了减少这种损失,我们可以把铁芯做成层状,层与层之间用绝缘材料隔开,以减少涡流,一般变压器铁芯均做成叠片式就是这个道理。另外,为减小涡电流,应增大铁芯电阻,所以常用电阻率较大的硅钢做铁芯材料。

一段柱状的均匀导体通过直流电流时,电流在导体的横截面上是均匀分布的。

然而交流电流通过柱状导体时,由于交变电流激发的交变磁场会在导体中产生涡电流,涡电流使得交变电流在导体的横截面上不再均匀分布,而是越靠近导体表面处电流密度越大,这种交变电流集中于导体表面的效应称为趋肤效应。严格地解释趋肤效应必须求解电磁场方程组,趋肤效应使得我们在高频电路中可以用空心导线代替实心导线。在工业应用方面,利用趋肤效应可以对金属进行表面淬火。

# 14.3 自感应和互感应

## 14.3.1 自感应

作为法拉第电磁感应定律的特例,下面讨论两个在电工、无线电技术有着广泛应用的电磁感应现象——自感应和互感应。

电流流过线圈时,其磁感线将穿过线圈本身,因而给线圈提供了磁通,如果电流随时间变化而变化,线圈中就会因磁通量变化而产生感生电动势,这种现象称为自感现象。

自感现象可用图 14.11 所示的实验来演示,在图(a)中 $A_1$、$A_2$ 是两个相同的小灯泡,$L$ 是带铁芯的多匝线圈,$R$ 是电阻,其阻值与 $L$ 的阻值相等,接通开关 K,灯泡 $A_1$ 立即就亮而灯泡 $A_2$ 则逐渐变亮,最后与 $A_1$ 亮度相同,这说明,由于 $L$ 中存在自感电动势,电流的增大是比较迟缓的,自感的这种作用称为"电磁惯性"。

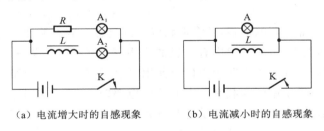

(a) 电流增大时的自感现象　　　(b) 电流减小时的自感现象

图 14.11 自感现象

而在图 14.11(b)中,开关断开时,我们看到的灯泡 A 不会立即熄灭,而是猛然一亮,然后逐渐熄灭,这是因为开关切断时,线圈 $L$ 与电源脱离。$L$ 上的电流从有变无,是一个减小的过程,线圈 $L$ 上的自感电动势将阻碍电流的减小,所以线圈上的电流不应立即减为零。但此时开关 K 已切断,线圈 $L$ 上的电流只能通过灯泡 A 而闭合,因此灯泡 A 不会立即熄灭,实验中设计线圈 $L$ 的电阻远小于灯泡 A 的电阻,在开关 K 连通、电路处于稳定状态时,流过线圈的电流远大于流过灯泡的电流,在切断开关的极短瞬间,流过线圈的电流就流过灯泡,使灯泡猛然一亮,但由于线圈与灯泡已脱离了电源,所以电流必将逐渐减小为零,因而灯泡逐渐熄灭。

不同线圈产生自感现象的能力不同,一个密绕的 $N$ 匝线圈,每一匝可近似看成一条闭合曲线,线圈中电流激发的穿过每匝的磁通近似相等,记作 $\Phi_{m自}$,因为整个线圈是 $N$ 匝相同的线圈串联,所以整个线圈的自感电动势为

$$\varepsilon_{自} = -N\frac{\mathrm{d}\Phi_{m自}}{\mathrm{d}t} = -\frac{\mathrm{d}(N\Phi_{m自})}{\mathrm{d}t}$$

令 $\psi_{m自} = N\Phi_{m自}$,称为线圈的自感磁通链,则

$$\varepsilon_{自} = -\frac{\mathrm{d}\psi_{m自}}{\mathrm{d}t}$$

根据毕奥-萨伐尔定律,电流在空间各点激发的磁感应强度 $B$ 都与电流 $I$ 成正比(有铁芯的线圈除外),而对同一个线圈,$\Phi_{m自}$ 又与 $B$ 成正比,故 $\Psi_{m自}$ 与 $I$ 成正比,即

$$\Phi_{m自} \propto I$$

写成等式

$$\Phi_{m自} = LI$$

比例系数 $L$ 称为线圈的自感系数,简称自感,它只依赖线圈本身的形状、大小及介质的磁导率,而与电流无关(有铁芯的线圈除外)。引入自感后,自感电动势为

$$\varepsilon_{自} = -L\frac{\mathrm{d}I}{\mathrm{d}t} \tag{14.7}$$

上式中规定 $\varepsilon_{自}$ 与 $I$ 的正向相同,$\varepsilon_{自}$ 与 $\Phi_{m自}$ 成右手螺旋关系,在国际单位制中,$L$ 的单位是亨利(H),1 亨利 $=\frac{1\ \text{韦伯}}{1\ \text{安培}}$。

对于真空中长直密绕螺线管,容易计算其自感 $L = \mu_0 n^2 V$,其中 $n$ 是单位长度匝数,$V$ 为螺线管内部空间的体积,任意形状线圈的自感系数不易计算,多由测量得到。

自感现象在电工、电子技术中有广泛的应用。日光灯镇流器是自感用在电工技术中最简单的例子,在电子电路中也广泛使用自感,如自感与电容组成的谐振电路和滤波器等,在供电系统中切断载有强大电流的电路时,由于电路中自感元件的作用,开关触头处会出现强烈的电弧,容易危及设备与人身安全,为避免事故,必须使用带有灭弧结构的特殊开关,如油开关等。

## 14.3.2　互感应

如图 14.12 所示,两个邻近的线圈(1)和线圈(2)分别通有电流 $I_1$ 和 $I_2$,当其中一个线圈的电流发生变化时,在另一个线圈中会产生感生电动势,这种因两个载流线圈中的电流变化而相互在对方线圈中激起感应电动势的现象称为互感应现象。

在两线圈的形状、相互位置保持不变时,根据毕奥-萨伐尔定律,由电流 $I_1$ 产生的空间各点磁感应强度 $B_1$ 均与 $I_1$ 成正比,因而 $B_1$ 穿过另一线圈(2)的磁通链 $\psi_{m21}$ 也与电流 $I_1$ 成正比,即

$$\psi_{m21} = M_{21}I_1$$

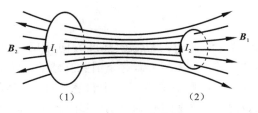

图 14.12　互感现象

同理,

$$\psi_{m12} = M_{12} I_2$$

式中: $M_{21}$ 和 $M_{12}$ 是两个比例系数,实验与理论均证明 $M_{21} = M_{12}$,故用 $M$ 表示,称为两线圈的互感系数,简称互感。

根据法拉第电磁感应定律,电流 $I_1$ 的变化在线圈(2)中产生的互感电动势为

$$\varepsilon_{21} = -M \frac{dI_1}{dt} \tag{14.8a}$$

同理,电流 $I_2$ 的变化在线圈(1)中产生的互感电动势为

$$\varepsilon_{12} = -M \frac{dI_2}{dt} \tag{14.8b}$$

互感系数的单位与自感系数的相同,互感系数不易计算,一般常用实验测定。

**例 14.5**　一矩形线圈长为 $a$,宽为 $b$,由 100 匝表面绝缘的导线组成,放在一根很长的导线旁边并与之共面。求图 14.13 中(a)、(b)两种情况下线圈与长直导线之间的互感。

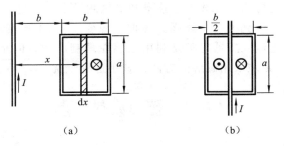

(a)　　　　　　　　　　(b)

图 14.13　例 14.5 图

**解**　如图 14.13(a)所示,已知长导线在矩形线圈 $x$ 处磁感应强度为

$$B = \frac{\mu_0 I}{2\pi x}$$

通过线圈的磁通链数为

$$\psi_m = \int_b^{2b} \frac{N\mu_0 I}{2\pi x} a \, dx = \frac{N\mu_0 Ia}{2\pi} \ln \frac{2b}{b}$$

所以,线圈与长导线的互感为

$$M = \frac{\phi}{I} = \frac{N\mu_0 a}{2\pi} \ln 2$$

在图 14.13(b)中，直导线两边的磁感应强度方向相反且以导线为轴对称分布，通过矩形线圈的磁通链为零，所以 $M = 0$，这是消除互感的方法之一。

两个有互感耦合的线圈串联后等效于一个自感线圈，但其等效自感系数不等于原来两线圈的自感系数之和。如图 14.14 所示，其中图 14.14(a)所示的连接方式称为顺接，其连接后的等效自感 $L$ 为

$$L = L_1 + L_2 + 2M$$

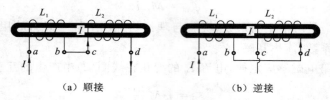

（a）顺接　　　　　　　　　　（b）逆接

图 14.14　自感线圈的串联

图 14.14(b)所示的连接方式称为逆接，其连接后的等效自感 $L$ 为

$$L = L_1 + L_2 - 2M$$

上式中，$M$ 是两线圈的互感。顺便指出，由上述关系可知，一个自感线圈分成相等的两部分后，每一部分的自感均小于原线圈自感的二分之一。在无磁漏的情况下可以证明 $M = \sqrt{L_1 L_2}$。以上结果请读者自行推导。在考虑磁漏的情况下，$M = K\sqrt{L_1 L_2}$，$K \ll 1$，称为耦合系数。

互感现象被广泛应用于无线电子技术和电磁测量中。通过互感线圈能够使能量或信号由一个线圈传递到另一个线圈。各种电源变压器、中周变压器、输入/输出变压器、电压互感器、电流互感器等都是利用互感原理制成的。但是，电路之间的互感也会引起相互干扰，必须采用磁屏蔽方法来减小这种干扰。

# 14.4　磁 场 能 量

## 14.4.1　自感磁能

自感为 $L$ 的线圈与电源接通，线圈中的电流 $i$ 将要由零增大至恒定值 $I$，这一电流变化在线圈中所产生的自感电动势与电流方向相反，起着阻碍电流增大的作用。因此，自感电动势 $\varepsilon_i = -L\dfrac{\mathrm{d}i}{\mathrm{d}t}$ 做负功，在建立电流 $I$ 的整个过程中，外电源不仅要供给电路产生焦耳热的能量，而且还要反抗自感电动势做功 $W$，即

$$W = \int \mathrm{d}W = \int_0^\infty (-\varepsilon) i\,\mathrm{d}t = \int_0^\infty L\frac{\mathrm{d}i}{\mathrm{d}t} i\,\mathrm{d}t = \int_0^I Li\,\mathrm{d}i = \frac{1}{2}LI^2$$

电源反抗自感电动势所做功 $W$ 转为储存在线圈中的能量,称为自感磁能,即

$$W_m = \frac{1}{2}LI^2 \tag{14.9}$$

在图 14.11(b)中切断开关后,灯泡 A 不立即熄灭而是猛的一亮,然后逐渐熄灭,就是线圈中所储存的磁能通过自感电动势做功全部释放出来,变成灯泡 A 在很短时间所发生的光能和热能。

## 14.4.2　磁场能量

与电场一样,磁能是定域在磁场中的,我们可以从通电自感线圈存储自感磁能的公式导出磁场的能量密度公式。长直密绕螺线管的自感 $L = \mu_0 n^2 V$,如果管内充满均匀磁介质(非铁磁质),则 $L = \mu n^2 V$,$\mu$ 为磁介质的磁导率,当螺线管通以电流 $I$ 时,它所储存的磁能为

$$W_m = \frac{1}{2}LI^2 = \frac{1}{2}\mu n^2 V I^2$$

因为长螺线管内 $H = nI, B = \mu nI$,所以

$$W_m = \frac{1}{2}\mu n I n I V = \frac{1}{2}BHV$$

$V$ 是螺线管内部空间体积,也就是磁场存在的空间体积,并且螺线管内部都是均匀磁场,所以

$$\omega_m = \frac{W_m}{V} = \frac{1}{2}BH \tag{14.10}$$

$\omega_m$ 表示磁场中单位体积的能量,称为磁场能量密度。可以证明,在普遍情况下,如果 $\boldsymbol{B}$ 与 $\boldsymbol{H}$ 的方向不同,则

$$\omega_m = \frac{1}{2}\boldsymbol{B} \cdot \boldsymbol{H}$$

而总磁场能量等于磁能密度对磁场所占有的全部空间的积分,即

$$W_m = \int_V \frac{1}{2}\boldsymbol{B} \cdot \boldsymbol{H} dV \tag{14.11}$$

对于一个载流线圈有

$$\frac{1}{2}LI^2 = \int_V \frac{1}{2}\boldsymbol{B} \cdot \boldsymbol{H} dV = W_m$$

上式不仅为自感 $L$ 提供了另一种计算方法,而且对于有限横截面积的导体来说(即导线的横截面积不能忽略时),它还为自感提供了基本的定义,即磁能法定义自感 $L = \dfrac{2W_m}{I^2}$。

**例 14.6**　求无限长圆柱形同轴电缆长为 $l$ 的一段中磁场的能量及自感。设内、外导体的截面半径分别为 $R_1$、$R_2 (R_1 > R_2)$,电缆通有电流 $I$,两导体之间磁介质的磁

导率假设为 $\mu_0$。

**解** 作为传输超高频信号(如微波)的同轴电缆,由于趋肤效应,磁场只存在于两导体之间,即 $R_1 < r < R_2$ 的空间内。利用安培环路定理不难求得磁场分布为

$$H = \frac{I}{2\pi r}, \quad B = \mu_0 H = \frac{\mu_0 I}{2\pi r}$$

所以磁场能量密度为

$$\omega_m = \frac{1}{2} BH = \frac{\mu_0 I^2}{8\pi^2 r^2}$$

在长为 $l$ 的一段同轴电缆内总的磁场能量为

$$W_m = \int_V \omega_m dV = \int_{R_1}^{R_2} \frac{\mu_0 I^2}{8\pi^2 r^2} l 2\pi r dr = \frac{\mu_0 I^2 l}{4\pi} \ln \frac{R_2}{R_1}$$

所以

$$L = \frac{2W_m}{I^2} = \frac{\mu_0 l}{2\pi} \ln \frac{R_2}{R_1}$$

# 14.5   位移电流   电磁场理论

麦克斯韦系统地总结了库仑、法拉第等人的电磁学说的全部成就,并在此基础上提出了"涡旋电场"和"位移电流"的假说。他指出:不仅变化的磁场可以产生(涡旋)电场,而且变化的电场也可以产生磁场。在相对论出现之前,麦克斯韦就揭示了电场和磁场的内在联系,把电场和磁场统一为电磁场,并归纳出电磁场的基本方程——麦克斯韦方程组,建立了完整的电磁场理论体系。1864 年,麦克斯韦从他建立的电磁理论出发预言了电磁波的存在,并论证了光是一种电磁波。1888 年,赫兹利用振荡器,在实验上证实了麦克斯韦的这一预言,麦克斯韦的电磁理论,对科学技术和社会生产力的发展起到了重大的推动作用。

## 14.5.1   位移电流

### 1. 电磁场的基本规律

对于静电场,由库仑定律和电场强度叠加原理,可以导出描述电场性质的高斯定理和静电场环流定理:

$$\oint_S \boldsymbol{D} \cdot d\boldsymbol{S} = \sum q_i \tag{14.12}$$

$$\oint_l \boldsymbol{E} \cdot d\boldsymbol{l} = 0 \tag{14.13}$$

对于稳恒磁场,由毕奥-萨伐尔定律和电场强度叠加原理,可以导出描述稳恒磁场性质的"高斯定理"和安培环路定理:

$$\oint_S \boldsymbol{B} \cdot \mathrm{d}\boldsymbol{S} = 0 \tag{14.14}$$

$$\oint_l \boldsymbol{H} \cdot \mathrm{d}\boldsymbol{l} = \sum I_i \tag{14.15}$$

对于变化的磁场,麦克斯韦提出,感生电动势现象预示着变化的磁场周围产生了涡旋电场。于是,法拉第电磁感应定律就表明了,在普遍(非稳恒)情况下的环流定理为

$$\oint_l \boldsymbol{E} \cdot \mathrm{d}\boldsymbol{l} = -\int_S \frac{\partial \boldsymbol{B}}{\partial t} \cdot \mathrm{d}\boldsymbol{S} \tag{14.16}$$

注意:式(14.16)中的电场 $\boldsymbol{E}$ 包括静电场和非稳恒电场的总和,而静电场的环流定理式(14.13)只是它的一个特例。

从当时的实验资料和理论分析,都没有发现电场的高斯定理和磁场的高斯定理在非稳恒条件下有什么不合理的地方。麦克斯韦假定它们在普遍(非稳恒)情况下仍应成立。然而,麦克斯韦在分析安培环路定理时发现,将它应用到非稳恒磁场时遇到了困难。

**2. 传导电流和位移电流**

在稳恒条件下,无论载流回路周围是真空还是磁介质,安培环路定理都可以写成

$$\oint_l \boldsymbol{H} \cdot \mathrm{d}\boldsymbol{l} = \sum I_i = \int_S \boldsymbol{j}_0 \cdot \mathrm{d}\boldsymbol{S} \tag{14.17}$$

其中 $\sum I_i$ 是穿过以闭合回路 $l$ 为边界的任意曲面 $S$ 的传导电流,等于传导电流密度 $\boldsymbol{j}_0$ 在 $S$ 面上的通量。

由 $\boldsymbol{j}_0$ 的定义可知,式(14.17)中的电流实际上表示净流出封闭面的电流,也就是单位时间从封闭面向外流出的正电荷的电量,根据电荷守恒定律,通过封闭面流出的电量应等于封闭面内电荷 $q$ 的减少。因此,式(14.17)应该等于 $q$ 的减少率,即

$$\oint_S \boldsymbol{j}_0 \cdot \mathrm{d}\boldsymbol{S} = -\frac{\mathrm{d}q}{\mathrm{d}t} \tag{14.18}$$

这一关系式称为电流的连续性方程。

导体内各处的电流密度都不随时间变化的电流称为稳恒电流,稳恒电流的一个重要性质就是通过任一封闭曲面的稳恒电流等于零,即

$$\oint_S \boldsymbol{j}_0 \cdot \mathrm{d}\boldsymbol{S} = 0 \tag{14.19}$$

通过任意封闭曲面的电流等于零,即任意一段时间内通过此封闭曲面流出和流入的电流量相等,而这一封闭面内的总电量应不随时间的改变而改变。在导体内各处都可作一个任意形状和大小的封闭曲面,由此可以分析出:在稳恒电流情况下,导体内电荷的分布不随时间的改变而改变。不随时间改变的电荷分布产生不随时间改变的电场,这种电场称为稳恒电场。导体内恒定的不随时间改变的电荷分布就像固定的静止电荷分布一样,因此稳恒电场与静电场有许多相似之处,例如,它们都服从

高斯定理和电场强度环路定理。若以 $E$ 表示稳恒电场的电场强度,则也应有

$$\oint_l E \cdot dl = 0 \tag{14.20}$$

为了考察在非稳恒条件下,安培环路定理式(14.17)是否仍然成立,我们分析图 14.15 所示的电容器充放电电路。电容器的充放电过程显然是非稳恒过程,导线中的电流是随时间变化而变化的,并且在两极板之间的绝缘介质中没有传导电流。如果我们围绕导线取一闭合回路 $l$,并以 $l$ 为边界作两个曲面 $S_1$ 和 $S_2$,其中 $S_1$ 与导线相交,而 $S_2$ 穿过两极板之间的绝缘介质,则

$$\int_{S_1} j_0 \cdot dS = I_0 \tag{14.21a}$$

$$\int_{S_2} j_0 \cdot dS = 0 \tag{14.21b}$$

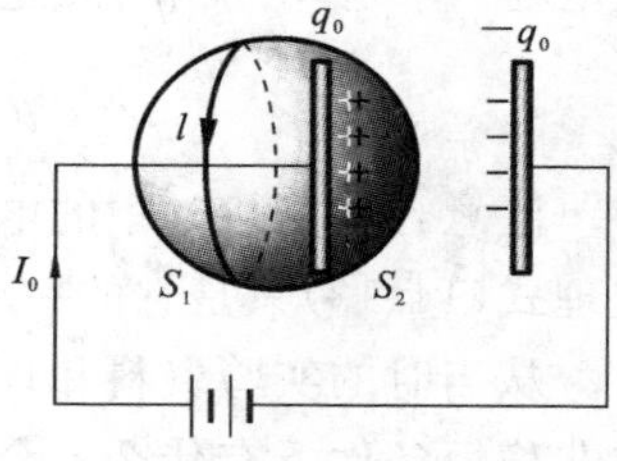

图 14.15

也就是说,电容器的存在破坏了电路中传导电流的连续性,使得以同一闭合回路 $l$ 所作的不同曲面 $S_1$ 和 $S_2$ 上穿过的电流不同,从而式(14.17)失去了意义。因此,在非稳恒磁场的情况下安培环路定理式(14.17)不再适用,必须以新的规律来代替它。

在图 14.15 所示的电容器充电过程中,传导电流在电容器极板上终止的同时,将在极板表面引起自由电荷的积累,即正极板 $+q_0$ 增加、负极板 $-q_0$ 增加,从而引起两极板之间的电场随之发生变化,因为穿过任意闭合曲面 $S$ 的传导电流密度的通量 $\oint_S j_0 \cdot dS$ 就是流出 $S$ 面的电流,它应当等于 $S$ 面内部自由电荷在单位时间的减少率,即

$$\oint_S j_0 \cdot dS = -\frac{dq_0}{dt}$$

式中:$S$ 是由 $S_1$ 和 $S_2$ 构成的闭合曲面;$q_0$ 是积累在闭合面 $S$ 内的极板上的自由电荷,即图 14.15 所示的正极板表面的自由电荷。

另一方面,根据麦克斯韦的假设,对此非稳恒电场高斯定理仍然成立,则有

$$\oint_S D \cdot dS = q_0$$

对此式两边求微商,得

$$\frac{d}{dt} \oint_S D \cdot dS = \oint_S \frac{\partial D}{\partial t} \cdot dS = \frac{dq_0}{dt}$$

把此式代入式(14.18),得

$$\oint_S j_0 \cdot dS = -\oint_S \frac{\partial D}{\partial t} \cdot dS$$

或

$$\int_{S_1} \left( j_0 + \frac{\partial D}{\partial t} \right) \cdot dS = \int_{S_2} \left( j_0 + \frac{\partial D}{\partial t} \right) \cdot dS$$

由此可见,在非稳恒条件下,尽管传导电流密度 $j_0$ 不一定连续,但 $j_0 + \frac{\partial D}{\partial t}$ 这个量永

远是连续的,并且$\dfrac{\partial \boldsymbol{D}}{\partial t}$具有电流密度的性质,麦克斯韦把它称为位移电流密度$\boldsymbol{j}_D$,即

$$\boldsymbol{j}_D = \frac{\mathrm{d}\boldsymbol{D}}{\mathrm{d}t} \tag{14.22}$$

而把$\dfrac{\mathrm{d}\Phi_D}{\mathrm{d}t}$称为位移电流$I_D$,即

$$I_D = \frac{\mathrm{d}\Phi_D}{\mathrm{d}t} = \frac{\mathrm{d}}{\mathrm{d}t}\int_S \boldsymbol{D} \cdot \mathrm{d}\boldsymbol{S} = \int_S \frac{\partial \boldsymbol{D}}{\partial t} \cdot \mathrm{d}\boldsymbol{S} = \int_S \boldsymbol{j}_D \cdot \mathrm{d}\boldsymbol{S} \tag{14.23}$$

并把传导电流$I_0$与位移电流$I_D$合在一起称为全电流$I$,即全电流$I$为

$$I = I_0 + I_D = \int_S \boldsymbol{j}_0 \cdot \mathrm{d}\boldsymbol{S} + \int_S \boldsymbol{j}_D \cdot \mathrm{d}\boldsymbol{S} = \int_S \left(\boldsymbol{j}_0 + \frac{\partial \boldsymbol{D}}{\partial t}\right) \cdot \mathrm{d}\boldsymbol{S} \tag{14.24}$$

在图 14.15 所示的电路中,电容器极板表面中断了的传导电流$I_0$被绝缘介质中的位移电流$I_D = \dfrac{\mathrm{d}\Phi_D}{\mathrm{d}t}$连续,两者合在一起保持全电流的连续性。在一般情况下,电介质中的电流主要是位移电流,传导电流可忽略不计;而在导体中主要是传导电流,位移电流可忽略不计;但在超高频电流情况下,导体内的传导电流和位移电流均起作用,不可忽略。

因为在电介质中$\boldsymbol{D} = \varepsilon_0 \boldsymbol{E} + \boldsymbol{P}$,所以位移电流密度$\boldsymbol{j}_D$为

$$\boldsymbol{j}_D = \frac{\partial \boldsymbol{D}}{\partial t} = \varepsilon_0 \frac{\partial \boldsymbol{E}}{\partial t} + \frac{\partial \boldsymbol{P}}{\partial t}$$

上式中右边第二项来自交变电路中电介质的反复极化,若在真空中,这一项等于零。因此,真空中位移电流密度为

$$\boldsymbol{j}_D = \varepsilon_0 \frac{\partial \boldsymbol{E}}{\partial t}$$

它是位移电流的基本组成部分,说明真空中的位移电流或"纯粹"的位移电流本质上是变化着的电场,而与电荷的定向运动无关。

## 14.5.2　全电流定律

在引进了位移电流的概念之后,麦克斯韦为了把安培环路定理推广到非稳恒情况下也适用的普通形式,用全电流代替式(14.17)右边的传导电流,得到

$$\oint_l \boldsymbol{H} \cdot \mathrm{d}\boldsymbol{l} = \sum I_i + \oint_S \frac{\partial \boldsymbol{D}}{\partial t} \cdot \mathrm{d}\boldsymbol{S} \tag{14.25}$$

即在普遍情况下,磁场强度$\boldsymbol{H}$沿任一闭合回路$l$的积分等于穿过以该回路为边界的任意曲面的全电流。这就是麦克斯韦的全电流定律。

麦克斯韦的位移电流假设的实质在于,它说明了位移电流与传导电流一样都是激发磁场的源,其核心是变化的电场可以激发磁场。但是,位移电流与传导电流仅仅在激发磁场这一点上是相同的,在本质上位移电流是变化着的电场,而传导电流则是

自由电荷的定向运动。此外，传导电流在通过导体时会产生焦耳热，而导体中的位移电流则不会产生焦耳热。高频情况下介质的反复极化会放出大量热，这是位移电流热效应的原因。但这与传导电流通过导体时放出的焦耳热不同，遵从完全不同的规律。

### 14.5.3　麦克斯韦方程组

麦克斯韦把电磁现象的普遍规律概括为四个方程式，通常称为麦克斯韦方程组。

（1）通过任意闭合面的电位移通量等于该曲面所包围的自由电荷的代数和，即

$$\oint_S \boldsymbol{D} \cdot \mathrm{d}\boldsymbol{S} = \sum q_{i0}$$

注意：上式在电荷和电场都随时间变化时仍成立。这意味着尽管这时电场与电荷之间的关系不像静电场那样由库仑平方反比律决定，但任一闭合面的电位移通量 $\boldsymbol{D}$ 与闭合面内自由电荷的电量之间的关系仍遵从高斯定理。

（2）电场强度沿任意闭合曲线的线积分等于以该曲线为边界的任意曲面的磁通量对时间变化率的负值，即

$$\oint_l \boldsymbol{E} \cdot \mathrm{d}\boldsymbol{l} = -\int_s \frac{\partial \boldsymbol{B}}{\partial t} \cdot \mathrm{d}\boldsymbol{S}$$

这里的电场 $\boldsymbol{E}$ 包括自由电荷产生的库仑电场和由变化磁场所产生的涡旋电场。

（3）通过任意闭合曲面的磁通量恒等于零，即

$$\oint_S \boldsymbol{B} \cdot \mathrm{d}\boldsymbol{S} = 0$$

这也是从稳恒磁场到对随时间变化的非稳恒磁场情况的假设性推广。

（4）磁场强度沿任意闭合曲线的线积分等于穿过以该曲线为边界的曲面的全电流，即

$$\oint_l \boldsymbol{H} \cdot \mathrm{d}\boldsymbol{l} = \sum I_i + \int_s \frac{\partial \boldsymbol{D}}{\partial t} \cdot \mathrm{d}\boldsymbol{S}$$

前面我们已对此作了详细论述。

归纳起来，麦克斯韦方程组的积分形式为

$$\begin{cases} \oint_l \boldsymbol{D} \cdot \mathrm{d}\boldsymbol{S} = \sum q_{i0} \\ \oint_l \boldsymbol{E} \cdot \mathrm{d}\boldsymbol{l} = -\int_s \frac{\partial \boldsymbol{B}}{\partial t} \cdot \mathrm{d}\boldsymbol{S} \\ \oint_l \boldsymbol{B} \cdot \mathrm{d}\boldsymbol{S} = 0 \\ \oint_l \boldsymbol{H} \cdot \mathrm{d}\boldsymbol{l} = \sum I_i + \int_s \frac{\partial \boldsymbol{D}}{\partial t} \cdot \mathrm{d}\boldsymbol{S} \end{cases} \tag{14.26}$$

从上面的论述中我们可以看到，麦克斯韦理论不但提出了涡旋电场、位移电流这样的概念，还包括了从特殊情况（静电场和稳恒磁场）向一般非稳恒情况的假设性推

广,如稳恒场的高斯定理在非稳恒场时仍成立的假设,它的正确性由一系列理论与实验很好符合的事实而得到证实。

在有介质存在时,$E$ 和 $B$ 都与介质的特性有关,因此上述麦克斯韦方程组是不完备的,还需要再补充描述介质性质的下述方程:

$$\begin{cases} D = \varepsilon_0 \varepsilon_r E = \varepsilon E \\ B = \mu_0 \mu_r H = \mu H \\ j_0 = \sigma E \end{cases} \tag{14.27}$$

式(14.27)中的 $\varepsilon$、$\mu$、$\sigma$ 分别是介质的介电常数、磁导率和电导率。

* 通过数学变换,可得麦克斯韦方程组(14.26)的微分形式如下:

$$\begin{cases} \triangledown \cdot D = \rho_0 \\ \triangledown \times E = -\dfrac{\partial B}{\partial t} \\ \triangledown \cdot B = 0 \\ \triangledown \times H = j_0 + \dfrac{\partial D}{\partial t} \end{cases} \tag{14.28}$$

其中,$\triangledown \cdot D$ 和 $\triangledown \cdot B$ 分别为电位移和磁感应强度的散度;$\triangledown \times E$ 和 $\triangledown \times H$ 分别为电场强度和磁场强度的旋度。

麦克斯韦方程组(14.26)加上介质方程组(14.27)构成决定电磁场变化的一组完备的方程式。也就是说,当电荷、电流分布给定时,从麦克斯韦方程组(一般采用微分形式(14.28)),根据初始条件以及边界条件就可以完全地决定电磁场的分布和变化。

# 习　题　14

一、选择题

(1) 一圆形线圈在磁场中作下列运动时,哪些情况会产生感应电流?(　　　)

(A) 沿垂直磁场方向平移　　　　　(B) 以直径为轴转动,轴跟磁场垂直

(C) 沿平行磁场方向平移　　　　　(D) 以直径为轴转动,轴跟磁场平行

(2) 下列哪些矢量场为保守力场?(　　　)

(A) 静电场　　　　(B) 稳恒磁场　　　　(C) 感生电场　　　　(D) 变化的磁场

(3) 用线圈的自感系数 $L$ 来表示载流线圈磁场能量的公式 $W_m = \dfrac{1}{2} L I^2$,该公式(　　　)。

(A) 只适用于无限长密绕线管　　　　　　(B) 只适用于单匝圆线圈

(C) 只适用于一个匝数很多,且密绕的螺线环　(D) 适用于自感系数 $L$ 一定的任意线圈

(4) 对于涡旋电场,下列说法不正确的是(　　　)。

(A) 涡旋电场对电荷有作用力　　　　　(B) 涡旋电场由变化的磁场产生

(C) 涡旋电场由电荷激发　　　　　　　(D) 涡旋电场的电力线是闭合的

(5) 对于位移电流,下列说法正确的是(　　　)。

(A) 与电荷的定向运动有关　　　　　　(B) 变化的电场

(C) 产生焦耳热　　　　　　　　　　　(D) 与传导电流一样

(6) 对于平面电磁波,下列说法不正确的是(　　　　)。

(A) 平面电磁波为横波　　　　　　　　(B) 电磁波是偏振波

(C) 同一点 $E$ 和 $H$ 的量值关系为 $\sqrt{\varepsilon}E=\sqrt{\mu}H$　　(D) 电磁波的波速等于光速

(7) 图 1 所示的为一充电后的平行板电容器,A 板带正电,B 板带负电,开关 K 合上时,A、B 位移电流方向为(按图上所标 $x$ 轴正方向回答)(　　　　)。

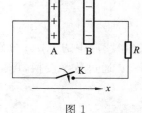

(A) $x$ 轴正向　　　　　　(B) $x$ 轴负向

(C) $x$ 轴正向或负向　　　　(D) 不确定

图 1

二、填空题

(1) 将金属圆环从磁极间沿与磁感应强度垂直的方向抽出时,圆环将受到_____。

(2) 产生动生电动势的非静电场力是_____,产生感生电动势的非静电场力是_____,激发感生电场的场源是_____。

(3) 长为 $l$ 的金属直导线在垂直于均匀的平面内以角速度 $\omega$ 转动,如果转轴的位置在_____,这个导线上的电动势最大,数值为_____;如果转轴的位置在_____,整个导线上的电动势最小,数值为_____。

(4) 一个变化的电场必定有一个磁场伴随它,方程为_____,一个变化的磁场必定有一个电场伴随它,方程为_____,磁力线必定是无头无尾的闭合曲线,方程为_____,静电平衡的导体内部不可能有电荷的分布,方程为_____。

三、一半径 $r=10$ cm 的圆形回路放在 $B=0.8$ T 的均匀磁场中,回路平面与 $\boldsymbol{B}$ 垂直。当回路半径以恒定速率 $\dfrac{\mathrm{d}r}{\mathrm{d}t}=80$ cm/s 收缩时,求回路中感应电动势的大小。

四、如图 2 所示,载有电流 $I$ 的长直导线附近,放一导体半圆环 $MeN$ 与长直导线共面,且端点 $MN$ 的连线与长直导线垂直。半圆环的半径为 $b$,环心 $O$ 与导线相距 $a$,设半圆环以速度 $v$ 平行导线平移。求半圆环内感应电动势的大小和方向,以及 $MN$ 两端的电压 $U_M-U_N$。

五、如图 3 所示,在两平行载流的无限长直导线的平面内有一矩形线圈,两导线中的电流方向相反、大小相等,且电流以 $\dfrac{\mathrm{d}I}{\mathrm{d}t}$ 的变化率增大。

求:(1) 任一时刻线圈内所通过的磁通量;

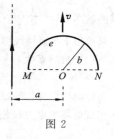

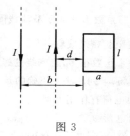

图 2　　　　　　　　　　图 3

(2)线圈中的感应电动势。

六、如图 4 所示,长直导线通以电流 $I=5$ A,在其右方放一长方形线圈,两者共面。线圈长 $b=0.06$ m,宽 $a=0.04$ m,线圈以速度 $v=0.03$ m/s 垂直于直线平移远离。求:$d=0.05$ m 时,线圈中感应电动势的大小和方向。

七、长度为 $l$ 的金属杆 $ab$ 以速率 $v$ 在导电轨道 $abcd$ 上平行移动。已知导轨处于均匀磁场 $\boldsymbol{B}$ 中,$\boldsymbol{B}$ 的方向与回路的法线成 60°(见图 5),$\boldsymbol{B}$ 的大小为 $B=kt(k$ 为正常),设 $t=0$ 时杆位于 $cd$ 处。求:任一时刻 $t$ 导线回路中感应电动势的大小和方向。

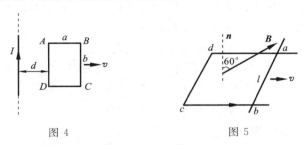

图 4　　　　图 5

八、如图 6 所示,导线 $ab$ 长为 $l$,绕过 $O$ 点的垂直轴以匀角速 $\omega$ 转动,$aO=\dfrac{l}{3}$,磁感应强度 $\boldsymbol{B}$ 平行于转轴。

试求:(1)$ab$ 两端的电势差;

(2)$a,b$ 两端哪一点电势高?

九、如图 7 所示,长度为 $2b$ 的金属杆位于两无限长直导线所在平面的正中间,并以速度 $v$ 平行于两直导线运动。两直导线通以大小相等、方向相反的电流 $I$,两导线相距 $2a$。试求:金属杆两端的电势差及其方向。

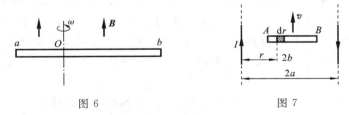

图 6　　　　图 7

十、磁感应强度为 $\boldsymbol{B}$ 的均匀磁场充满一半径为 $R$ 的圆柱形空间,一金属杆放在图 8 所示的位置,杆长为 $2R$,其中一半位于磁场内,另一半在磁场外。当 $\dfrac{dB}{dt}>0$ 时,求:杆两端的感应电动势的大小和方向。

十一、一无限长圆柱形直导线,其截面各处的电流密度相等,总电流为 $I$。求:导线内部单位长度上所储存的磁能。

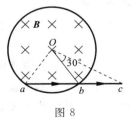

图 8

# 遥 感 技 术

遥感技术是从人造卫星、飞机或其他飞行器上收集地物目标的电磁辐射信息,判认地球环境和资源的技术。它是 20 世纪 60 年代在航空摄影和判读的基础上随航天技术和电子计算机技术的发展而逐渐形成的综合性感测技术。任何物体都有不同的电磁波反射或辐射特征。航空航天遥感就是利用安装在飞行器上的遥感器感测地物目标的电磁辐射特征,并将特征记录下来,以供识别和判断。把遥感器放在高空气球、飞机等航空器上进行遥感,称为航空遥感。

把遥感器装在航天器上进行遥感,称为航天遥感。完成遥感任务的整套仪器设备称为遥感系统。航空和航天遥感能从不同高度、大范围、快速和多谱段地进行感测,获取大量信息。航天遥感还能周期性地得到实时地物信息。因此,航空和航天遥感技术在国民经济和军事的很多方面获得广泛的应用,如气象观测、资源考察、地图测绘和军事侦察等。

## 一、定义

遥感技术是从远距离感知目标反射或自身辐射的电磁波、可见光、红外线,对目标进行探测和识别的技术。例如,航空摄影就是一种遥感技术。人造地球卫星发射成功,大大推动了遥感技术的发展。现代遥感技术主要包括信息的获取、传输、存储和处理等环节。完成上述功能的全套系统称为遥感系统,其核心组成部分是获取信息的遥感器。遥感器的种类很多,主要有照相机、电视摄像机、多光谱扫描仪、成像光谱仪、微波辐射计、合成孔径雷达等。传输设备用于将遥感信息从远距离平台(如卫星)传回地面站。信息处理设备包括彩色合成仪、图像判读仪和数字图像处理机等。

## 二、基本原理

任何物体都具有光谱特性,具体地说,它们都具有不同的吸收、反射、辐射光谱的性能。在同一光谱区各种物体反映的情况不同,同一物体对不同光谱的反映也有明显差别。即使是同一物体,在不同的时间和地点,由于太阳光照射角度不同,它们反射和吸收的光谱也各不相同。

遥感技术就是根据这些原理,对物体作出判断。遥感技术通常是使用绿光、红光和红外光三种光谱波段进行探测。绿光段一般用来探测地下水、岩石和土壤的特性;红光段探测植物生长、变化及水污染等;红外段探测土地、矿产及资源。此外,还有微波段,用来探测气象云层及海底鱼群的游弋。

## 三、遥感技术遥感平台

遥感平台是遥感过程中乘载遥感器的运载工具,它如同在地面摄影时安放照相机的三脚架,是在空中或空间安放遥感器的装置。主要的遥感平台有高空气球、飞机、火箭、人造卫星、载人宇宙飞船等。遥感器是远距离感测地物环境辐射或反射电磁波的仪器。使用的有 20 多种,除可见光摄影机、红外摄影机、紫外摄影机外,还有红外扫描仪、多光谱扫描仪、微波辐射和散射计、侧视雷达、专题成像仪、成像光谱仪等,遥感器正在向多光谱、多极化、微型化和高分辨率的方向发展。

　　遥感器接收到的数字和图像信息,通常采用三种记录方式:胶片、图像和数字磁带。其信息通过校正、变换、分解、组合等光学处理或图像数字处理过程,提供给用户分析、判读,或在地理信息系统和专家系统的支持下,制成专题地图或统计图表,为资源勘察、环境监测、国土测绘、军事侦察提供信息服务。

　　我国已成功发射并回收了 10 多颗遥感卫星和气象卫星,获得了全色像片和红外彩色图像,并建立了卫星遥感地面站和卫星气象中心,开发了图像处理系统和计算机辅助制图系统。从"风云二号"气象卫星获取的红外云图上,我们每天都可以从电视机上观看到气象形势。

# 第 5 篇

# 近代物理

# * 第 15 章 相对论基础

我们在前面讨论了以牛顿运动定律为基础的经典力学,它是宏观物体在低速(即远小于光速 $c$)范围内运动规律的总结。经典力学认为,在所有的惯性参考系中,时间和空间的量度是绝对的,它们不随进行量度的参考系变化而变化。这种看法并没有加以论证,被认为是理所当然,不证自明的。19 世纪末,电磁场理论的出现,统一了过去对电、磁和光的认识。于是人们发现,当物体的运动速度接近光速时,上述时空绝对量度的假定就不再成立。所以经典力学只是在低速范围内近似地正确,对于高速运动问题必须建立新的力学,这就是爱因斯坦(A. Einstein)建立的相对论力学。相对论力学既适用于低速运动,又适用于高速运动的情况,当物体作低速运动时,相对论力学就过渡为经典力学。

相对论是 20 世纪初物理学取得的两个最伟大成就之一,另一个是普朗克的能量子假设。相对论是在研究传播电磁场的介质——以太的存在问题时产生的。但是相对论的成就,远远超出了电磁场理论的范围,它给出了高速物体的力学规律,并从根本上改变了许多世纪以来所形成的有关时间、空间和运动的陈旧概念,建立了新的时空观,揭露了质量和能量的内在联系,开始了有关万有引力本质的探索,尽管它的一些概念与结论和人们的日常经验大相径庭,但它已被大量实验证明是正确的理论。现在,相对论已经成为现代物理学以及现代工程技术不可缺少的理论基础,在本章中,我们只对相对论作极其简要的介绍。

## 15.1　伽利略相对性原理经典力学的时空观

### 15.1.1　伽利略相对性原理

为了描述物体的机械运动,我们需要选择适当的参考系。实验表明,在有些参考系中,牛顿运动定律是适用的,而在另一些参考系中,牛顿运动定律却并不适用。我们在前面曾指出,凡是适用牛顿运动定律的参考系称为惯性系,而不适用牛顿运动定律的参考系则称为非惯性系。一个参考系是不是惯性系,只能根据实验观测来加以判断。设想我们已经找到一个惯性系,在这个惯性系内,有一个所受合外力等于零的物体,相对于这个惯性系是静止的。现在,另有一个参考系,它相对于前一个惯性系作匀速直线运动,则在后一个参考系内的观察者看来,该物体所受合外力仍等于零,不过相对于自己在作匀速直线运动。这两种说法虽然不同,但都和牛顿运动定律相符合。因此,相对于惯性系作匀速直线运动的参考系也是一个惯性系。于是,我们的结论是:如果惯性系存在的话,就不只是一个,而是有无数个,一切相对于惯性系作匀速直线运动的参考系也都是惯性系,在这些惯性系内,所有力学现象都符合牛顿运动定律。

　　早在 1632 年,伽利略曾在封闭的船舱里仔细地观察了力学现象,发现在船舱中觉察不到物体的运动规律和地面上有任何不同。他写道:"在这里(只要船的运动是等速的),你在一切现象中观察不出丝毫的改变,你也不能够根据任何现象来判断船究竟是在运动还是停止。当你在地板上跳跃的时候,你所通过的距离和你在一条静止的船上跳跃时所通过的距离完全相同,也就是说,你向船尾跳时并不比你向船头跳时——由于船的迅速运动——跳得更远些,虽然当你跳在空中时,在你下面的地板是在向着和你跳跃相反的方向奔驰着。当你抛一件东西给你的朋友时,如果你的朋友在船头而你在船尾时,你所费的力并不比你们俩站在相反的位置时所费的力更大。从挂在天花板下的装着水的酒杯里滴下的水滴,将竖直地落在地板上,没有任何一滴水偏向船尾方面滴落,虽然当水滴尚在空中时,船在向前走"。这里,伽利略所描述的种种现象正是指明了:一切彼此作匀速直线运动的惯性系,对于描写机械运动的力学规律来说是完全等价的,并不存在任何一个比其他惯性系更为优越的惯性系。与之相应,在一个惯性系的内部所作的任何力学的实验都不能够确定这一惯性系本身是在静止状态,还是在作匀速直线运动,这个原理称为力学的相对性原理,或伽利略相对性原理。我们可以假定其中的任一个惯性系是静止的,从而相对于这个静止的惯性系来决定其他惯性系的速度,至于要确切知道某一个惯性系本身是否"绝对静止",则用任何力学实验都不可能办到。因此,人们曾指望从电学的、光学的或其他实验来解决这个悬案,所有这些探索及其失败导致了狭义相对论的建立。

## 15.1.2　经典力学的时空观

　　在经典力学中,伽利略相对性原理是和牛顿运动定律、经典力学时空观交织在一起的。从伽利略坐标变换出发,证明了质点的加速度对于相对作匀速运动的不同惯性系 $K$ 与 $K'$ 来说是个绝对量。设质点在 $K$ 系中的加速度是 $\boldsymbol{a}$,在 $K'$ 系中的加速度是 $\boldsymbol{a}'$,那么,我们有

$$\boldsymbol{a}=\boldsymbol{a}'$$

在经典力学中,物体的质量 $m$ 又被认为是不变的,据此,牛顿运动定律在这两个惯性系中的形式也就成为相同的了。我们用 $\boldsymbol{F}$ 与 $\boldsymbol{F}'$ 分别表示质点在 $K$ 系与 $K'$ 系中所受的力。实验证明,在牛顿定律成立的领域内,力也是和参考系无关的,即 $\boldsymbol{F}'=\boldsymbol{F}$,因 $m\boldsymbol{a}'=m\boldsymbol{a}$,所以 $\boldsymbol{F}'=m\boldsymbol{a}'$。这样,伽利略相对性原理就可用数学形式表示为

$$\boldsymbol{F}=m\boldsymbol{a},\quad \boldsymbol{F}'=m\boldsymbol{a}'$$

也就是说,伽利略相对性原理的另一叙述法是,牛顿第二定律的方程相对于伽利略坐标变换来说是不变的。

我们曾经说过,伽利略坐标变换的核心思想是经典力学中的绝对时空观。经典力学认为物体的运动虽在时间和空间中进行,但是时间和空间的性质与物质的运动彼此没有任何联系,牛顿说:"绝对的、真正的和数学的时间自己流逝着,并由于它的本性而均匀地、与任一外界对象无关地流逝着。""绝对空间,就其本性而言,与外界任何事物无关,而永远是相同的和不动的。"这是牛顿当时的认识,这种把物质和运动完全脱离的"绝对时间"和"绝对空间"的观点是把低速范围内总结出来的结论绝对化的结果,在日常生活中,由于实践范围的局限性,大量接触到的是低速运动的物体,我们会不自觉地接受和采纳这种观点,觉得绝对的孤立的时空是理所当然的,似乎是无可置疑的。其实,这是传统的经验束缚了人们的思想,当我们接触了物体的高速运动,这时发现伽利略变换不再适用,牛顿力学也应该加以改造;而伽利略的相对性原理与牛顿力学的相符合,则应理解为是在低速条件下的符合。

# 15.2　狭义相对论基本原理　洛伦兹坐标变换式

## 15.2.1　狭义相对论基本原理

19 世纪末,在光的电磁理论的发展过程中,有人认为宇宙间充满了一种称为"以太"的介质,光是靠以太来传播的,而且把这种"以太"选作绝对静止的参考系,凡是相对于这个绝对参考系的运动称为绝对运动,以区别于对其他参考系的相对运动。经典电磁学理论只有在相对于以太为静止的惯性系中才成立。根据这个观点,当时物理学家设计了各种实验去寻找以太参考系。其中,1887 年迈克尔逊(A. A. Michelson)和莫雷(E. W. Morley)的实验特别有名,根据他们的设想,如果存在以太,而且以太又完全不为地球运动所带动,那么地球对于以太的运动速度就是地球的绝对速度。利用地球的绝对运动的速度和光速在方向上的不同,应该在所设计的迈克尔逊干涉仪实验中得到某种预期的结果,从而求得地球相对于以太的绝对速度。迈克尔逊的实验装置如图 15.1 所示,它的两臂 CM 和 CM$'$ 长度相等,$l_1 = l_2$,且相互垂直。来自光源 S 的光,被半涂银的镜子 C 分成两束相干光(1)和(2)。光束(1)经臂长 $l_1$ 到镜 M,反射后回到 C;光束(2)则经臂长 $l_2$ 到镜 M$'$,反射后也回到 C。设图中 $v$ 是地球的绝对速度,按经典力学时空观来看,由于光束(1)和(2)相对于地球的速度各不相同,所以它们虽然行经相等的臂长,但

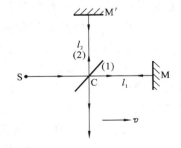

图 15.1　迈克尔逊实验示意图

所需的时间是不一样的,这种时间上的相差将在干涉仪中看到某种干涉条纹。如果再把仪器旋转90°,使光束(1)和(2)相对于地球的速度发生变化,这样,它们通过两臂的时间差也随之发生变化,按光波的干涉原理来说,其结果必然引起干涉条纹的相应移动。

但是迈克尔逊和莫雷在不同地理条件、不同季节条件下多次进行实验,却始终看不到干涉条纹的移动。值得深思的是,原本为验证以太参考系而进行的实验,却提出了否定以太参考系的证据。狭义相对论正是在这种条件下破土而出的。

1905 年,爱因斯坦放弃了以太假说和绝对参考系的想法,在前人各种实验的基础上,另辟蹊径,提出下述两条假设,作为狭义相对论的两条基本原理。

(1) 相对性原理　物理定律在一切惯性参考系中都具有相同的数学表达形式,也就是说,所有惯性系对于描述物理现象都是等价的。不难看出,狭义相对论的相对性原理不同于伽利略相对性原理,它是伽利略相对性原理的推广,伽利略相对性原理说明了一切惯性系对力学规律的等价性,而狭义相对论的相对性原理却把这种等价性推广到包括力学定律和电磁学定律在内的一切自然规律上去。于是,"以太"假说就是不必要的了。

(2) 光速不变原理　在彼此相对作匀速直线运动的任一惯性参考系中,所测得的光在真空中的传播速度都是相等的,这个原理说明真空中的光速是个恒量,它与惯性参考系的运动状态没有关系。初看起来,光速不变原理似乎和常识相矛盾,它直接否定了伽利略变换,按照伽利略变换,光速是与观察者和光源之间的相对运动有关的。实践是检验真理的标准,人们在天文观察和近代物理实验中找到了光速不变原理的有力证据。1964 年到 1966 年,欧洲核子中心(CERN)在质子同步加速器中作了有关光速的精密实验测量,直接验证了光速不变原理。实验的结果是,在同步加速器中产生的 $\pi^0$ 介子以 0.99975$c$ 的高速飞行,它在飞行中发生衰变,辐射出能量为 $6 \times 10^9$ eV 的光子,测得光子的实验室速度值仍是 $c$。

在狭义相对论中,爱因斯坦根据狭义相对论的两条基本原理,建立了新的坐标变换公式,即洛伦兹(H. A. Lorentz)坐标变换式,用以代替伽利略坐标变换式。为什么这种新的时空坐标变换关系以洛伦兹命名呢? 原来,它最初是由洛伦兹为弥合经典理论中所暴露的缺陷而建立起来的,洛伦兹是一位非常受人尊敬的理论物理学家,是经典电子论的创始人,当时,他并不具有相对论的思想,对时空的观点并不正确,而爱因斯坦则是给予正确解释的第一人。

如图 15.2 所示,坐标系 $K'(O'x'y'z')$ 以速度 $v$ 相对于坐标系 $K(Oxyz)$ 作匀速直

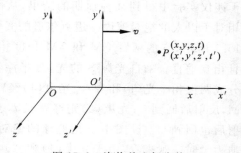

图 15.2　洛伦兹坐标变换

线运动；三对坐标轴分别平行，移沿 $x$ 轴正方向，并设 $x$ 轴与 $x'$ 轴重合，且当 $t'=t=0$ 时原点 $O'$ 与 $O$ 重合。设 $P$ 为被观察的某一事件，在坐标系 $K$ 中的观察者看来，它是在 $t$ 时刻发生在 $(x,y,z)$ 处的，而在坐标系 $K'$ 中的观察者看来，它却是在 $t'$ 时刻发生在 $(x',y',z')$ 处的，这样，表示同一事件的时空坐标 $(x,y,z,t)$ 和 $(x',y',z',t')$ 之间所遵从的洛伦兹变换关系就是

$$\begin{cases} x' = \dfrac{x - vt}{\sqrt{1 - \left(\dfrac{v}{c}\right)^2}} \\ y' = y \\ z' = z \\ t' = \dfrac{t - \dfrac{vx}{c^2}}{\sqrt{1 - \left(\dfrac{v}{c}\right)^2}} \end{cases} \qquad (15.1)$$

和

$$\begin{cases} x = \dfrac{x' - vt'}{\sqrt{1 - \left(\dfrac{v}{c}\right)^2}} \\ y = y' \\ z = z' \\ t = \dfrac{t' - \dfrac{vx'}{c^2}}{\sqrt{1 - \left(\dfrac{v}{c}\right)^2}} \end{cases} \qquad (15.2)$$

在洛伦兹变换中，不仅 $x'$ 是 $x$、$t$ 的函数，而且 $t'$ 也是 $x$、$t$ 的函数，并且还都与两个惯性系之间的相对速度 $v$ 有关。这样，洛伦兹变换就集中地反映了相对论关于时间、空间和物质运动三者紧密联系的新观念。在牛顿力学中，时间、空间和物质运动三者都是相互独立、彼此无关的。

当 $v \ll c$ 时，即比值

$$\beta = \frac{v}{c}$$

很小时，洛伦兹变换就转化为伽利略变换，这正说明洛伦兹变换是对高速运动与低速运动都成立的变换，它包括了伽利略变换。因此，相对论并没有把经典力学"推翻"，而只是限制了它的适用范围。从方程组 (15.1) 还可看出，当 $v > c$ 时，洛伦兹变换就失去意义，所以相对论还指出物体的速度不能超过真空中的光速。现代物理实验中的例子都说明，高能粒子的速度是以 $c$ 为极限的。

## 15.2.2　洛伦兹坐标变换式的推导

为了推导洛伦兹坐标变换，我们仍采用图 15.2 中的两个惯性坐标系 $K$ 和 $K'$。在方程组（15.1）或方程组（15.2）中，$y=y'$ 和 $z=z'$ 是容易理解的。现在主要证明 $x$ 和 $t$ 的变换式。

在推导洛伦兹变换之前，作为一条公设，我们认为时间和空间都是均匀的，因此，它们之间的变换关系必须是线性关系。如果方程式不是线性的，那么，对两个特定事件的空间间隔与时间间隔的测量结果就会与该间隔在坐标系中的位置与时间发生关系，从而破坏了时空的均匀性。例如，设 $x'$ 与 $x$ 的平方有关，即 $x'=\alpha x^2$，于是两个点在 $K'$ 系中的距离和它们在 $K$ 系中的坐标之间的关系将由 $x'_2-x'_1=\alpha(x_2^2-x_1^2)$ 表示。现在我们设 $K$ 中有一单位长度的棒，其端点落在 $x_2=2$ m 和 $x_1=1$ m 处，则 $x'_2-x'_1=3\alpha$（m）。这同一根棒，其端点落在 $x_2=5$ m 和 $x_1=4$ m 处，则我们将得到 $x'_2-x'_1=9\alpha$（m）。这样，对同一棒的测量结果将随棒在空间位置的不同而不同。为了不使我们的时空坐标系原点的选择与其他点相比较有某种物理上的特殊性，变换式必须是线性的，此外，还要求这个变换能在 $\beta\rightarrow0$ 时转化为伽利略变换。据此，我们参考伽利略变换

$$x=x'+vt'$$
$$x'=x-vt$$

而写出如下变换：

$$x=k(x'+vt')$$
$$x'=k'(x-vt) \tag{15.3}$$

根据狭义相对论的相对性原理，$K$ 和 $K'$ 是等价的，上面两个等式的形式就应该相同（除正负符号外），所以两式中的比例常数 $k$ 和 $k'$ 应该相等，即有

$$k=k'$$

这样

$$x'=k(x-vt) \tag{15.4}$$

为了获得确定的变换法则，必须求出常数 $k$。根据光速不变原理，假设光信号在 $O$ 与 $O'$ 重合的瞬时（$t=t'=0$）就由重合点沿 $Ox$ 轴前进，那么在任一瞬时 $t$（由坐标系 $K'$ 量度则是 $t'$），光信号到达点的坐标对两个坐标系来说，分别是

$$x=ct, \quad x'=ct' \tag{15.5}$$

把式（15.3）和式（15.4）相乘，再把式（15.5）代入，得

$$xx'=k^2(x-vt)(x'+vt')$$
$$c^2tt'=k^2tt'(c-v)(c+v)$$

由此求得

$$k = \frac{c}{\sqrt{c^2 - v^2}} = \frac{1}{\sqrt{1 - \left(\frac{v}{c}\right)^2}}$$

$k$ 值求得后,式(15.3)和式(15.4)即可写成

$$x = \frac{x' + vt'}{\sqrt{1 - \left(\frac{v}{c}\right)^2}}, \quad x' = \frac{x' - vt}{\sqrt{1 - \left(\frac{v}{c}\right)^2}}$$

从这两个式子中消去 $x'$ 或 $x$,便得到关于时间的变换式。消去 $x'$ 得

$$x\sqrt{1 - \left(\frac{v}{c}\right)^2} = \frac{x - vt}{\sqrt{1 - \left(\frac{v}{c}\right)^2}} + vt'$$

由此求得 $t'$ 如下:

$$t' = \frac{t - \frac{vx}{c^2}}{\sqrt{1 - \left(\frac{v}{c}\right)^2}}$$

同样,消去 $x$ 后求得 $t$ 如下:

$$t = \frac{t' + \frac{vx'}{c^2}}{\sqrt{1 - \left(\frac{v}{c}\right)^2}}$$

**例 15.1** 甲乙两人所乘飞行器沿 $x$ 轴作相对运动。甲测得两个事件的时空坐标为 $x_1 = 6 \times 10^4$ m,$y_1 = z_1 = 0$,$t_1 = 2 \times 10^{-4}$ s;$x_2 = 12 \times 10^4$ m,$y_2 = z_2 = 0$,$t_2 = 1 \times 10^{-4}$ s,如果乙测得这两个事件同时发生于 $t'$ 时刻,问:(1) 乙对于甲的运动速度是多少?(2) 乙所测得的两个事件的空间间隔是多少?

**解** (1)设乙对于甲的运动速度为 $v$,由洛伦兹变换

$$t' = \frac{1}{\sqrt{1 - \beta^2}}\left(t - \frac{v}{c^2}x\right)$$

可知乙所测得的这两个事件的时间间隔应为

$$t'_2 - t'_1 = \frac{(t_2 - t_1) - \frac{v}{c^2}(x_2 - x_1)}{\sqrt{1 - \beta^2}}$$

按题意,$t'_2 - t'_1 = 0$,代入已知数据,有

$$0 = \frac{(1 \times 10^{-4} - 2 \times 10^{-4}) - \frac{v}{c^2}(12 \times 10^4 - 6 \times 10^4)}{\sqrt{1 - \frac{v^2}{c^2}}}$$

由此解得
$$v = -\frac{c}{2}$$

（2）由洛伦兹变换

$$x' = \frac{1}{\sqrt{1-\beta^2}}(x-vt)$$

可知乙所测得的这两个事件的空间间隔为

$$x'_2 - x'_1 = \frac{(x_2-x_1)-v(t_2-t_1)}{\sqrt{1-\beta^2}}$$

$$= \frac{(12\times10^4-6\times10^4)-(-1.5\times10^8)\times(1\times10^{-4}-2\times10^{-4})}{\sqrt{1-0.5^2}}\text{ m}$$

$$= 5.20\times10^4 \text{ m}$$

# 15.3　相对论速度变换公式

在力学中,我们曾根据伽利略变换导出了速度变换公式,与之相似,现在我们将根据洛伦兹坐标变换导出相对论速度变换公式。

因为在 $K$ 系中的速度表达式为

$$u_x = \frac{\mathrm{d}x}{\mathrm{d}t}, \quad u_y = \frac{\mathrm{d}y}{\mathrm{d}t}, \quad u_z = \frac{\mathrm{d}z}{\mathrm{d}t}$$

在 $K'$ 系中的速度表达式为

$$u'_x = \frac{\mathrm{d}x'}{\mathrm{d}t'}, \quad u'_y = \frac{\mathrm{d}y'}{\mathrm{d}t'}, \quad u'_z = \frac{\mathrm{d}z'}{\mathrm{d}t'}$$

从方程组（15.1）可得

$$\mathrm{d}x' = \frac{1}{\sqrt{1-\beta^2}}(\mathrm{d}x-v\mathrm{d}t)$$

$$\mathrm{d}t' = \frac{1}{\sqrt{1-\beta^2}}\left(\mathrm{d}t-\frac{v}{c^2}\mathrm{d}x\right)$$

因此,

$$u'_x = \frac{\mathrm{d}x'}{\mathrm{d}t'} = \frac{\mathrm{d}x-v\mathrm{d}t}{\mathrm{d}t-\frac{v}{c^2}\mathrm{d}x} = \frac{u_x-v}{1-\frac{v}{c^2}u_x} \tag{15.6a}$$

同样可导出

$$u'_y = \frac{u_y\sqrt{1-\beta^2}}{1-\frac{v}{c^2}u_x} \tag{15.6b}$$

$$u'_z = \frac{u_z\sqrt{1-\beta^2}}{1-\frac{v}{c^2}u_x} \tag{15.6c}$$

其逆变换式为

$$\begin{cases} u_x = \dfrac{u'_x + v}{1 + \dfrac{v}{c^2} u'_x} \\[4mm] u_y = \dfrac{u'_y \sqrt{1-\beta^2}}{1 - \dfrac{v}{c^2} u'_x} \\[4mm] u_z = \dfrac{u'_z \sqrt{1-\beta^2}}{1 - \dfrac{v}{c^2} u'_x} \end{cases} \qquad (15.7)$$

从相对论速度变换公式,可以得出如下结论。

(1) 当速度 $u$、$v$ 远小于光速 $c$ 时,相对论速度变换就转化为伽利略速度变换式 $u' = u - v$。这表明在一般低速情况中,伽利略速度变换仍是适用的。只有当 $u$、$v$ 接近于光速时,才需使用相对论速度变换。

(2) 设想从 $K'$ 系的坐标原点 $O'$ 沿 $x'$ 方向发射一光信号,在 $K'$ 系中观察者测得光速 $u' = c$。在 $K$ 系中的观察者,按相对论速度变换公式,算得该光信号的速度为

$$u = \frac{u' + v}{1 + u'v/c^2} = \frac{c + v}{1 + cv/c^2} = c$$

可见光信号对 $K$ 系和 $K'$ 系的速度都是 $c$。由于 $v$ 是任意的,因而在任一惯性系中光速都是 $c$,即使 $v = c$ 的极端情况,光速仍为 $c$。这就说明相对论速度变换遵从光速不变原理。考虑到光速不变原理是相对论的一个基本出发点,这样的结论就本在意料之中,不足为奇。

**例 15.2**　在地面上测到有两个飞船 a、b 分别以 $+0.9c$ 和 $-0.9c$ 的速度沿相反方向飞行,如图 15.3 所示,求飞船 a 相对于飞船 b 的速度。

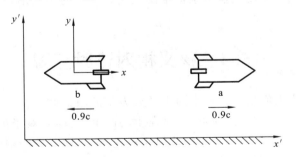

图 15.3　两飞船的相对运动

**解**　设坐标系 $K$ 被固定在飞船 b 上,则飞船 b 在其中为静止,而地面对此参考系以 $v = 0.9c$ 的速度运动,以地面为坐标系 $K'$,则飞船 a 相对于坐标系 $K'$ 的速度按题意为 $u'_2 = 0.9c$。将这些数值代入式(15.4),即可求得飞船 a 对坐标系 $K$ 的速度,

亦即相对于飞船 b 的速度：

$$u_x = \frac{u_2' + v}{1 + \dfrac{v u_x'}{c^2}} = \frac{0.9c + 0.9c}{1 + 0.9 \times 0.9} = \frac{1.80c}{1.81} = 0.994c$$

如用伽利略速度变换进行计算，结果为

$$u_x = u_2' + v = 0.9c + 0.9c = 1.8c > c$$

两者大相径庭。相对论给出 $u_x < c$。一般地说，按相对论速度变换，在 $v$ 和 $u'$ 都小于 $c$ 的情况下，$u$ 不可能大于 $c$。

最后简单介绍一下相对论加速度变换关系。为简便起见，考虑物体沿 $x$ 方向运动。我们用 $a' = \dfrac{\mathrm{d}u'}{\mathrm{d}t'}$、$a = \dfrac{\mathrm{d}u}{\mathrm{d}t}$ 分别表示它在 $K'$ 系和 $K$ 系中的加速度。利用速度变换式(15.3)对时间求导，得

$$\frac{\mathrm{d}u'}{\mathrm{d}t'} = \frac{\mathrm{d}u}{\mathrm{d}t} \frac{1 - \beta^2}{\left(1 - \dfrac{uv}{c^2}\right)^2}$$

又由时间变换式求得

$$\mathrm{d}t' = \frac{\mathrm{d}t - \dfrac{v}{c^2}\mathrm{d}x}{\sqrt{1 - \beta^2}}$$

对上列二式整理之，即得加速度的变换关系：

$$a' = a \frac{(1 - \beta^2)^{3/2}}{\left(1 - \dfrac{uv}{c^2}\right)^3} \tag{15.8}$$

按照相对性原理的要求，物理定律在坐标系 $K$ 和坐标系 $K'$ 中是相同的。显然，由式(15.8)确定的加速度变换关系很难使经典力学中的牛顿第二定律 $\boldsymbol{F} = m\boldsymbol{a}$ 继续保持其有效性。

# 15.4　狭义相对论时空观

狭义相对论为人们提出一种不同于经典力学的新的时空观。按照经典力学，相对于一个惯性系来说，在不同地点、同时发生的两个事件，相对于另一个与之作相对运动的惯性系来说，也是同时发生的。但相对论指出，同时性问题是相对的，不是绝对的，在某个惯性系中在不同地点同时发生的两个事件，到了另一个惯性系中，就不一定是同时的了。经典力学认为时空的量度不因惯性系的选择而变，也就是说，时空的量度是绝对的。相对论认为时空的量度也是相对的，不是绝对的，它们将因惯性系的选择而有所不同，所有这一切都是狭义相对论时空观的具体反映。现在，将这些内容分别介绍如下。

## 15.4.1 "同时"的相对性

爱因斯坦认为:凡是与时间有关的一切判断,总是和"同时"这个概念相联系的。比如我们说:"某列火车 7 点钟到达这里",其意思指的是"我的表的短针指在'7'上和火车到达是同时的事件"。如果从相对论基本假设出发,可以证明在某个惯性系中同时发生的两个事件,在另一相对它运动的惯性系中,并不一定同时发生,这一结论称为同时的相对性。

现在,让我们考察图 15.4 中的一个假想实验。在一辆匀速前进的列车($K'$ 系)上,车头和车尾分别装有两个标记 $A'$ 和 $B'$,当它们分别和地面($K$ 系)上的两个标记 $A$ 和 $B$ 重合时,各自发出一个闪光。在 $AB$ 的中点 $C$ 与 $A'B'$ 的中点 $C'$ 分别装有接收光信号的仪器,假设当 $A$ 与 $A'$ 及 $B$ 与 $B'$ 重合时发出的两个光信号被装在地面固定点 $C$ 的仪器"同时"接收到了,这就是说,这两个发生在不同地点的事件,在 $K$ 系的观察者($C$ 点)看来是同时发生的,而在 $K'$ 系观察者($C'$ 点)看来是不是同时发生的呢? 由于光信号从发出地点传递到 $C$ 点是需要时间的,在这段时间内,列车向前运动着,所以从 $AA'$ 发出的光信号应先到达 $C'$ 点,再到达 $C$ 点;而从 $BB'$ 发出的光信号则应先到达 $C$ 点,再到达 $C'$ 点。在 $K'$ 系这位观察者看来,列车中 $C'$ 点的仪器将先接收到来自前方 $A'$ 的闪光,然后再收到来自后方 $B'$ 的闪光。这两个发生在不同地点的事件不是同时发生的。当然,这两位观察者的说明都是对的,其结论之所以不同,是由于各自所处的参考系不同。由此可知,发生在不同地点的两个事件的同时性不是绝对的,只是个相对的概念,这个问题用洛伦兹变换很容易证明。

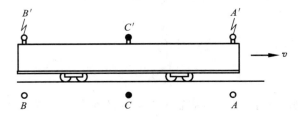

图 15.4　同时相对性的假想实验

假定在坐标系 $K$ 中的观察者测得这两个事件同时发生的地点和时刻分别是 $(x_1,y_1,z_1,t)$ 和 $(x_2,y_2,z_2,t)$,由洛伦兹变换方程组(15.1),即可求出坐标系 $K'$ 中的观察者测得这两个事件的发生时刻如下:

$$t'_1=\frac{t-\frac{vx_1}{c^2}}{\sqrt{1-\beta^2}},\quad t'_2=\frac{t-\frac{vx_2}{c^2}}{\sqrt{1-\beta^2}}$$

在以上两式中,因 $x_1$ 不同于 $x_2$,所以 $t'_1$ 也不同于 $t'_2$,它们的差是

$$t'_2 - t'_1 = \frac{\frac{v}{c^2}(x_1 - x_2)}{\sqrt{1-\beta^2}}$$

也就是说,在坐标系 $K'$ 中的观察者测得这两个事件是先后发生的,其时间间隔为

$$\frac{\frac{v}{c^2}(x_1 - x_2)}{\sqrt{1-\beta^2}}$$

其实,在例 15.1 中已经涉及同时的相对性问题,只是没有点明而已。

## 15.4.2 时间膨胀

既然在不同惯性系中,"同时"是一个相对的概念,那么,两个事件的时间间隔或一个过程的持续时间也会与参考系有关。

设在坐标系 $K$ 中的某点 $x=s$ 处,某事物发生了一个过程,由坐标系 $K$ 来量度时,这个过程开始于 $t=t_1$,终止于 $t=t'_2$,所经历的时间间隔是 $\Delta t = t_2 - t_1$。我们定义,在相对于过程发生的地点为静止的参考系中测得的时间间隔为固有时,用 $\tau_0$ 表示。这样,$\Delta t = t_2 - t_1$ 就是固有时 $\tau_0$。

当从坐标系 $K'$ 中进行观测时,认为这一过程经历的时间是 $\Delta t' = t'_2 - t'_1$。$\Delta t'$ 是"运动时",我们用 $\tau$ 表示它。根据洛伦兹变换,运动时 $\tau$ 可求得如下:

$$\tau = t'_2 - t'_1 = \frac{t_2 - \frac{vs}{c^2}}{\sqrt{1-\beta^2}} - \frac{t_1 - \frac{vs}{c^2}}{\sqrt{1-\beta^2}}$$

$$\frac{t_2 - t_1}{\sqrt{1-\beta^2}} = \frac{\tau_0}{\sqrt{1-\beta^2}}$$

亦即

$$\tau = \frac{\tau_0}{\sqrt{1-\beta^2}} \tag{15.9}$$

这结果意味着运动时大于固有时,或者说在运动的参考系中观测,事物变化过程的时间间隔变大了。这称为狭义相对论中的时间膨胀。如果用钟走的快慢来说明,就是 $K'$ 系中的观察者把相对于他运动的那只 $K$ 系中的钟和自己的一系列同步的钟对比,发现那只 $K$ 系中的钟慢了。所以时间膨胀又称为动钟变慢。

最后要强调的是,时间膨胀或动钟变慢是相对运动的效应,并不是事物内部机制或钟的内部结构有什么变化,它不过是时间量度具有相对性的客观反映。

现代物理实验为相对论的时间膨胀提供了有力的证据。人们观测了以 $0.91c$ 高速飞行的 $p^\pm$ 介子经过的直线路径,实验结果测得其平均飞行距离是 17.135 m。$p^\pm$ 介子固有寿命(固有时)的实验值是 $(2.603 \pm 0.002) \times 10^{-8}$ s。由平均飞行距离可以推算出在实验室参考系中 $p^\pm$ 介子的平均寿命为

$$\tau = \frac{17.135}{0.91 \times 2.9979 \times 10^8} \text{ s} \approx 6.281 \times 10^{-8} \text{ s}$$

应用式(15.9)求得的 $p^{\pm}$ 介子固有寿命的相对论理论值为

$$\tau_0 = \tau \sqrt{1-\beta^2} = \sqrt{1-0.91^2} \times 6.281 \times 10^{-8} \text{ s} \approx 2.604 \times 10^{-8} \text{ s}$$

可见,理论值与实验值只差 $0.001 \times 10^{-8}$ s,相对偏差在 $0.4\%$ 以内,这说明时间膨胀的预言是正确的。

## 15.4.3   长度收缩

根据洛伦兹变换,不仅能说明时间的量度与参考系有关,还能说明长度的量度与参考系也有关。

假定有一个固定在坐标系 $K$ 中的物体,它沿 $x$ 轴的长度由 $K$ 系来量度时是 $l = x_2 - x_1$。现在由运动坐标系 $K'$ 在某一时刻 $t'$ 进行量度,测得该物体的长度是 $l' = x'_2 - x'_1$。一般总认为 $l$ 与 $l'$ 是相等的,没有区别的必要。其实不然,物体的长度相对于观察者为静止时与相对于观察者为运动时的量度情况并不相同,因此,量度的结果就不可能相等,必须加以区别。在棒相对于观察者为静止(即在 $K$ 系中观察)时,观察者对静止物体两个端点坐标的测量,不论同时进行还是不同时进行,都不会影响测量的结果。我们把这种长度称为该物体的固有长度。上面提到的 $l$ 就是物体的固有长度。如果物体相对于观察者运动(即在 $K'$ 系中观察)时,观察者对物体两个端点坐标的测量就必须同时进行,才能由此求出运动物体的长度,否则,由先后测得的两端点坐标之差是不能代表运动物体的长度的。上面提到的 $l'$ 就是这种运动物体的长度,所以必须强调两端是在某一时刻 $t'$ 同时测量的。

现在,我们考察 $l$ 与 $l'$ 是否相等。我们用 $x_1$、$x_2$ 和 $x'_1$、$x'_2$ 分别代表物体沿 $x$ 轴方向长度的两个端点在坐标系 $K$ 和 $K'$ 中的坐标。考虑到 $x'_1$ 与 $x'_2$ 都是在 $t'$ 时刻测得的,所以根据方程组(15.2),写出

$$x_1 = \frac{x'_1 + vt'}{\sqrt{1-\beta^2}}$$

$$x_2 = \frac{x'_2 + vt'}{\sqrt{1-\beta^2}}$$

以上两式相减得

$$x_2 - x_1 = \frac{x'_2 - x'_1}{\sqrt{1-\beta^2}}$$

亦即

$$l = \frac{l'}{\sqrt{1-\beta^2}}$$

或

$$l' = l \sqrt{1-\beta^2} \tag{15.10}$$

因此,我们的结论是,从对于物体有相对速度 $v$ 的坐标系测得的沿速度方向的物

体长度 $l'$,总比与物体相对静止的坐标系中测得的固有长度 $l$ 为短,这个效应称为长度收缩。

至于和相对速度 $v$ 方向相垂直的长度却是不变的,因为洛伦兹变换中明显地写着 $y=y',z=z'$。

在我们前面提到的 p 介子实验中,也可认为整个实验室相对于 p 介子以 $0.91c$ 的速度运动。因此,处于 p 介子参考系中的观察者测得的实验室长度服从长度收缩效应。这样,p 介子经历过的实验室距离为

$$L=0.91c \times \tau_0 = 0.91 \times 2.9979 \times 10^8 \times 2.603 \times 10^{-8} \text{ m}$$

按照长度收缩效应,实验室距离的固有长度应为

$$L_0 = \frac{L}{\sqrt{1-\beta^2}} = \frac{7.101}{\sqrt{1-0.91^2}} \text{ m} = 17.127 \text{ m}$$

这与实际情形很符合。

长度收缩效应纯粹是一种相对论效应,当物体运动速度大到可以和光速比拟时,这个效应是显著的。如果物体速度 $v \ll c, l \approx l'$,这个收缩效应微乎其微,就显示不出来了。

读者也许会问这个长度收缩效应能不能看到,一般来说,这个测量出来的效应很难看到,因为我们用肉眼看物体时,除有相对论效应外,还有光学效应。我们肉眼在某时刻接收到的光并不是物体上各点同时发射出来的,物体远端发出的光应比近端发出的光发射得早些,才可能于同一时刻到达肉眼而成像,这样,我们看到的物体长度并不代表同一时刻物体两端间的距离,这就导致光学畸变。对一根静止在 $K$ 系中的棒来说,在 $K$ 系中的观察者将看到棒的固有长度。只有如图 15.5 所示的那样,当运动坐标系 $K'$ 中的观察者处于棒的中垂线上时,光学畸变消失,才能真正看出这个长度收缩效应。

## 15.4.4　相对性与绝对性

按照辩证唯物主义的世界观,时间空间和物质运动是不可分割的,运动的描述、时空的量度也的确有其相对性,这些都是客观的规律。但是,从物质的相互影响、事件的因果先后、位置的邻近次序来看,物质运动和时空还有其绝对性的一面。例如,在一辆以速度 $v$ 相对于地面作匀速直线运动的车厢内,有一质点从车厢顶板的 $A$ 点处,沿着车厢壁上的 $B$、$C$ 等点落下,最后落到车厢地板上的 $D$ 点。从车中观察者来看,这个质点是作直线运动的,经历的时间为 $t$,如图 15.6(a)所示;而从地面上的观察者来看,质点作曲线运动,经历的时间比 $t$ 长,如图 15.6(b)所示。曲线运动的轨迹,运动所需的时间等,都可用洛伦兹变换来计算,这说明物体运动的描述和时空的量度,的确是有相对性的,并且是服从一定的客观规律的。但是,不论从哪一个坐标系来看,物体总是先和顶板的 $A$ 点接触,再和车厢壁的 $B$、$C$ 等点接触,直到最后才和

地板的 $D$ 点接触,这个时空次序是不会颠倒的,这就是物质运动和时空的绝对性的一面,所以,我们要正确认识相对论,把它看成客观世界的重要规律,是人类对自然界的认识发展到一定阶段的必然产物,用它作为进一步认识自然和改造自然的重要工具。

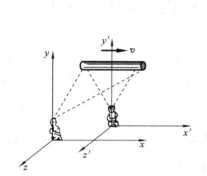

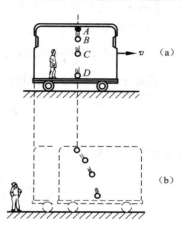

图 15.5　肉眼看物体的收缩效应　　　　　　图 15.6　相对性与绝对性

# 15.5　狭义相对论动力学基础

## 15.5.1　相对论力学的基本方程

通过前面的讨论,我们知道在不同惯性系内,时空坐标遵守洛伦兹变换关系,所以要求物理规律符合相对性原理,也就是要求它们在洛伦兹变换下保持不变。牛顿运动方程对伽利略变换是不变式,对洛伦兹变换不是不变式。但是,容易想到,既然伽利略变换是洛伦兹变换在速度 $v$ 与光速 $c$ 相比为很小时的近似结果,那么,牛顿运动方程只能是低速时的近似规律,应该找出一个新的方程,它对洛伦兹变换是不变式,并且在 $\dfrac{v}{c} \rightarrow 0$ 的条件下化为牛顿运动方程。

牛顿第二定律,按照牛顿自己的写法是

$$\boldsymbol{F} = \frac{\mathrm{d}(m\boldsymbol{v})}{\mathrm{d}t}$$

如果把上式中的质量 $m$ 认作不变的,那么,上式对洛伦兹变换就不是不变的,因此它不适用于高速运动的物体。

在狭义相对论内,根据自然界的普遍规律之一的动量守恒定律,以及运用相对论速度变换的关系,从理论上证明物体的质量是随着速度的改变而改变的,两者的关系如下:

$$m = \frac{m_0}{\sqrt{1 - \left(\dfrac{v}{c}\right)^2}} \tag{15.11}$$

式中：$m_0$ 是物体在相对静止的惯性系中测出的质量，称为静止质量；$m$ 是物体对观察者有相对速度 $v$ 时的质量。

式(15.11)通过质量与速度的关系揭示了物质与运动的不可分割性。显然，当 $\dfrac{v}{c}$ →0 时，$m$ 趋近于 $m_0$。于是，在相对论中，动量的表达式是

$$\boldsymbol{p} = \frac{m_0}{\sqrt{1 - \left(\dfrac{v}{c}\right)^2}} \boldsymbol{v} \tag{15.12}$$

而相对论力学的基本方程应为

$$\boldsymbol{F} = \frac{\mathrm{d}}{\mathrm{d}t} \left[ \frac{m_0}{\sqrt{1 - \left(\dfrac{v}{c}\right)^2}} \right] \boldsymbol{v} \tag{15.13}$$

可以证明，这一方程对洛伦兹变换的确是不变式。从形式上看，式(15.13)也可以写成

$$\boldsymbol{F} = \frac{\mathrm{d}\boldsymbol{p}}{\mathrm{d}t} = \frac{\mathrm{d}(m\boldsymbol{v})}{\mathrm{d}t} \tag{15.14}$$

似乎和经典力学中相应的公式并无不同，但实质上，我们对动量应作式(15.12)那样理解，两者并不相同，只有当 $v$ 远小于 $c$ 时，才可认为质量基本上不变，而等于 $m_0$，这样才从形式到实质上都回到了牛顿第二定律。

物体运动时的质量公式(15.11)，早在人们研究电子的运动时就被发现了。考夫曼（W. Kaufmann）曾用不同速度的电子，观察电子在磁场作用下的偏转，从而测定电子的质量。实验证明，电子的质量随速度不同而有不同的量值，并且实验结果与式(15.11)十分符合（见图 15.7）。例如，当 $v = 0.98c$ 时，电子的质量变化是十分显著的，此时

$$m = \frac{m_0}{\sqrt{1 - (0.98)^2}} = 5m_0$$

但是，物体在一般的速度时，质量的变化是微不足道的，因此很难观测出来。例如，当 $v = 11.2$ km/s 运动，这个速度和光速相比是很小的，所以火箭的质量变化极为微小，此时

$$m = \frac{m_0}{\sqrt{1 - \left(\dfrac{11.2}{3 \times 10^5}\right)^2}} = 1.0000000009 m_0$$

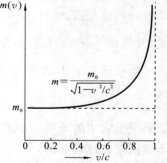

图 15.7　电子和运动粒子的
质量随速度变化

如果物体以光速运动，即 $v=c$，则当物体具有不等于零的静止质量（即 $m_0\neq0$）时，从式(15.8)将得出 $m=\infty$，这是没有实际意义的。如果这个物体的静止质量等于零，那么 $m$ 就可以具有一定的量值，光子就符合这种情况。

## 15.5.2　质量和能量的关系

当外力作用在静止质量为 $m_0$ 的自由质点上时，质点每经历位移 $\mathrm{d}s$，其动能的增量是

$$\mathrm{d}E_k=\boldsymbol{F}\cdot\mathrm{d}\boldsymbol{s}$$

如果外力与位移同方向，则上式成为

$$\mathrm{d}E_k=F\mathrm{d}s$$

设外力作用于质点的时间为 $\mathrm{d}t$，则质点在外力冲量 $F\mathrm{d}t$ 作用下，其动量的增量是

$$\mathrm{d}p=F\mathrm{d}t$$

考虑到 $v=\dfrac{\mathrm{d}s}{\mathrm{d}t}$，由以上两式相除，即得质点的速度表达式为

$$v=\frac{\mathrm{d}E_k}{\mathrm{d}p}\tag{15.15}$$

亦即
$$\mathrm{d}E_k=v\mathrm{d}(mv)=v^2\mathrm{d}m+mv\mathrm{d}v$$

把式(15.11)平方，得 $m^2(c^2-v^2)=m_0^2c^2$，对它微分求出

$$mv\mathrm{d}v=(c^2-v^2)\mathrm{d}m$$

代入上式得

$$\mathrm{d}E_k=c^2\mathrm{d}m\tag{15.16}$$

式(15.16)说明，当质点的速度 $v$ 增大时，其质量 $m$ 和动能 $E_k$ 都在增加。质量的增量 $\mathrm{d}m$ 和动能的增量 $\mathrm{d}E_k$ 之间始终保持式(15.16)所示的量值上的正比关系。当 $v=0$ 时，质量 $m=m_0$，动能 $E_k=0$，据此，将式(15.16)积分，即得

$$\int_0^{E_k}\mathrm{d}E_k=\int_{m_0}^m c^2\mathrm{d}m$$
$$E_k=mc^2-m_0c^2\tag{15.17}$$

式(15.17)是相对论中的动能表达式。爱因斯坦在这里引入了经典力学中从未有过的独特见解，他把 $m_0c^2$ 称为物体的静止能量，把 $mc^2$ 称为做运动时的能量，我们分别用 $E_0$ 和 $E$ 表示为：

$$E=mc^2,\quad E_0=m_0c^2\tag{15.18}$$

式(15.18)称为物体的质能关系式。

质量和能量都是物质的重要属性。质量可以通过物体的惯性和万有引力现象而显示出来，能量则通过物质系统状态变化时对外做功、传递热量等形式而显示出来。质能关系式揭示了质量和能量是不可分割的，这个公式建立了这两个属性在量值上

的关系,它表示具有一定质量的物质客体也必具有和这质量相当的能量。通常所说
的物体的动能仅是 $mc^2$ 和 $m_0c^2$ 的差额,即

$$E_k = mc^2 - m_0c^2 = m_0c^2 \left[ \frac{1}{\sqrt{1-\left(\dfrac{v}{c}\right)^2}} - 1 \right] \qquad (15.19)$$

因为

$$\left(1-\frac{v^2}{c^2}\right)^{-\frac{1}{2}} = 1 + \frac{1}{2}\frac{v^2}{c^2} + \frac{3}{8}\frac{v^4}{c^4} + \cdots$$

所以

$$E_k = \frac{1}{2}m_0v^2 + \frac{3}{8}m_0\frac{v^4}{c^2} + \cdots$$

如果 $v \ll c$,即当物体速度远小于光速时,则

$$E_k = \frac{1}{2}m_0v^2$$

这与经典力学中动能表达式完全一样。在一般情况下,动能要用式(15.19)计算。关
于静止能量的利用,在近代原子能利用中已获实现。事实上,质能关系式在近代物理
研究中非常重要,在原子核物理以及原子能利用方面具有指导的意义,是一项重要的
理论支柱。

### 15.5.3　动量和能量的关系

在经典力学中,动能和动量有什么关系呢?这个问题用式(15.15)极易解决。在
低速情形下,质量可认作不变,因此,可将式(15.15)写成

$$dE_k = v\,dp = \frac{p}{m}dp$$

将上式积分,即得

$$E_k = \int_0^{E_k} dE_k = \int_0^p \frac{p}{m}dp = \frac{p^2}{2m}$$

这就是经典力学中动量和动能的关系。这个关系式对洛伦兹变换不是不变的,所以
不适用于高速运动,缺乏普遍性。为了求得一个相对于洛伦兹变换为不变的普遍关
系式,我们仍然从式(15.15)入手。这时不能将质量 $m$ 看作不变,用 $E = mc^2$ 与式
(15.16)相乘,考虑到 $dE = dE_k$,即得

$$E\,dE = mc^2v\,dp = c^2p\,dp$$

将上式积分,由此得

$$\frac{1}{2}(E^2 - E_0^2) = \int_{E_0}^E E\,dE = \int_0^p c^2p\,dp = \frac{1}{2}c^2p$$

整理之,得

$$E^2 = c^2p^2 + E_0^2 = c^2p^2 + m_0^2c^4 \qquad (15.20)$$

上式称为相对论动量和能量关系式，它对洛伦兹变换保持不变。对动能是 $E_k$ 的粒子，用 $E=E_k+m_0^2c^2$ 代入式(15.20)，可得

$$E_k=\frac{p^2}{m+m_0}$$

当 $v\ll c$ 时，$m=m_0$，于是

$$E_k=\frac{p^2}{2m}$$

我们又回到了经典力学表示式。

关系式(15.20)有极重要的意义。进一步的分析表明，它不仅揭示了能量与动量间的关系，而且实际上它还反映了能量与动量的不可分割性与统一性，就像时间与空间的不可分割性与统一性那样。把它用到光子上去，因光子的静止质量 $m_0=0$，可得光子的动量等于光子能量除以光速 $c$ 的结果：$p=\dfrac{E}{c}$。

**例 15.3** 原子核的结合能。已知质子和中子的质量分别为 $M_p=1.00728$ u，$M_n=1.00866$ u，两个质子和两个中子组成一氦核 $_2^4$He，实验测得它的质量为 $M_A=4.00150$ u，试计算形成一个氦核时放出的能量。（1 u$=1.660\times10^{-27}$ kg）

**解** 两个质子和两个中子组成氦核之前，总质量为

$$M=2M_p+2M_n=4.031\ u$$

而从实验测定，氦核质量 $M_A$ 小于质子和中子的总质量 $M$，这差额 $\Delta M=M-M_A$ 称为原子核的质量亏损。对于 $_2^4$He 核，有

$$\Delta M=M-M_A=0.03038\ u=0.03038\times1.660\times10^{-27}\ kg$$

根据质能关系式得到的结论：物质的质量与能量之间有一定的关系，当系统质量改变 $\Delta M$ 时，一定有相应的能量改变

$$\Delta E=\Delta Mc^2$$

由此可知，当质子和中子组成原子核时，将有大量的能量放出，该能量就是原子核的结合能。所以形成一个氦核时所放出的能量为

$$\Delta E=0.03038\times1.660\times10^{-27}\times(3\times10^8)^2\ J=0.4539\times10^{-11}\ J$$

结合成 1 mol 氦核（即 4.002 g 氦核）时所放出的能量为

$$\Delta E=4.022\times10^{23}\times0.4539\times10^{-11}\ J=2.733\times10^{12}\ J$$

这差不多相当于燃烧 100 t 煤时所发生的热量。

**例 15.4** 设有两个静止质量都是 $m_0$ 的粒子，以大小相同、方向相反的速度相撞，反应合成一个复合粒子，试求这个复合粒子的静止质量和运动速度。

**解** 设两个粒子的速率都是 $v$，由动量守恒定律和能量守恒定律得

$$m_0v+m_0v=MV$$

$$Mc^2=2m_0c^2/\sqrt{1-\beta^2}$$

式中:$M$ 和 $V$ 分别是复合粒子的质量和速度。

显然 $v = 0$,这样,

$$M = M_0$$

而

$$M_0 = 2m_0 / \sqrt{1 - \beta^2}$$

这表明复合粒子的静止质量 $M_0$ 大于 $2m_0$,两者的差值

$$M_0 - 2m_0 = \frac{2m_0}{\sqrt{1-\beta^2}} - 2m_0 = \frac{2E_k}{c^2}$$

式中:$E_k$ 为两粒子碰撞前的动能。

由此可见,与动能相应的这部分质量转化为静止质量,从而使碰撞后复合粒子的静止质量增大了。

**例 15.5**　一束具有能量为 $h\nu_0$、动量为 $\frac{h\nu_0}{c}$ 的光子流,与一个静止的电子作弹性碰撞,散射光子的能量成为 $h\nu$,动量成为 $\frac{h\nu}{c}$。试证光子的散射角 $\varphi$ 满足下式:

$$\frac{c}{\nu} - \frac{c}{\nu_0} = \frac{h}{m_0 c}(1 - \cos\varphi)$$

此处 $m_0$ 是电子的静止质量,$h$ 为普朗克常量。

**解**　在图 15.8 中,入射光子的能量和动量分别为 $h\nu_0$ 和 $\frac{h\nu_0}{c}e_0$,与物质中质量为 $m_0$ 的静止自由电子发生碰撞。碰撞后,设光子散射开去而和原来入射方向成 $\varphi$ 角,这时它的能量和动量分别变为 $h\nu$ 和 $\frac{h\nu}{c}e_0$,$e_0$ 和 $e$ 代表在光子运动方向的单位矢量。与此同时,电子则向着某一角度 $\theta$ 的方向飞去,它的能量和动量分别变成 $mc^2$ 和 $m\boldsymbol{v}$,即在二者作弹性碰撞时,应满足能量守恒和动量守恒两个定律,

$$h\nu_0 + m_0 c = h\nu + mc^2 \qquad (1)$$

$$m\boldsymbol{v} = \frac{h\nu_0}{c}e_0 - \frac{h\nu}{c}e \qquad (2)$$

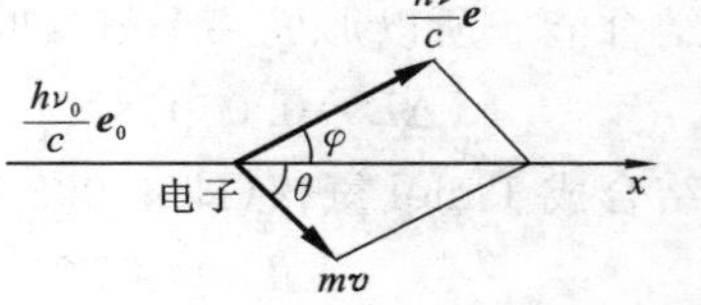

从图 15.8 可以看出,矢量 $\frac{h\nu_0}{c}e_0$ 是矢量 $m\boldsymbol{v} = \frac{h\nu_0}{c}e_0 - \frac{h\nu}{c}e$ 和 $\frac{h\nu}{c}e$ 所组成平行四边形的对角线,所以

图 15.8　光子与静止自由电子的完全弹性碰撞

$$(mv)^2 = \left(\frac{h\nu_0}{c}\right)^2 + \left(\frac{h\nu}{c}\right)^2 - 2\frac{h\nu_0}{c}\frac{h\nu}{c}\cos\varphi \qquad (3)$$

或

$$m^2 v^2 c^2 = h^2 \nu_0^2 + h^2 \nu^2 - 2h^2 \nu_0 \nu \cos\varphi$$

式(1)也可改写为

$$mc^2 = h(\nu_0 - \nu)^2 + m_0 c^2 \qquad (4)$$

将式(4)平方再减去式(3),得到

$$m^2 v^4 \left(1 - \frac{v^2}{c^2}\right) = m_0^2 c^4 - 2h^2 \nu_0 \nu(1 - \cos\varphi) + 2m_0 c^2 h(\nu_0 - \nu)$$

根据式(15.11),上式可写成

$$m_0^2 c^4 = m_0^2 c^4 - 2h^2 \nu_0 \nu(1 - \cos\varphi) + 2m_0 c^2 h(\nu_0 - \nu)$$

由此可得

$$\frac{c(\nu_0 - \nu)}{\nu_0 \nu} = \frac{h}{m_0 c}(1 - \cos\varphi)$$

亦即

$$\frac{c}{\nu} - \frac{c}{\nu_0} = \frac{h}{m_0 c}(1 - \cos\varphi)$$

## 15.5.4　广义相对论简介

上面我们介绍了狭义相对论的一些基本内容,说明在所有惯性坐标系中物理学定律(不仅是力学定律),都具有相同的表示式。现在的问题是,如果采用了非惯性系,物理规律又将如何? 对此,爱因斯坦由非惯性系入手,研究与认识了等效原理,进而又建立了研究引力本质和时空理论的广义相对论。本节将只限于介绍广义相对论中的等效原理和广义相对论的相对性原理,因为这两个原理是广义相对论的基础。

参看图 15.9,一位观察者在火箭舱里作自由落体实验。在图(b)中,火箭静止在地面惯性系上,他将看到质点因引力作用而自由下落;在图(a)中,火箭处于不受力的自由空间内,是个孤立火箭,质点是静止的,但当火箭突然获得一定的向上加速度时(非惯性系),他将看到质点的运动是和图(b)中完全相同的自由落体运动。显然,如果他不知道舱外的情况,在这个局部范围内,单凭这实验,他将无法判断自己究竟是在自由空间相对于恒星作加速运动呢还是静止在引力场中。事实上,由于惯性质量

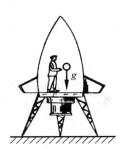

(a) 具有加速度a的孤立火箭　　(b) 静止于引力场中的火箭

图 15.9　火箭舱实验室示意图

与引力质量相等，我们无法根据上述两个实验来区分哪一个是在静止于地面的火箭舱内做的，哪一个是在自由空间中加速的火箭舱内做的，因此，我们看到：在处于均匀的恒定引力场影响下的惯性系中，所发生的一切物理现象，可以和一个不受引力场影响，但以恒定加速度运动的非惯性系内的物理现象完全相同。这便是通常所说的等效原理。由于引力场和加速效应等效，所以让火箭舱在引力场中自由下落，火箭舱里的观察者将处于失重状态之中，这时由于引力场的作用，在这个局部环境中，将被加速运动完全抵消。爱因斯坦据此把相对性原理推广到非惯性系，认为物理定律在非惯性系中，可以和局部惯性系中完全相同，但在局部惯性系中要有引力场存在，或者说，所有非惯性系和有引力场存在的惯性系对于描述物理现象都是等价的。这称为广义相对论的相对性原理，考虑到引力场在大尺度上并不均匀，它在场中各点的强度（即质点在该处自由下落的加速度 $g$）是不同的。因此，在引力场空间每一点上配置的自由下落的火箭舱实验室只代表那一点上的惯性系，这种惯性系称为局部惯性系。

在引力场中，总存在着许许多多的局部惯性系，这些局部惯性系之间是有相对速度的，虽然如此，我们在每一局部惯性系中都能应用狭义相对论的结论。

建立在狭义相对论的相对性原理之上的广义相对论，其实是考虑了引力场的相对论，由于引入了场的概念，因而在广义相对论中，认识到物质、空间和时间之间，存在着比经典物理更为复杂和深刻的联系。在宇宙空间内物质积聚的地方，存在着较强的引力场，它将直接影响时空的性质。广义相对论证明，在某点上的引力场越强，则处于引力场内的"钟"走得越慢。爱因斯坦由此预测了光谱线的红向移动（即由引力极强的远处恒星上所发射出来的某一元素的谱线在地球上测得的频率小于地球上所发射的）。此外，由广义相对论还知道，光线经过质量较大的物体附近时，受其引力场的影响，应向该物体的方向偏转（见图 15.10）。例如，在太阳的情况下，这种偏转 $\varphi$ 为 1.75″。从星球射来的光线，经过太阳附近然后照射到地球上所发生的偏转，只能在日食时才可以观测到。作为广义相对论初期重大事实验证之一，我们应该介绍一下水星近日点的进动。天文观测发现行星的近日点有进动，它们的轨道不是严格闭合的，牛顿力学虽能作出解释，但计算值比观测值每世纪 5600.73″ 的进动相比少了43.03″。用了广义相对论，考虑到时空弯曲引起的修正，就能得出水星近日点的进动

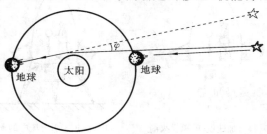

图 15.10　引力使光线弯曲

应有每世纪 43.03″的附加值。

相对论是关于空间、时间和引力的现代物理理论,在整个物理学史上具有深远的革命意义,由于它一方面揭露了空间和时间之间的相互联系,另一方面还揭露了时空性质和运动物质性质之间的相互联系,所以为近代科学的发展指明了方向,注入了巨大的动力,它成为 20 世纪物理学中最伟大成就之一是当之无愧的。

# *习　题　15

一、选择题

(1) 在一惯性系中观测,两个事件同时不同地,则在其他惯性系中观测,它们(　　)。

(A) 一定同时　　　　　　　　　　(B) 不可能同时,但可能同地

(C) 可能同时　　　　　　　　　　(D) 不可能同时,也不可能同地

(2) 在一惯性系中观测,两个事件同地不同时,则在其他惯性系中观测,它们(　　)。

(A) 一定同地　　　　　　　　　　(B) 可能同地

(C) 不可能同地,但可能同时　　　(D) 不可能同地,也不可能同时

(3) 宇宙飞船相对于地面以速度 $v$ 作匀速直线飞行,某一时刻飞船头部的宇航员向飞船尾部发出一个光讯号,经过 $\Delta t$(飞船上的钟)时间后,被尾部的接收器收到,则由此可知飞船的固有长度为($c$ 表示真空中光速)(　　)。

(A) $c \cdot \Delta t$ 　　　　(B) $v \cdot \Delta t$ 　　　　(C) $\dfrac{c \cdot \Delta t}{\sqrt{1-(v/c)^2}}$ 　　　　(D) $c \cdot \Delta t \cdot \sqrt{1-(v/c)^2}$

(4) 一宇航员要到离地球 5 光年的星球去旅行。如果宇航员希望把这路程缩短为 3 光年,则他所乘的火箭相对于地球的速度 $v$ 应为(　　)。

(A) $0.5c$ 　　　　(B) $0.6c$ 　　　　(C) $0.8c$ 　　　　(D) $0.9c$

(5) 某宇宙飞船以 $0.8c$ 的速度离开地球,若地球上测到它发出的两个信号之间的时间间隔为 10 s。则宇航员测出的相应的时间间隔为(　　)。

(A) 6 s 　　　　(B) 8 s 　　　　(C) 10 s 　　　　(D) 10/3 s

二、填空题

(1) 有一速度为 $v$ 的宇宙飞船沿 $x$ 轴正方向飞行,飞船头尾各有一个脉冲光源在工作,处于船尾的观察者测得船头光源发出的光脉冲的传播速度大小为_____;处于船头的观察者测得船尾光源发出的光脉冲的传播速度大小为_____。

(2) $S'$ 系相对 $S$ 系沿 $x$ 轴匀速运动的速度为 $0.8c$,在 $S'$ 中观测,两个事件的时间间隔 $\Delta t' = 5 \times 10^{-7}$ s,空间间隔是 $\Delta x' = -120$ m,则在 $S$ 系中测得的两事件的空间间隔 $\Delta x =$ _____,时间间隔 $\Delta t =$ _____。

(3) 用 $v$ 表示物体的速度,则当 $\dfrac{v}{c} =$ _____时,$m = 2m_0$;$\dfrac{v}{c} =$ _____时,$E_k = E_0$。

(4) 电子的静止质量为 $m_e$,将一个电子从静止加速到速率为 $0.6c$($c$ 为真空中的光速),需做功_____。

(5) $\alpha$ 粒子在加速器中被加速,当其质量为静止质量的 5 倍时,其动能为静止能量的

_____倍。

（6）质子在加速器中被加速，当其动能为静止能量的 3 倍时，其质量为静止质量的_____倍。

三、惯性系 $S'$ 相对另一惯性系 $S$ 沿 $x$ 轴作匀速直线运动，取两坐标原点重合时刻作为计时起点。在 $S$ 系中测得两事件的时空坐标分别为 $x_1 = 6 \times 10^4$ m，$t_1 = 2 \times 10^{-4}$ s，以及 $x_2 = 12 \times 10^4$ m，$t_2 = 1 \times 10^{-4}$ s。已知在 $S'$ 系中测得该两事件同时发生。

试问：（1）$S'$ 系相对 $S$ 系的速度是多少？

（2）$S'$ 系中测得的两事件的空间间隔是多少？

四、长度 $l_0 = 1$ m 的米尺静止于 $S'$ 系中，与 $x'$ 轴的夹角 $\theta' = 30°$，$S'$ 系相对 $S$ 系沿 $x$ 轴运动，在 $S$ 系中观测者测得米尺与 $x$ 轴夹角为 $\theta = 45°$。

试求：（1）$S'$ 系和 $S$ 系的相对运动速度；

（2）$S$ 系中测得的米尺长度。

五、如图 1 所示，两个惯性系中的观察者 $O$ 和 $O'$ 以 $0.6c$（$c$ 表示真空中光速）的相对速度相互接近，如果在 $O$ 测得两者的初始距离是 20 m，则 $O'$ 测得两者经过多少时间相遇？

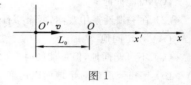

图 1

六、观测者甲、乙分别静止于两个惯性参考系 $S$ 和 $S'$ 中，甲测得在同一地点发生的两事件的时间间隔为 4 s，而乙测得这两个事件的时间间隔为 5 s。

求：（1）$S'$ 相对于 $S$ 的运动速度；

（2）乙测得这两个事件发生的地点间的距离。

七、6000 m 的高空大气层中产生了一个 $\pi$ 介子以速度 $v = 0.998c$ 飞向地球。假定该 $\pi$ 介子在其自身静止系中的寿命等于其平均寿命 $2 \times 10^{-6}$ s。试分别从下面两个角度，即地球上的观测者和 $\pi$ 介子静止系中观测者来判断 $\pi$ 介子能否到达地球。

八、静止在 $S$ 系中的观测者测得一光子沿与 $x$ 轴成 $60°$ 的方向飞行，另一观测者静止于 $S'$ 系，$S'$ 系的 $x'$ 轴与 $x$ 轴一致，并以 $0.6c$ 的速度沿 $x$ 轴方向运动。试问 $S'$ 系中的观测者观测到的光子运动方向如何？

九、（1）如果将电子由静止加速到速率为 $0.1c$，必须对它做多少功？（2）如果将电子由速率为 $0.8c$ 加速到 $0.9c$，又必须对它做多少功？

十、$\mu$ 子静止质量是电子静止质量的 207 倍，静止时的平均寿命 $\tau_0 = 2 \times 10^{-6}$ s，若它在实验室参考系中的平均寿命 $\tau = 7 \times 10^{-6}$ s，试问其质量是电子静止质量的多少倍？

十一、一物体的速度使其质量增加了 $10\%$，试问此物体在运动方向上缩短了百分之几？

十二、太阳的辐射能来自其内部的核聚变反应。太阳每秒钟向周围空间辐射出的能量约为 $5 \times 10^{26}$ J/s，由于这个原因，太阳每秒钟减少多少质量？把这个质量与太阳目前的质量 $2 \times 10^{30}$ kg 作比较，估算太阳的寿命是多少年？

# 宋超新星爆发和光速不变性

超新星爆发,是恒星演化到晚期的一种极强烈的爆发过程。原来发光很弱的星体,在突然爆发时向外抛射出速率很高的物质,同时发出很强的光,其亮度会在几天内增加到可以和整个星系的亮度相比拟的程度。过一段不长的时间,再逐渐暗下去,这种天文现象极为罕见。但在我国的古籍中,查证到可能是超新星爆发的记载却有好几次,其中宋朝的一次记载,较为详尽,可作为"光速不变"的一个佐证。

1731 年,英国一位天文学爱好者用望远镜在南方夜空的金牛座上,发现了一团云雾状的东西。其外形像只螃蟹,人称"蟹状星云"。后来观测表明,蟹状星云在膨胀,膨胀的速率为每年 $0.21''$。到 1920 年,它的半径达到 $180''$。推算起来,其膨胀开始的时刻应在 $180'' \div (0.21''/a) = 860a$ 之前,即公元 1060 年左右,人们相信,蟹状星云是 900 多年前一次超新星爆发中抛出来的气体壳层。这一点在我国史籍里得到了证实。据《宋史》记载:"至和元年五月乙丑,客星出天关,东南可数寸,岁余稍没",《宋会要辑稿》也记载:"嘉祐元年三月,司天监言客星没,客去之兆也。初,至和元年五月,晨出东方,守天关。昼见如太白,芒角四出,色赤白,凡见二十三日"。它们的大意是:超新星(客星)最初出现于 1054 年(至和元年),位置在金牛座(天关)附近,白昼看起来赛过金星(太白),历时 23 天,往后慢慢暗下来,直到 1056 年(嘉祐元年),客星才隐没。当一颗恒星发生超新星爆发时,它的外围物质向四面八方飞散。

现在已经确定,蟹状星云就是宋超新星的遗迹,它到地球的距离为 $L \approx 5000$ 光年爆发时,喷射物的速率至少为 $\mu \approx 1500$ km/s。在这些喷射物中,有些向着我们运动(如图 15.1 中的 $A$ 点),有些则沿横向运动(如图中的 $B$ 点)。根据经典速度合成公式,从 $A$ 点向我们发出的光线传播速度为 $c + u$。以爆发瞬时为计时起点,则地球观测者看到 $A$ 点发光的时刻为

$$t_1 = \frac{L}{c+u} \approx \frac{L}{c}\left(1 - \frac{u}{c}\right)$$

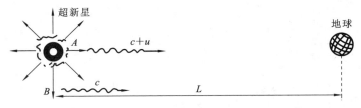

图 15.11　超新星喷射物

同理,从 $B$ 点向我们发出的光线传播速度为 $c$,所以,地球观测者看到 $B$ 点发光的时刻为

$$t_2 = \frac{L}{c}$$

沿其他方向运动的喷射物所发的光到达地球所需时间将介于这两者之间。因此,地球观测者看到超新星发光持续的时间至少应是

$$\Delta t = t_2 - t_1 \approx \frac{Lu}{c^2}$$

代入有关数据,计算得

$$\Delta t = 25a$$

这个时间与实际观测显然不相符合。错误的结果来自错误的假定。对于光的传播现象,我们不能采用经典速度合成公式。现代实验精确地证明,光速与光源速度无关,即光速不随惯性参考系变化而变化。超新星上 $A$、$B$ 两点发出的光线传播速度都是 $c$。若"爆发"作瞬时过程处理,则 $\Delta t = 0$;若不作瞬时过程处理,则实际观测的发光时间取决于超新星爆发过程持续的时间,这个时间远远小于 25 年而与史籍的记载相符。所以宋超新星爆发为光速不变性提供了例证。

# *第 16 章　量子物理基础

历史上,量子理论首先是从黑体辐射问题上突破的。1900 年,普朗克为了解决经典理论解释黑体辐射规律的困难,引入了能量子的概念,为量子理论奠定了基础。随后,爱因斯坦针对光电效应实验与经典理论的矛盾,提出了光量子的假设,并在固体比热问题上成功地应用了能量子的概念,为量子理论的进一步发展打开了局面。1913 年,玻尔在卢瑟福原子模型的基础上,应用量子化的概念解释了氢原子光谱的规律性,从而使早期量子论取得了很大的成功,为量子力学的建立打下了基础。

在普朗克和爱因斯坦的光量子理论以及玻尔的原子理论的启发下,德布罗意提出了微观粒子具有波-粒二象性的假设。薛定谔进一步推广了德布罗意波的概念,于 1926 年提出了波动力学,后与海森伯、玻恩的矩阵力学统一为量子力学。量子力学提出后,一些悬而未决的问题很快就得到了解决。

系统地介绍量子力学涉及较深的概念和较多的数学工具,限于本课程的要求,我们只能介绍量子力学的基本方程——薛定谔方程的基本概念,对量子力学处理实际问题,只能介绍计算得到的一些重要结论。

## 16.1　热辐射　普朗克的量子假设

### 16.1.1　热辐射现象

任何固体或液体,在任何温度下都在发射各种波长的电磁波,这种由于物体中的分子、原子受到热激发而发射电磁波的现象称为热辐射,物体向四周所发射的能量称为辐射能。实验表明,热辐射具有连续的辐射能谱,波长自远红外区延伸到紫外区,并且辐射能按波长的分布主要取决于物体的温度。在一般温度下,物体的热辐射主要在红外区,如把铁块在炉中加热,起初看不到它发光,却感到它辐射出来的热,随着温度的不断升高,它发出暗红色的可见光,逐渐转为橙色而后成为黄白色,在温度极高时,变为青白色,这说明同一物体在一定温度下所辐射的能量,在不同光谱区域的分布是不均匀的,温度越高,光谱中与能量最大的辐射所对应的波长也越短。同时随着温度的升高,辐射的总能量也不断增加。

### 16.1.2　基尔霍夫辐射定律

为了定量描写热辐射的规律,引入几个有关辐射的物理量。

　　(1) 单色辐出度:在单位时间内,从物体表面单位面积上所发射的波长在 $\lambda$ 到 $\lambda$ $+\mathrm{d}\lambda$ 范围内的辐射能 $\mathrm{d}M_\lambda$,与波长间隔成正比,那么 $\mathrm{d}M_\lambda$ 与 $\mathrm{d}\lambda$ 的比值称为单色辐出度,用 $M_\lambda$ 表示,即

$$M_\lambda = \frac{\mathrm{d}M_\lambda}{\mathrm{d}\lambda} \tag{16.1}$$

实验指出,$M_\lambda$ 与辐射物体的温度和辐射的波长有关,是 $\lambda$ 和 $T$ 的函数,常表示为 $M_\lambda(T)$ 或 $M(\lambda,T)$,它表示在单位时间内从物体表面单位面积发射的波长在 $\lambda$ 附近单位波长间隔内的辐射能,单色辐出度反映了物体在不同温度下辐射能按波长分布的情况。$M_\lambda$ 的单位为 $\mathrm{W/m^3}$。

　　(2) 辐出度:单位时间内从物体表面单位面积上所发射的各种波长的总辐射能,称为物体的辐出度。显然,对于给定的一个物体,辐出度只是其温度的函数,常用 $M(T)$ 表示,单位为 $\mathrm{W/m^2}$。在一定温度 $T$ 时,物体的辐出度与单色辐出度的关系为

$$M(T) = \int_0^\infty M_\lambda(T)\mathrm{d}\lambda \tag{16.2}$$

实验指出,在相同温度下,各种不同的物体,特别在表面的情况(如粗糙程度等)不同时,$M_\lambda(T)$ 的量值是不同的,相应地 $M(T)$ 的量值也是不同的。

　　(3) 单色吸收比和单色反射比:任一物体向周围发射辐射能的同时,也吸收周围物体发射的辐射能。当辐射从外界入射到不透明的物体表面上时,一部分能量被吸收,另一部分从表面反射(如果物体是透明的,则还有一部分能透射)。被物体吸收的能量与入射能量之比称为这物体的吸收比,反射的能量与入射能量之比称为这物体的反射比,物体的吸收比和反射比也与温度和波长有关,波长在 $\lambda$ 到 $\lambda+\mathrm{d}\lambda$ 范围内的吸收比称为单色吸收比,用 $a_\lambda(T)$ 表示;波长在 $\lambda$ 到 $\lambda+\mathrm{d}\lambda$ 范围内的反射比称为单色反射比,用 $r_\lambda(T)$ 表示。对于不透明的物体,单色吸收比和单色反射比的总和等于 1,即

$$a_\lambda(T) + r_\lambda(T) = 1 \tag{16.3}$$

若物体在任何温度下,对任何波长的辐射能的吸收比都等于 1,即 $a_\lambda(T)=1$,则称该物体为绝对黑体(简称黑体)。

　　1860 年,基尔霍夫(G. R. Kirchoff)从理论上提出了关于物体的辐出度与吸收比内在联系的重要定律:在同样的温度下,各种不同物体对相同波长的单色辐出度与单色吸收比之比值都相等,并等于该温度下黑体对同一波长的单色辐出度。用数学式表示就是

$$\frac{M_{\lambda_1}(T)}{a_{\lambda_1}(T)} = \frac{M_{\lambda_2}(T)}{a_{\lambda_2}(T)} = \cdots = M_{\lambda_0}(T) \tag{16.4}$$

式中:$M_{\lambda_0}(T)$ 表示黑体的单色辐出度。

　　这一定律通俗地说就是好的吸收体也是好的辐射体,黑体是完全的吸收体,因此

也是理想的辐射体。

## 16.1.3　黑体辐射实验定律

从基尔霍夫定律不难看出,只要知道黑体的辐出度以及物体的吸收比,就能了解一般物体的热辐射性质。因此,从实验和理论上确定黑体的单色辐出度就是研究热辐射问题的中心任务。

在自然界中,并不存在吸收比等于1的绝对黑体,如吸收比最大的煤烟和黑色珐琅质,对太阳光的吸收比也不超过99%,所以黑体就像质点、刚体、理想气体等模型一样,也是一种理想化的模型。我们可以用不透明材料制成开小孔的空腔,作为在任何温度下能100%地吸收辐射能的黑体模型。如图16.1(a)所示,空腔外面的辐射能够通过小孔进入空腔,进入空腔内的射线,在空腔内进行多次反射,每反射一次,空腔的内壁将吸收一部分的辐射能,这样,经过很多次的相继的反射,进入小孔的辐射几乎完全被腔壁吸收,由于小孔的面积远比腔壁面积小,由小孔穿出的辐射能可以略去不计,所以任何空腔的小孔相当于一个黑体的模型,即把射入小孔内的全部辐射吸收掉了。另一方面,如果均匀地将腔壁加热以提高它的温度,腔壁将向腔内发射热辐射,其中一部分将从小孔射出,因为小孔像一个黑体的表面,从小孔发射的辐射波谱也就表征着黑体辐射的特性。在日常生活中,如白天从远处看建筑物的窗口,窗口显得特别黑暗,这也是由于从窗口射入的光,经墙壁多次反射而吸收,很少从窗口射出的缘故。这样的窗口就相当于一个黑体。又如,在金属冶炼技术中,常在冶炼炉上开一小孔,以测定炉内温度,这炉上的小孔也近似黑体。实验室中用的黑体如图16.1(b)所示。

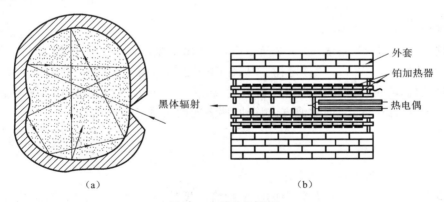

（a）　　　　　　　　　　　　　（b）

图 16.1　黑体的模型

利用黑体模型,可用实验方法测定黑体的单色辐出度 $M_{\lambda_0}(T)$。对于可见光波段,实验装置如图16.2所示,从黑体A的小孔所发出的辐射,经过分光系统 $B_1$、P、$B_2$,不同波长的射线将沿不同方向射出,利用热电偶C测出不同波长的辐射功率(即单位时间内入射于热电偶上的能量)。对于红外和紫外的辐射,改用其他相应的测试设备,图 16.3 所示的是黑体的 $M_{\lambda_0}(T)$ 随 $\lambda$ 和 $T$ 变化的实验曲线。

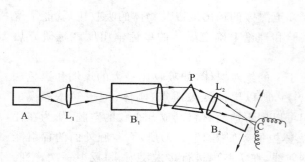

图 16.2　测定黑体辐出度的实验简图

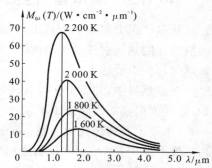

图 16.3　绝对黑体的辐出度按波长
分布曲线

根据实验曲线,得出下述有关黑体热辐射的两条普遍定律。

(1) 斯特藩(J. Stefan)-玻尔兹曼(L. Boltzmann)定律　在图 16.3 中,每一条曲线反映了在一定温度下,黑体的单色辐出度随波长分布的情况。每一条曲线下的面积等于黑体在一定温度下的总辐出度,即

$$M_0(T) = \int_0^\infty M_{0\lambda}(T)\mathrm{d}\lambda$$

由图可见,$M_0(T)$ 随温度的升高而迅速增加。经实验确定,$M_0(T)$ 和绝对温度 $T$ 的关系为

$$M_0(T) = \sigma T^4 \tag{16.5}$$

式中:$\sigma = 5.67 \times 10^{-8}$ W/(m$^2$ · K$^4$)。

这一结果称为斯特藩-玻尔兹曼定律,只适用于黑体,$\sigma$ 称为斯特藩常量。

(2) 维恩(W. Wien)位移定律　从图 16.3 也可以看出,在每一曲线上,$M_{\lambda_0}(T)$ 有一最大值(峰值),即最大的单色辐出度,相应于这最大值的波长,称为峰值波长。随着温度 $T$ 的升高,$\lambda_m$ 向短波方向移动,两者间的关系经实验确定为

$$T\lambda_m = b \tag{16.6}$$

式中:$b = 2.897 \times 10^{-3}$ m · K。

这一结果称为维恩位移定律。

以上两个定律反映出热辐射的功率随着温度的升高而迅速增加,而且热辐射的峰值波长,还随着温度的增加而向短波方向移动。例如,在可见光范围内,低温度的火炉所发出的辐射能较多地分布在波长较长的红光中,而高温度的白炽灯发出的辐射能则较多地分布在波长较短的蓝光中。

热辐射的规律在现代科学技术上的应用较为广泛,它是测高温、遥感、红外追踪

等技术的物理基础。例如,根据维恩位移定律,如果实验测出黑体单色辐出度的最大值所对应的波长 $\lambda_m$,就可以算出这一黑体的温度。太阳的表面温度就是用这一方法测定的。若将太阳看作黑体,从太阳光谱测得 $\lambda_m \approx 490$ nm,由维恩定律算得太阳表面温度近似为 5900 K。又如地面的温度约为 300 K,可算得 $\lambda_m$ 约为 10 $\mu$m,这说明地面的热辐射主要处在 10 $\mu$m 附近的波段,而大气对这一波段的电磁波吸收极少,几乎透明,故通常称这一波段为电磁波的窗口。所以,地球卫星可利用红外遥感技术测定地面的热辐射,从而进行资源、地质等各类探查。

1964 年,美国射电天文学家彭齐亚斯(A. A. Penzias)和威耳孙(R. W. Wilson)在研究从卫星上反射回来的信号中,接收到一种在空间均匀分布的微波信号噪声,这种噪声不是天线或接收机本身的电噪声,他们把它称为宇宙背景辐射。20 世纪 70 年代曾对这种辐射的能谱分布进行测量,发现强度峰出现在 1.0 mm 附近,这个强度分布曲线恰好与黑体辐射在 2.76 K 的能谱曲线符合。1990 年,美国发射 COBE 卫星,对宇宙背景辐射进行了精密的观测,再度证实其能谱分布与 $T = 2.735 \pm 0.06$ K 的黑体辐射谱完全吻合,如图 16.4 所示。这证实了大爆炸宇宙论的预言,即由于初始的爆炸,在今日的宇宙中应残留温度约为 2.7 K 的热辐射。由于背景辐射的发现在宇宙学上具有重要意义,彭齐亚斯和威耳孙同获 1978 年诺贝尔物理学奖。

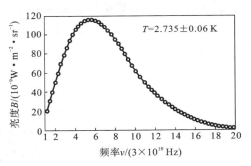

图 16.4　宇宙背景辐射

**例 16.1**　实验测得太阳辐射波谱的 $\lambda_m = 490$ nm,若把太阳视为黑体,试计算 (1) 太阳每单位表面积上所发射的功率;(2) 地球表面阳光直射的单位面积接收到的辐射功率;(3) 地球每秒内接收的太阳辐射能。(已知地球到太阳的距离 $d = 1.496 \times 10^{11}$ m,太阳半径 $R_S = 6.96 \times 10^8$ m,地球半径 $R_E = 6.37 \times 10^6$ m)

**解**　(1) 根据维恩位移定律 $T\lambda_m = b$ 得

$$T = \frac{b}{\lambda_m} = \frac{2.897 \times 10^{-3}}{490 \times 10^{-9}} \text{ K} = 5.9 \times 10^3 \text{ K}$$

根据斯特藩-玻尔兹曼定律可求出辐出度,即单位表面积上的发射功率为

$$M_0(T) = \sigma T^4 = 5.67 \times 10^{-8} \times (5.9 \times 10^3)^4 \text{ W/m}^2 = 6.87 \times 10^7 \text{ W/m}^2$$

太阳辐射的总功率为

$$P_S = M_0 4\pi R_S^2 = 6.87 \times 10^7 \times 4\pi \times (6.96 \times 10^8)^2 \text{ W} = 4.2 \times 10^{26} \text{ W}$$

(2) 该功率分布在以太阳为中心、以日地距离 $d$ 为半径的球面上,故地球表面单位面积接收到的辐射功率为

$$P'_E = \frac{P_S}{4\pi d^2} = \frac{4.2 \times 10^{26}}{4\pi \times (1.496 \times 10^{11})^2}\ \text{W/m}^2 = 1.49 \times 10^3\ \text{W/m}^2$$

（3）由于地球到太阳的距离远大于地球半径，可将地球看成半径为 $R_E$ 的圆盘，故地球接收太阳的辐射能功率为

$$P'_E = P'_E \times \pi R_E^2 = 1.49 \times 10^3 \times \pi \times (6.37 \times 10^6)^2\ \text{W} = 1.9 \times 10^{17}\ \text{W}$$

## 16.1.4　普朗克量子假设

图 16.5 所示的曲线反映了黑体的单色辐出度与 $\lambda$、$T$ 的关系，这些曲线都是实验的结果，为了从理论上找出符合实验曲线的函数式 $M_{\lambda_0} = f(\lambda, T)$，即黑体辐出度与热力学温度及辐射波长的关系式，19 世纪末许多物理学家在经典物理学的基础上作了相当大的努力，但是他们都遭到了失败，理论公式和实验结果不相符合，其中最典型的黑体辐射经典理论公式是维恩公式和瑞利-金斯公式。

在经典物理学中，把组成黑体空腔壁的分子或原子看作带电的线性谐振子。维恩在 1893 年假设黑体辐射能谱分布与麦克斯韦分子速率分布相类似，得出的理论公式为

$$M_{\lambda_0} = C_1 \lambda^{-5} e^{-\frac{C_2}{\lambda T}} \tag{16.7}$$

式中：$C_1$ 和 $C_2$ 是两个常量。

式（16.7）称为维恩公式。这个公式与实验曲线波长较短处符合得很好，但在波长很长处与实验曲线相差较大，如图 16.5 所示。

1900—1905 年，瑞利（Lord Rayleigh）和金斯（J. H. Jeans）把统计物理学中的能量按自由度均分定理应用到电磁辐射上来，提出每个线性谐振子的平均能量都等于 $kT$，得到如下的理论公式：

$$M_{\lambda_0} = C_3 \lambda^{-4} T \tag{16.8}$$

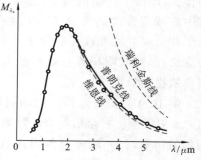

图 16.5　热辐射的理论公式与实验结果
　　　　的比较（∘表示实验结果）

式中：$C_3$ 为常量。

式（16.8）称为瑞利-金斯公式。这个公式在波长很长处与实验曲线还比较相近，但在短波紫外光区，按此公式，$M_{\lambda_0}$ 将随波长趋向于零而趋向无穷大，完全与实验结果不符，这一荒谬的结果，物理学史上把它称为"紫外灾难"。

维恩公式和瑞利-金斯公式都是用经典物理学的方法来研究热辐射所得的结果，都与实验结果不相符合，明显地暴露了经典物理学的缺陷。因此，开尔文认为黑体辐射实验是物理学晴朗天空中一朵令人不安的乌云，为了解决上述困难，普朗克利用内插法将适用于短波的维恩公式和适用于长波的瑞利-金斯公式衔接起来，在

1900 年提出了一个新的公式：

$$M_{\lambda_0} = 2\pi hc^2 \lambda^{-5} \frac{1}{e^{\frac{hc}{k\lambda T}} - 1} \tag{16.9a}$$

式中：$c$ 是光速；$k$ 是玻尔兹曼常量；$h$ 是一个新引入的常量，后来称为普朗克常量，是一个普适常量，其国际推荐值为

$$h = 6.62607755(40) \times 10^{-34} \text{ J} \cdot \text{s}$$

公式（16.9a）称为普朗克公式，它与实验结果符合得很好（参见图 16.5）。

普朗克公式也可用频率来表示，即

$$M_{\nu_0} = \frac{2\pi h\nu^3}{c^2} \frac{1}{e^{\frac{h\nu}{kT}} - 1} \tag{16.9b}$$

（其换算参看例题 16.2）

由普朗克公式不难得到维恩公式和瑞利-金斯公式。当波长很短或温度较低时，$\frac{hc}{\lambda kT} \gg 1$，普朗克公式可近似地写成

$$M_{\lambda_0} = 2\pi hc^2 \lambda^{-5} e^{-\frac{hc}{k\lambda T}} \tag{16.10}$$

这就是维恩公式，其中 $C_1 = 2\pi hc^2$，$C_2 = hc/k$。当波长很长或温度很高时，$\frac{hc}{\lambda kT} \ll 1$ 则 $e^{\frac{hc}{k\lambda T}} \approx 1 + \frac{hc}{k\lambda T} + \cdots$，忽略高次项而只取前两项，代入普朗克公式即得

$$M_{\lambda_0} = 2\pi hc^2 \lambda^{-4} T \tag{16.11}$$

这就是瑞利-金斯公式，其中 $C_3 = 2\pi kc$。从普朗克公式还可以推得由实验得到的斯特藩-玻尔兹曼定律和维恩位移定律，参看例题 16.3。

普朗克得到上述公式后，他指出"即使这个新的辐射公式证明是绝对精确的，如果仅仅是一个侥幸描测出来的内插公式，它的价值也只能是有限的。"因此，他要寻找这个公式的理论根据。经过深入研究和分析，他发现必须使谐振子的能量取分立值，才能得到上述普朗克公式，由此他提出以下的假设：辐射黑体分子、原子的振动可看作谐振子，这些谐振子可以发射和吸收辐射能。但是这些谐振子只可能处于某些分立的状态，在这些状态中，谐振子的能量并不像经典物理学所允许的可具有任意值。相应的能量是某一最小能量 $\varepsilon$（$\varepsilon$ 称为能量子）的整数倍，即

$$\varepsilon, 2\varepsilon, 3\varepsilon, \cdots, n\varepsilon$$

$n$ 为正整数，称为量子数，对于频率为 $\nu$ 的谐振子来说，最小能量为

$$\varepsilon = h\nu \tag{16.12}$$

式中：$h$ 就是普朗克常量。

在辐射或吸收能量时，振子从这些状态中的一个状态跃迁到另一个状态，即振子只能"跳跃式"地辐射能量。

从经典物理学可知，原子、分子振动能量遵守玻尔兹曼分布律，如果按照普朗克

的量子假设,则频率为 $\nu$ 的谐振子能量为 $nh\nu$ 的概率正比于 $e^{-nh\nu/kT}$。因而谐振子的平均能量为

$$\bar{\varepsilon} = \frac{\sum\limits_{n=0}^{\infty} nh\nu\, e^{-\frac{nh\nu}{kT}}}{\sum\limits_{n=0}^{\infty} e^{-\frac{nh\nu}{kT}}}$$

经数学运算得到

$$\bar{\varepsilon} = \frac{h\nu}{e^{\frac{h\nu}{kT}} - 1} \tag{16.13}$$

又根据经典电动力学理论得到黑体的单色辐出度为

$$M_{\nu_0} = \frac{2\pi h\nu^3}{c^2}\bar{\varepsilon}$$

将 $\bar{\varepsilon}$ 代入即得普朗克公式。

由此可见,正是黑体辐射的实验事实迫使普朗克作出了能量子的假设。这样的假设是与经典物理学的概念格格不入的,因此,从经典物理学来看,能量子的假设是荒诞的、不可思议的,就连普朗克本人也感到难以相信,总想回到经典理论的体系中,企图用连续性代替不连续性。为此,他花了许多精力,但最后还是证明这些企图是徒劳的。一直到 1905 年,爱因斯坦在普朗克能量子假设的基础上提出光量子概念,正确地解释了光电效应,从而普朗克能量子假设才冲破经典物理思想的束缚,逐渐为人们所接受。由于普朗克发现了能量子,对建立量子理论作出了卓越贡献,获得 1918 年诺贝尔物理学奖。

**例 16.2**　试由普朗克公式的频率表示 $M_{\nu_0}(T)$ 换算到波长表示 $M_{\lambda_0}(T)$。

**解**　按照 $M_{\lambda_0}(T)$ 的定义,温度为 $T$ 的黑体,在波长为 $\lambda$ 到 $\lambda+d\lambda$ 范围内,单位时间单位面积的辐射能为 $M_{\lambda_0}(T)d\lambda$。若以频率表示,则在频率为 $\nu$ 到 $\nu+d\nu$ 范围内,单位时间单位面积的辐射能为 $M_{\nu_0}(T)d\nu$。显然,这两种表示的能量应相等,即

$$M_{\lambda_0}(T)d\lambda = -M_{\nu_0}(T)d\nu$$

式中:负号是 $d\lambda$ 与 $d\nu$ 的正负号相反,当 $d\lambda$ 为正时,$d\nu$ 为负,反之亦然。

又由 $\nu = \dfrac{c}{\lambda}$,有

$$d\nu = -\frac{c}{\lambda^2}d\lambda$$

所以

$$M_{\lambda_0}(T)d\lambda = M_{\nu_0}(T)\frac{c}{\lambda^2} = \frac{2\pi\nu^2}{c^2}\frac{h\nu}{e^{h\nu/\lambda T}-1}\frac{c}{\lambda^2} = \frac{2\pi}{\lambda^2}\frac{h\frac{c}{\lambda}}{e^{hc/\lambda kT}-1}\frac{c}{\lambda^2} = \frac{2\pi c^2}{\lambda^5}\frac{h}{e^{hc/\lambda kT}-1}$$

**例 16.3**　试从普朗克公式推导斯特藩-玻尔兹曼定律及维恩位移定律。

**解**　在普朗克公式中,为简便起见,引入

$$C_1 = 2\pi hc^2, \quad x = \frac{hc}{k\lambda T}$$

则

$$\mathrm{d}x = -\frac{hc}{k\lambda^2 T}\mathrm{d}\lambda = -\frac{k}{hc}Tx^2\mathrm{d}\lambda$$

而普朗克公式为

$$M_0(x,T) = \frac{C_1 k^5 T^5}{h^5 c^5}\frac{x^5}{\mathrm{e}^x - 1} \tag{1}$$

所以黑体在一定温度下的总辐出度为

$$M_0(T) = \int_0^\infty M_{\lambda_0}(T)\mathrm{d}\lambda = \frac{C_1 k^4 T^4}{h^4 c^4}\int_0^\infty \frac{x^3}{\mathrm{e}^x - 1}\mathrm{d}x$$

由积分表查得

$$\int_0^\infty \frac{x^3}{\mathrm{e}^x - 1}\mathrm{d}x = \frac{\pi^4}{15} \approx 6.494$$

由此得

$$M_0(T) = 6.494\frac{C_1 k^4 T^4}{h^4 c^4} = \sigma T$$

这就是斯特藩-玻尔兹曼定律,由上式算得

$$\sigma = \frac{8\pi k^4}{h^3 c^2}\times 6.494 = 5.6693\times 10^{-8}\ \mathrm{W/(m^2 \cdot K^4)}$$

与实验数值相符。

为了推证维恩位移定律,需要求出式(1)中的极大值的位置,于是取

$$\frac{\mathrm{d}M_0(x,T)}{\mathrm{d}x} = \frac{C_1 k^5 T^5}{h^5 c^5}\cdot\frac{(\mathrm{e}^x - 1)5x^4 - x^5\mathrm{e}^x}{(\mathrm{e}^x - 1)^2} = 0$$

由此得

$$5\mathrm{e}^x - x\mathrm{e}^x - 5 = 0 \quad 或 \quad x = 5 - 5\mathrm{e}^{-x}$$

上式可用迭代法解出。取 $x \approx 5$ 代入右边,可得 $x = 4.966$,再代入右边,即得 $x = 4.965$,以此类推,解得 $x_m = 4.9651$。

因此

$$x_m = \frac{hc}{k\lambda_m T} = 4.9651 \quad 或 \quad \lambda_m T = \frac{hc}{4.9651k} = b$$

这就是维恩位移定律,由上式算得

$$b = \frac{hc}{4.9651k} = 2.8978\times 10^{-3}\ \mathrm{m \cdot K}$$

也与实验数值相符。

# 16.2　光电效应　爱因斯坦的光子理论

## 16.2.1　光电效应的实验规律

光电效应是由赫兹首先发现的,他在做电磁波实验时注意到,接收电路中感应出

来的电火花,当间隙的两个端面受到光照射时,火花要变得更强一些。此后,他的同事勒纳德(P. Lenard)测量了受到光照射的金属表面所释放的粒子的比荷,确认释放的粒子是电子,从而证实赫兹所观察到的火花加强的现象是在光的照射下金属表面发射电子的结果。

一个研究光电效应的实验装置如图 16.6 所示。在一抽成高真空度的容器内,装有阴极 K 和阳极 A,阴极 K 为金属板。当单色光通过石英窗口照射到金属板 K 上时,金属板便释放出电子,这种电子称为光电子。如果在 A、K 两端加上电势差 U,则光电子在加速电场作用下,飞向阳极,形成回路中的光电流。光电流的强弱由电流计读出,实验结果可归纳如下。

(1) 饱和电流　实验指出:以一定强度的单色光照射电极 K 时,加速电势差 $U = U_A - U_K$ 越大,光电流 I 也越大,当加速电势差增加到一定量值时,光电流达饱和值 $I_H$,参看图 16.7。这意味着从电极 K 发射出来的电子全部飞到 A 极上。如果增加光的强度,在相同的加速电势差下,光电流的量值也较大,相应的 $I_H$ 也增大,说明从电极 K 逸出的电子数增加了。因此,得出光电效应的第一个结论:单位时间内,受光照的金属板释放出来的电子数和入射光的强度成正比。

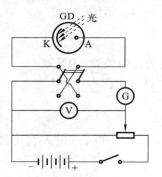

图 16.6　光电效应实验简图

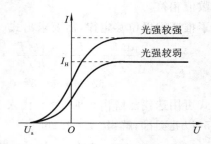

图 16.7　光电效应的伏安特性曲线

(2) 遏止电势差　如果降低加速电势差的量值,光电流 I 也随之减小。当电势差 U 减小到零并逐渐变负时($U = U_A - U_K$ 为负值),光电流 I 一般并不等于零,这表明从金属板 K 释出的电子具有初动能,所以尽管有电场阻碍它运动,仍有部分电子能到达金属板 A。如果使负的电势差足够大,从而使由金属板 K 表面释出的具有最大速度 $v_m$ 的电子也不能到达 A 极时,光电流便降为零。光电流为零时,外加电势差的绝对值 $U_a$ 称为遏止电势差。遏止电势差的存在,表明光电子从金属表面逸出时的初速有最大值 $v_m$,也就是光电子的初动能具有一定的限度,它等于

$$\frac{1}{2}mv_m^2 = eU_a \qquad (16.14)$$

式中:e 和 m 为电子的电荷量和质量。

实验还指出，$\frac{1}{2}mv_m^2$ 与光强无关，参看图 16.7。这样，得到光电效应的第二个结论：光电子从金属表面逸出时具有一定的动能，最大初动能等于电子的电荷量和遏止电势差的乘积，与入射光的强度无关。

（3）遏止频率（又称红限）　假如我们改变入射光的频率，那么实验结果指出：遏止电势差 $U_a$ 和入射光的频率之间具有线性关系（见图 16.8），即

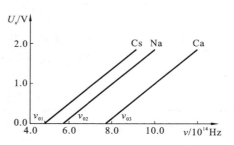

图 16.8　遏止电势差与频率的关系
（钠：$\nu_0 = 4.39 \times 10^{14}$ Hz）

$$U_a = K\nu - U_0$$

式中：$K$ 和 $U_0$ 都是正数。

对不同金属来说，$U_0$ 的量值不同，对同一金属，$U_0$ 为恒量。$K$ 为不随金属性质类别而改变的普适恒量。把式（16.14）代入上式，得

$$\frac{1}{2}v_m^2 = eK\nu - eU_0 \qquad\qquad (16.15)$$

光电子从金属表面逸出时的最大初动能随入射光的频率 $\nu$ 线性地增加着。

从式（16.15）可以看出，因为 $\frac{1}{2}mv_m^2$ 必须是正值，可见要使光所照射的金属释放电子，入射光的频率 $\nu$ 必须满足 $\nu \geqslant \dfrac{U_0}{K}$ 的条件，令 $\nu_0 = \dfrac{U_0}{K}$，$\nu_0$ 称为光电效应的红限。不同的金属具有不同的红限，这就是说，每种金属都存在频率的极限值 $\nu_0$——红限。光电效应的第三个结论是：光电子从金属表面逸出时的最大初动能与入射光的频率呈线性关系。当入射光的频率小于 $\nu_0$ 时，不管照射光的强度有多大，都不会产生光电效应。

（4）弛豫时间　实验证明，从入射光开始照射直到金属释出电子，无论光的强度如何，几乎是瞬时的，弛豫时间不超过 $10^{-9}$ s。

## 16.2.2　光的波动说的缺陷

上述光电效应的实验事实和光的波动说有着深刻的矛盾。按照光的波动说，金属在光的照射下，金属中的电子将从入射光中吸收能量，从而逸出金属表面。逸出时的初动能应取决于光振动的振幅，即取决于光的强度。因而按照光的波动说，光电子的初动能应随入射光的强度增加而增加。但是实验结果是：任何金属所释出的光电子的最大初动能都随入射光的频率线性地上升，而与入射光的强度无关。

根据波动说，如果光强足够供应从金属释出光电子所需要的能量，那么光电效应对各种频率的光都会发生，但是实验事实是每种金属都存在一个红限 $\nu_0$，对于频率小

于 $\nu_0$ 的入射光,不管入射光的强度多大,都不能发生光电效应。

如果再研究一下光电效应关于时间的问题,就会更显示出光的波动说的缺陷。按照光的波动说,金属中的电子从入射光波中吸收能量,必须积累到一定的量值(至少等于电子从金属表面逸出时克服表面原子的引力所需的功——称为逸出功),才能逸出金属表面。显然入射光越弱,能量积累的时间(即从开始照射到释出电子的时间)就越长,但实验结果并非如此。当物体受到光的照射时,一般地说,不论光怎样弱,只要频率大于红限,光电子几乎是立刻发射出来的。几种金属的逸出功和红限如表 16.1 所示。

表 16.1　几种金属的逸出功和红限

| 金属 | 逸出功/eV | 红限 $\nu_0$/Hz |
|---|---|---|
| 钠　Na | 1.82 | $4.39 \times 10^{14}$ |
| 钙　Ca | 2.71 | $6.53 \times 10^{14}$ |
| 铀　U | 3.63 | $8.75 \times 10^{14}$ |
| 钽　Ta | 4.12 | $9.93 \times 10^{14}$ |
| 钨　W | 4.50 | $10.8 \times 10^{14}$ |
| 镍　Ni | 5.01 | $12.1 \times 10^{14}$ |

## 16.2.3　爱因斯坦的光子理论

爱因斯坦从普朗克的能量子假设中得到了启发,他认为普朗克的理论只考虑了辐射物体上谐振子能量的量子化,即谐振子所发射或吸收的能量是量子化的,他假定空腔内的辐射能本身也是量子化的,就是说光在空间传播时,也具有粒子性,想象一束光是一束以光速 $c$ 运动的粒子流,这些粒子称为光量子,现称为光子。每一光子的能量也就是 $\varepsilon = h\nu$,不同频率的光子具有不同的能量。光的能流密度 $S$(即单位时间内通过单位垂直面积的光能)取决于单位时间内通过该单位面积的光子数 $N$,频率为 $\nu$ 的单色光的能流密度为 $S = Nh\nu$。

按照光子理论,光电效应可解释如下:当金属中一个自由电子从入射光中吸收一个光子后,就获得能量 $h\nu$,如果 $h\nu$ 大于电子从金属表面逸出时所需的逸出功 $A$,这个电子就可从金属中逸出。根据能量守恒定律,应有

$$h\nu = \frac{1}{2}mv_m^2 + A \tag{16.16}$$

式中: $\frac{1}{2}mv_m^2$ 是光电子的最大初动能。

式(16.16)称为爱因斯坦光电效应方程。爱因斯坦光电效应方程表明光电子的初动能与入射光频率之间的线性关系,从而解释了式(16.15)。入射光的强度增加

时,光子数也增多,因而单位时间内光电子数目也将随之增加,这就很自然地说明了饱和电流或光电子数与光的强度之间的正比关系,再由方程式(16.16),假定 $\frac{1}{2}mv_m^2 = 0$,那么

$$\nu_0 = \frac{A}{h}$$

这表明频率为 $\nu_0$ 的光子具有发射光电子的最小能量,如果光子频率低于 $\nu_0$(红限),不管光子数目多大,单个光子没有足够的能量去发射光电子,所以红限相当于电子所吸收的能量全部消耗于电子的逸出功时入射光的频率。同样由光子理论可以得出,当一个光子被吸收时,全部能量立即被吸收,不需要积累能量的时间,这也就自然地说明了光电效应的瞬时发生的问题。由于爱因斯坦发展了普朗克的思想,提出了光子假说,成功地说明了光电效应的实验规律,获得 1921 年诺贝尔物理学奖。

## 16.2.4　光的波-粒二象性

光子不仅具有能量,而且还具有质量和动量等一般粒子共有的特性,光子的质量 $m_\varphi$ 可由相对论的质-能关系式得到:

$$m_\varphi = \frac{\varepsilon}{c^2} = \frac{h\nu}{c^2} \qquad (16.17)$$

$m_\varphi$ 的量值应是有限的,视光子的能量而定。光子的动量为

$$p = m_\varphi c = \frac{h\nu}{c} = \frac{h}{\lambda} \qquad (16.18)$$

由于光子具有动量,当光照射在物体上时,将对物体的反射面或吸收面施以压力。列别捷夫曾用精密的实验方法测得非常微小的光压,直接地证实了光子的动量和能量关系式。

光子理论不仅圆满地解释光电效应,以后还将看到,光子理论也能说明光的波动说所不能解释的其他许多现象,从而确立光的粒子性。因此,光不仅具有波动性质,而且具有粒子性。关系式(16.17)和式(16.18)把光的双重性质——波动性和微粒性联系起来,动量和能量是描述粒子性的,而频率和波长则是描述波动性的。光的这种双重性质称为光的波-粒二象性。

## 16.2.5　光电效应的应用

光电效应的应用极为广泛。应用光电效应的原理可制成真空光电管(见图16.9),这种光电管的灵敏度很高,可用于记录和测量光的强度,作为光电光度计,也用于有声电影、电视和自动控制等装置。

在光照很微弱时,光电管所产生的电流很小,不易探测。常用光电倍增管来使光电流放大。光电倍增管的结构示意图如图 16.10 所示。当光照射到阴极 K 上时,使

之发出电子;再由外电场使电子加速,这些电子以高速轰击相邻的第一阴极 $K_1$,由于这种阴极一般由锑-铯合金或银-镁合金制成,经电子轰击后,即产生次级电子,数目较入射电子为多;这些电子再被加速,轰击第二阴极 $K_2$,从而产生更多的电子,如此继续下去。通常有 10 多个倍增阴极,阳极收集到的电子数将比最初从阴极发射的电子数增加了很多倍(一般为 $10^5 \sim 10^8$ 倍)。因此,这种光电倍增管只要受到很微弱的光照,就能产生很大的电流,它在科学研究、工程技术、天文和军事方面都有重要的应用。

除光电管、光电倍增管外,利用光电效应还可以制造多种光电器件,如电视摄像管等。

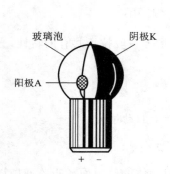

图 16.9　光电管

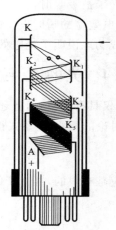

图 16.10　光电倍增管

**例 16.4**　设有一功率 $P=1$ W 的点光源,距光源 $d=3$ m 处有一钾薄片。假定钾薄片中的电子可以在半径约为原子半径 $r=0.5 \times 10^{-10}$ m 的圆面积范围内收集能量,已知钾的逸出功 $A=1.8$ eV。(1)按照经典电磁理论,计算电子从照射到逸出的时间;(2)如果光源发出波长为 $\lambda = 589.3$ nm 的单色光,根据光子理论,求每单位时间打到钾片单位面积上的光子数。

**解**　(1)电子吸收能量的面积为 $\pi r^2$。按照经典电磁理论,由光源发射的辐射能均匀分布在以点光源为中心、以 $d$ 为半径的球形波阵面上,这波阵面的面积为 $4\pi d^2$。所以照射到离光源 $d$ 处、半径为 $r$ 的圆面积内的功率是

$$P' = \frac{\pi r^2}{4\pi d^2} P = \frac{\pi \times (0.5 \times 10^{-10})^2}{4\pi \times 3^2} \times 1 \text{ W} = 7 \times 10^{-23} \text{ W}$$

假定这些能量全部为电子所吸收,那么可以计算从光开始照射到电子逸出表面所需的时间为

$$t = \frac{A}{P'} = \frac{1.8 \times 1.6 \times 10^{-19}}{7 \times 10^{-23}} \text{ s} \approx 4000 \text{ s}$$

实验事实指出，在任何情况下，都没有测得这样长的滞后时间。按现代的实验断定，可能的滞后时间不会超过 $10^{-9}$ s。

(2) 按光子理论，波长为 589.3 nm 的每一个光子的能量为

$$\varepsilon = h\nu = \frac{hc}{\lambda} = \frac{6.63 \times 10^{-34} \times 3 \times 10^8}{589.3 \times 10^{-9}} \text{ J} = 3.4 \times 10^{-19} \text{ J} \approx 2.1 \text{ eV}$$

每单位时间打在距光源 3 m 的钾片单位面积上的能量为

$$I = \frac{P}{4\pi d^2} = \frac{1.0}{4\pi \times 3^2} \text{ J/(m}^2 \cdot \text{s)} = 0.88 \times 10^{-2} \text{ J/(m}^2 \cdot \text{s)}$$
$$= 5.5 \times 10^{16} \text{ eV/(m}^2 \cdot \text{s)}$$

所以打到钾片单位面积上的光子数为

$$N = \frac{I}{\varepsilon} = \frac{5.5 \times 10^{16}}{2.1} = 2.6 \times 10^{16}$$

# 16.3　康普顿效应

## 16.3.1　康普顿效应

1923 年康普顿(A. H. Compton)研究了 X 射线经物质散射的实验，进一步证实了爱因斯坦的光子概念。图 16.11 是康普顿实验装置的示意图。X 射线源发射一束波长为 $\lambda_0$ 的 X 射线，并投射到一块石墨上，经石墨散射后，散射束穿过光阑，其波长及相对强度可以由晶体和探测器所组成的摄谱仪来测定，改变散射角，进行同样的测量。康普顿发现，在散射光谱中除了有与入射线波长 $\lambda_0$ 相同的射线外，同时还有波长 $\lambda > \lambda_0$ 的射线，这种改变波长的散射称为康普顿效应，康普顿因发现此效应而获得 1927 年诺贝尔物理学奖。1926 年，我国物理学家吴有训对不同的散射物质进行了研究，实验结果指出：① 波长的偏移 $\Delta\lambda = \lambda - \lambda_0$ 随散射角 $\varphi$（散射线与入射线之间的夹角）的不同而不同，当散射角增大时，波长的偏移也随之增

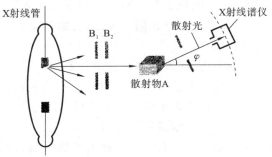

图 16.11　康普顿的实验装置图

加,而且随着散射角的增大,原波长的谱线强度减小,而新波长的谱线强度增大(见图 16.12);② 在同一散射角下,对于所有散射物质,波长的偏移 $\Delta\lambda$ 都相同,但原波长的谱线强度随散射物质的原子序数的增大而增加,新波长的谱线强度随之减小(见图 16.13)。

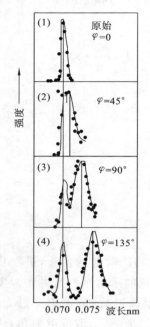

图 16.12　康普顿散射与角度的关系

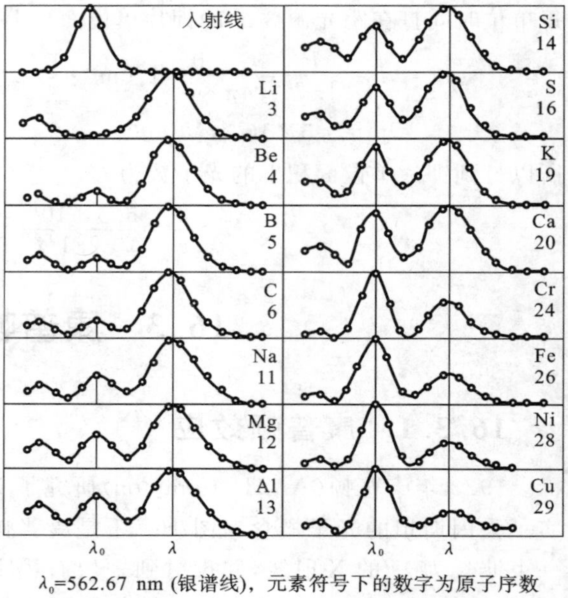

$\lambda_0=562.67$ nm (银谱线),元素符号下的数字为原子序数

图 16.13　康普顿散射与原子序数的关系

## 16.3.2　光子理论的解释

按照经典电磁理论,光的散射是这样产生的:当电磁波通过物体时,将引起物体中带电粒子作受迫振动,从入射波吸收能量,而每个振动着的带电粒子,将向四周辐射电磁波,从波动观点来看,带电粒子受迫振动的频率等于入射光的频率,所发射的光的频率(或波长)应与入射光的频率相同。可见,光的波动理论能够解释波长不变的散射而不能解释康普顿效应。

但是,如果应用光子的概念,并假设单个光子和实物粒子一样,能与电子等粒子发生弹性碰撞,那么康普顿效应能够在理论上得到与实验相符合的解释。根据光子理论,一个光子与散射物中的一个自由电子或束缚微弱的电子发生碰撞后,散射光子将沿某一方向进行,这一方向就是康普顿散射的方向。

在碰撞过程中,一个自由电子吸收一个入射光子能量后,发射一个散射光子,当光子向某一方向散射时,电子受到反冲而获得一定的动量和能量。在整个碰撞过程中,动量守恒和能量守恒,因此,散射光子的能量就比入射光子的能量低。因为光子的能量与频率之间有关系 $\varepsilon = h\nu$，所以散射光的频率要比入射光的频率小（即波长 $\lambda > \lambda_0$）。如果光子与原子中束得很紧的电子碰撞，光子将与整个原子作弹性碰撞。因原子的质量要比光子大很多，按照碰撞理论，散射光子的能量不会显著地减小，因而散射光的频率也不会显著地改变，康普顿偏移非常小，所以观察到散射线里也有与入射线波长相同的射线。

　　现在我们来定量分析单个光子和电子的碰撞。图 16.14 所示的是一个光子与一个电子之间的碰撞。假定电子开始时处于静止状态，而且它是自由的，这时，频率为 $\nu_0$ 的电磁波沿 $x$ 轴前进，具有能量 $h\nu_0$ 和动量 $\dfrac{h\nu_0}{c}\boldsymbol{n}_0$ 的一个光子与这个电子碰撞后将被散射，散射光子与原来的入射光子方向成 $\varphi$ 角。这时，散射光子的能量变为 $h\nu$，动量变为 $\dfrac{h\nu}{c}\boldsymbol{n}$，$\boldsymbol{n}_0$、$\boldsymbol{n}$ 分别表示光子在运动方向上的单位矢量。与此同时，能量为 $m_0 c^2$、动量为零的电子在碰撞后将沿着某一角度 $\theta$ 的方向飞出，这时电子的能量变为 $mc^2$，动量变为 $m\boldsymbol{v}$；$m = \dfrac{m_0}{\sqrt{1 - v^2/c^2}}$，$m_0$ 为电子的"静止"质量，$\boldsymbol{v}$ 为电子碰撞后的速度。根据弹性碰撞过程中将遵守能量守恒定律和动量守恒定律来考虑，有：

$$h\nu_0 + m_0 c^2 = h\nu + mc^2$$

$$m\boldsymbol{v} = \frac{h\nu}{c}\boldsymbol{n}_0 - \frac{h\nu}{c}\boldsymbol{n}$$

解以上两个等式，可得

$$\Delta\lambda = \lambda - \lambda_0 = \frac{2h}{m_0 c}\sin^2\frac{\varphi}{2} = 2\lambda_C \sin^2\frac{\varphi}{2} \tag{16.19}$$

式中：$\lambda_C = \dfrac{h}{m_0 c} = 2.43 \times 10^{-12}$ m，称为电子的康普顿波长。

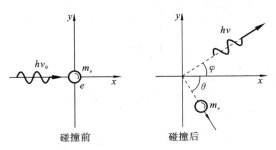

图 16.14　光子与电子的碰撞

　　式（16.19）说明了波长的偏移 $\lambda - \lambda_0$ 与散射物质以及入射光的波长无关，仅取决于散射方向。当散射角 $\varphi$ 增大时，$\Delta\lambda$ 也将随之增大，由式（16.19）计算的理论值与实验结果很好地符合。

　　X 射线的散射现象，在理论上和实验上的符合，不仅有力地证实了光子理论，说明了光子具有一定的质量、能量和动量,而且这个现象所研究的,不是整个光束与散射物体的作用,而只是个别光子与个别电子间的作用,所以这种现象同时也证实了能量守恒和动量守恒两定律,在微观粒子相互作用的基元过程中,也同样严格地遵守着。

**例 16.5**　如图 16.15 所示,波长 $\lambda_0 = 0.02$ nm 的 X 射线与静止的自由电子碰撞,现在从与入射方向成 $90°$ 的方向去观察散射辐射,求:(1) 散射 X 射线的波长;(2) 反冲电子的能量;(3) 反冲电子的动量。

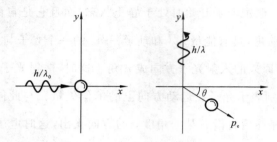

图 16.15　例 16.5 图

**解**　(1) 散射后 X 射线波长的改变为

$$\Delta\lambda = \frac{2h}{m_0 c}\sin^2\frac{\varphi}{2} = \frac{2\times6.63\times10^{-34}}{9.11\times10^{-31}\times3\times10^8}\sin^2\frac{\pi}{4}\ \text{m}$$

$$= 0.024\times10^{-10}\ \text{m} = 0.0024\ \text{nm}$$

所以散射 X 射线的波长为

$$\lambda = \Delta\lambda + \lambda_0 = 0.0024\ \text{nm} + 0.02\ \text{nm} = 0.0224\ \text{nm}$$

(2) 根据能量守恒,反冲电子获得的能量就是入射光子与散射光子能量的差值,所以

$$\Delta\varepsilon = \frac{hc}{\lambda_0} - \frac{hc}{\lambda} = \frac{hc\Delta\lambda}{\lambda_0\lambda} = \frac{6.63\times10^{-34}\times3\times10^8\times2.4\times10^{-12}}{2\times10^{-11}\times2.24\times10^{-11}}\ \text{J}$$

$$= 10.7\times10^{-16}\ \text{J} = 6.66\times10^3\ \text{eV}$$

(3) 根据动量守恒,有

$$\frac{h}{\lambda_0} = p_e\cos\theta,\qquad \frac{h}{\lambda} = p_e\sin\theta$$

所以

$$p_e = h\left(\frac{\lambda^2+\lambda_0^2}{\lambda^2\lambda_0^2}\right)^{1/2} = 6.63\times10^{-34}\times\left(\frac{2.24^2\times10^{-22}+2^2\times10^{-22}}{4.48^2\times10^{-44}}\right)^{1/2}$$

$$= 4.44\times10^{-23}\ \text{kg}\cdot\text{m/s}$$

又

$$\cos\theta = \frac{h}{\lambda_0 p_e} = \frac{6.63\times10^{-34}}{2\times10^{-11}\times4.4\times10^{-23}} = 0.753$$

$$\theta \approx 41°9'$$

# 16.4　氢原子光谱　玻尔的氢原子理论

## 16.4.1　氢原子光谱的规律性

原子发光是重要的原子现象之一。由于光学仪器的精确性,光谱学的数据对物质结构的研究具有重要的意义,人们对原子光谱曾进行长时期的深入研究,积累了大量观测资料,并根据这些资料的分析,得出有关原子光谱的重要规律。

图 16.16 是氢原子的光谱图,图中 $H_\alpha,H_\beta,H_\gamma,\cdots$谱线的波长经光谱学的测定已表明在图中。

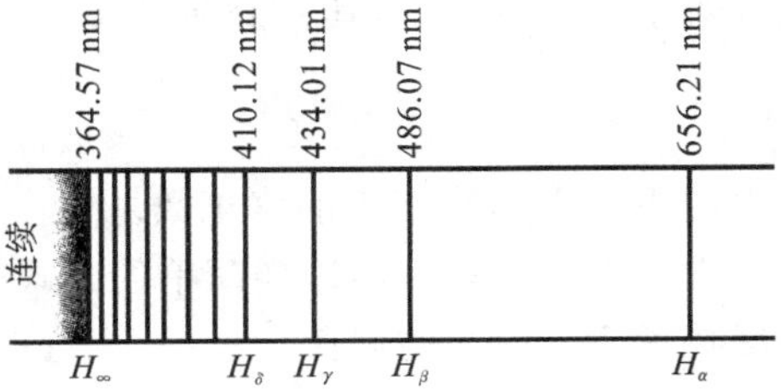

1885 年,巴耳末(J. J. Balmer)首先将氢原子光谱线的波长用下列的经验公式来表示:

$$\lambda=B\,\frac{n^2}{n^2-4}\qquad(16.20)$$

图 16.16　氢原子的光谱图

式中:$B$ 是常量,其量值等于 365.47 nm;$n$ 为正整数,当 $n=3,4,5,\cdots$时,上式分别给出氢光谱中 $H_\alpha,H_\beta,H_\gamma,\cdots$谱线的波长。

在光谱学中,谱线也常用频率 $\nu$,或用波数(波长的倒数)$\tilde{\nu}=\dfrac{1}{\lambda}$ 表征。$\tilde{\nu}$ 的意义是单位长度内所含有的波数。这样,上式可以改写为

$$\nu=\frac{4c}{B}\left(\frac{1}{2^2}-\frac{1}{n^2}\right),\quad \tilde{\nu}=\frac{1}{\lambda}=\frac{4c}{B}\left(\frac{1}{2^2}-\frac{1}{n^2}\right)\qquad(16.21)$$

后人称这个公式为巴耳末公式,而将它所表达的一组谱线(均落在可见光区)称为氢原子光谱的巴耳末系。

1889 年,里德伯(J. R. Rydberg)提出了一个普遍的方程,即把式(16.21)中的 $2^2$ 换成其他整数的平方,就可以得出氢原子光谱的其他线系,该方程是

$$\tilde{\nu}=R\left(\frac{1}{k^2}-\frac{1}{n^2}\right)\quad k=1,2,3,\cdots\quad n=k+1,k+2,k+3,\cdots\qquad(16.22)$$

称为里德伯方程,其中 $R=\dfrac{4}{B}=1.096776\times10^7\ \mathrm{m}^{-1}$,称为里德伯常量。

氢原子光谱各谱系的名称分别为

$k=l,n=2,3$,莱曼(T. Lyman)系,(1914 年),紫外区

$k=3,n=4,5$,帕邢(F. Paschen)系,(1908 年),红外区

$k=4,n=5,6$,布拉开(F. Brackett)系,(1922 年),红外区

$k=5,n=6,7$,普丰德(H. A. Pfund)系,(1924 年),红外区

$k=6,n=7,8$,哈弗莱(C. S. Humphreys)系,(1953 年),红外区

在氢谱线实验规律的基础上,里德伯、里兹(W. Ritz)等人在 1890 年研究其他元素(如一价碱金属)的光谱,发现碱金属光谱也可分为若干线系,其频率或波数也有和氢谱线类似的规律性,一般可用两个函数的差值来表示,函数中的参变量分别为正整数 $k$ 和 $n(n>k)$,即

$$\tilde{\nu}=T(k)-T(n) \tag{16.23}$$

式中:$T(k)$ 和 $T(n)$ 称为光谱项。

式(16.23)称为里兹并合原理。对同一 $k$ 值,不同的 $n$ 值给出同一谱系的不同谱线。对于碱金属原子,其光谱项可表示为

$$\nu T(k)=\frac{R}{(k+\alpha)^2}, \quad T(n)=\frac{R}{(k+\beta)^2} \tag{16.24}$$

式中:$\alpha$ 和 $\beta$ 都是小于 1 的修正数。

原子光谱线系可用这样简单的公式来表示,且其结果又非常准确,这说明它深刻地反映了原子内在的规律。

## 16.4.2 玻尔的氢原子理论

关于原子的结构,人们曾提出各种不同的模型,经公认的是 1911 年卢瑟福(E. Rutherford)在 $\alpha$ 粒子散射实验基础上提出的核式结构模型,即原子是由带正电的原子核和核外作轨道运动的电子组成。根据卢瑟福提出的原子模型,电子在原子中绕核转动,这种加速运动着的电子应发射电磁波,它的频率等于电子绕核转动的频率。由于能量辐射,原子系统的能量就会不断减小,频率也将逐渐改变,因而所发射的光谱应是连续的。同时由于能量的减少,电子将沿螺线运动逐渐接近原子核,最后落在核上,因此按经典理论,卢瑟福的核型结构就不可能是稳定的系统。

为了解决上述困难,1913 年,玻尔(N. Bohr)在卢瑟福的核型结构的基础上,把量子化概念应用到原子系统,结合里兹并合原理,提出三个基本假设作为他的氢原子理论的出发点,使氢光谱规律获得很好的解释。

玻尔理论的基本假设是:

(1)定态假设　原子系统只能处在一系列不连续的能量状态,在这些状态中,虽然电子绕核作加速运动,但并不辐射电磁波,这些状态称为原子系统的稳定状态(简称定态),相应的能量分别为 $E_1,E_2,E_3,\cdots(E_1<E_2<E_3\cdots)$。

(2)频率条件　当原子从一个能量为 $E_n$ 的定态跃迁到另一能量为 $E_k$ 的定态时,就要发射或吸收一个频率为 $\nu_b$ 的光子

$$\nu_{kn}=\frac{|E_n-E_k|}{h} \tag{16.25}$$

式中:$h$ 为普朗克常量。

当 $E_n > E_k$ 时发射光子，$E_n < E_k$ 时吸收光子。式(16.25)称为玻尔频率公式。

（3）量子化条件在电子绕核作圆周运动中，其稳定状态必须满足电子的角动量 $L$ 等于 $\dfrac{h}{2\pi}$ 的整数倍的条件，即

$$L = n\frac{h}{2\pi}, \quad n = 1, 2, 3 \cdots \tag{16.26a}$$

式中：$n$ 为正整数，称为量子数。

式(16-26a)称为角动量量子化条件，此式也可简写成

$$L = n\hbar \tag{16.26b}$$

式中：$\hbar = \dfrac{h}{2\pi}$，称为约化普朗克常量，其值等于 $1.0545887 \times 10^{-34}$ J·s。

## 16.4.3　氢原子轨道半径和能量的计算

玻尔根据上述假设计算了氢原子在稳定态中的轨道半径和能量。他认为氢原子的核外电子在绕核作圆周运动时，其向心力就是氢原子核正电荷对轨道电子的库仑引力，应用库仑定律和牛顿运动定律得

$$\frac{e^2}{4\pi\varepsilon_0 r^2} = m\frac{v^2}{r} \tag{1}$$

又根据角动量量子化条件

$$L = mvr = n\hbar, \quad n = 1, 2, 3, \cdots \tag{2}$$

消去两式中的 $v$，并以 $r_n$ 代替 $r$，得

$$r_n = n^2 \left( \frac{\varepsilon_0 h^2}{\pi m e^2} \right), \quad n = 1, 2, 3, \cdots \tag{16.27}$$

这就是原子中第 $n$ 个稳定轨道的半径。由式(16.27)可知，电子轨道半径与量子数 $n$ 的平方成正比，其量值是不连续的。以 $n=1$ 代入上式得 $r_1 = 0.529 \times 10^{-10}$ m，这是氢原子核外电子的最小轨道半径，称为玻尔半径。这个数值和用其他方法得到的数值符合得很好。图 16.17 所示的是氢原子处于各定态时的电子轨道。

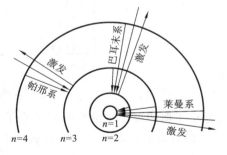

图 16.17　氢原子各定态电子轨道及跃迁图

当电子在半径为 $r_n$ 的轨道上运动时，氢原子系统的能量 $E_n$ 等于原子核与轨道电子这一带电系统的静电势能和电子的动能之和，如以电子在无穷远处的静电势能为零，则得

$$E_n = \frac{1}{2}mv_n^2 - \frac{e^2}{4\pi\varepsilon_0 r_n}$$

由式(1)可知 $\frac{1}{2}mv_n^2=\frac{e^2}{8\pi\varepsilon_0 r_n}$，将此代入上式，并将式(16.27)中 $r_n$ 的值代入，最后得

$$E_n=-\frac{e^2}{8\pi\varepsilon_0 r_n}=-\frac{1}{n^2}\left(\frac{me^4}{8\varepsilon_0^2 h^2}\right) \tag{16.28}$$

式(16.28)表示电子在第 $n$ 个稳定轨道上运动（即原子处于第 $n$ 稳定态）时氢原子系统的能量。由于量子数只能取 1,2,3,…任意正整数，所以原子系统的能量是不连续的。也就是说，能量是量子化的，这种量子化的能量值称为能级。

以 $n=1$ 代入式(16.28)得 $E_1=-13.6$ eV，这是氢原子的最低能级，也称基态能级，这个能量值与用实验方法测得的氢原子电离电势符合得很好。$n>1$ 的各稳定态，其能量大于基态能量，随量子数 $n$ 的增大而增大，能量间隔减小。这种状态称为受激态，当 $n\to\infty$ 时，$r_n\to\infty$，$E_n\to0$，能级趋于连续。$E>0$ 时，原子处于电离状态，能量可连续变化。图16.18是氢原子的能级图。

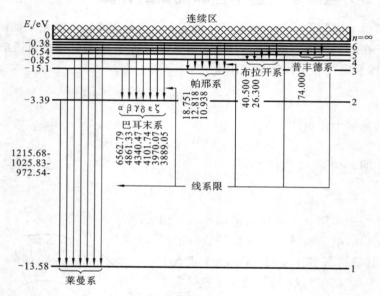

图 16.18　氢原子能级图

下面用玻尔理论来研究氢原子光谱的规律，根据玻尔假设，当原子从较高能态 $E_n$ 向较低能态 $E_k$ 跃迁时，发射一个光子，其频率和波数为

$$\nu_{nk}=\frac{E_n-E_k}{h}$$

$$\tilde{\nu}_{nk}=\frac{E_n-E_k}{hc}$$

将能量表示式(16.28)代入，即可得氢原子光谱的波数公式

$$\tilde{\nu}_{nk} = \frac{me^4}{8\varepsilon_0^2 h^3 c}\left(\frac{1}{k^2} - \frac{1}{n^2}\right) \tag{16.29}$$

显然式(16.29)与氢原子光谱经验公式(16.22)是一致的,又可得里德伯常量的理论值

$$R_{理论} = \frac{me^4}{8\varepsilon_0^2 h^3 c} = 1.0973731 \times 10^7 \text{ m}^{-1}$$

理论值与实验值符合得很好。图 16.17 和图 16.18 均示出了氢原子能态跃迁所产生的各谱线系,玻尔理论不仅能成功地说明氢原子的光谱,对类氢离子(只有一个电子绕核转动的离子,如 $He^+$、$Li^{2+}$、$Be^{3+}$ 等)的光谱也能很好地说明,由此可见,玻尔理论在一定程度上能反映单电子原子系统的客观实际。鉴于玻尔对研究原子结构和原子辐射的贡献,玻尔获得 1922 年诺贝尔物理学奖。

## 16.4.4　玻尔理论的缺陷

我们已经看到,玻尔理论对氢原子光谱的解释获得了很大的成功,同时玻尔关于定态的概念和光谱线频率的假设,在原子结构和分子结构的现代理论中,仍然是有用的概念,玻尔的创造性工作对现代量子力学的建立有着深远的影响。玻尔理论虽然取得一些成就,但也存在着严重的不足之处。首先,这个理论本身仍是以经典理论为基础的,而所引进的电子处于定态时不发出辐射的假设却又是和经典理论相抵触的;其次,量子化条件的引进也没有适当的理论解释。此外,由玻尔理论只能求出谱线的频率,对谱线的强度、宽度、偏振等一系列问题都无法处理。

玻尔理论的缺陷,在于处理问题没有一个完整的理论体系。例如,一方面把微观粒子(电子、原子等)看作经典力学的质点,用了坐标和轨道的概念,并且还应用牛顿定律来计算电子轨道等;另一方面又加上量子条件来限定稳定运动状态的轨道。所以玻尔理论是经典理论加上量子条件的混合物。正如当时布喇格(W. H. Bragg)对这种理论的评论时所说的那样:"好像应当在星期一、三、五引用经典规律,而在星期二、四、六引用量子规律。"这一切都反映出早期量子论的局限性,实际上,微观粒子具有比宏观粒子复杂得多的波-粒二象性,正是在这一基础上,1926 年薛定谔、海森伯等人建立了新的量子力学,由于量子力学能够反映微观粒子的二象性,所以成为一个完整地描述微观粒子运动规律的力学体系。

**例 16.6**　在气体放电管中,用能量为 12.5 eV 的电子通过碰撞使氢原子激发,问受激发的原子向低能级跃迁时,能发射哪些波长的光谱线?

**解**　设氢原子全部吸收电子的能量后最高能激发到第 $n$ 个能级,此能级的能量为 $-\dfrac{13.6}{n^2}$ eV,所以

$$E_n - E_1 = 13.6 - \frac{13.6}{n^2}$$

把 $E_n - E_1 = 12.5$ eV 代入上式得

$$n^2 = \frac{13.6}{13.6 - 12.5} = 12.36$$

所以

$$n = 3.5$$

因为 $n$ 只能取整数,所以氢原子最高能激发到 $n=3$ 的能级,当然也能激发到 $n=2$ 的能级。于是能产生 3 条谱线

$$从\ n = 3 \to n = 1 \quad \tilde{\nu}_1 = R\left(\frac{1}{1^2} - \frac{1}{3^3}\right) = \frac{8}{9}R$$

$$\lambda_1 = \frac{9}{8R} = \frac{9}{8 \times 1.096776 \times 10^7}\ \text{m} = 102.6\ \text{nm}$$

$$从\ n = 3 \to n = 2 \quad \tilde{\nu}_2 = R\left(\frac{1}{2^2} - \frac{1}{3^3}\right) = \frac{5}{36}R$$

$$\lambda_2 = \frac{36}{5R} = \frac{36}{5 \times 1.096776 \times 10^7}\ \text{m} = 656.5\ \text{nm}$$

$$从\ n = 2 \to n = 1 \quad \tilde{\nu}_1 = R\left(\frac{1}{1^2} - \frac{1}{2^3}\right) = \frac{3}{4}R$$

$$\lambda_3 = \frac{4}{3R} = \frac{4}{3 \times 1.096776 \times 10^7}\ \text{m} = 121.6\ \text{nm}$$

**例 16.7**　计算氢原子中的电子从量子数 $n$ 的状态跃迁到量子数 $k = n-1$ 的状态时所发射的谱线的频率。试证明当 $n$ 很大时,这个频率等于电子在量子数 $n$ 的圆轨道上绕转的频率。

**解**　按式(16.28)求得

$$\nu_{n-1,n} = \frac{me^4}{8\varepsilon_0^2 h^3}\left[\frac{1}{(n-1)^2} - \frac{1}{n^2}\right] = \frac{me^4}{8\varepsilon_0^2 h^3}\frac{2n-1}{n^2(n-1)^2}$$

当 $n$ 很大时

$$\nu_{n-1,n} \approx \frac{me^4}{8\varepsilon_0^2 h^3}\frac{2}{n^3} = \frac{me^4}{4\varepsilon_0^2 h^3 n^3}$$

另一方面,可求得电子在半径 $r_n$ 的圆轨道上的绕转频率为

$$\nu = \frac{v_n}{2\pi r_n} = \frac{mv_n r_n}{2\pi mr_n^2} = \frac{n\dfrac{h}{2\pi}}{2\pi mr_n^2} = \frac{nh}{4\pi^2 mr_n^2}$$

再把式(16.27)中的 $r_n$ 代入求得

$$\nu = \frac{nh}{4\pi^2 m}\left(\frac{\pi me^2}{n^2\varepsilon_0 h^2}\right)^2 = \frac{me^4}{4\varepsilon_0^2 h^3 n^3}$$

可见 $\nu$ 的值和在 $n$ 很大时 $\nu_{n-1,n}$ 的值相同。在量子数很大的情况下,量子理论得到与经典理论一致的结果,这是一个普遍原则,称为对应原理,本题就是对应原理的一个例证。

# 16.5　德布罗意波　波-粒二象性

## 16.5.1　德布罗意波

在波动光学中,我们研究了光的干涉、衍射等现象,这些现象证实了光的波动性。在讨论热辐射、光电效应和康普顿效应等现象中,普朗克和爱因斯坦关于光的微粒性理论又取得了极大的成功。这样,为了解释光的全部现象,我们不得不承认光的本性具有"波-粒二象性",正是表示式 $\varepsilon = h\nu$ 和 $p = \dfrac{h}{\lambda}$ 把标志波动性质的 $\nu$、$\lambda$ 和标志微粒性的 $E$、$P$,通过普朗克常量 $h$ 定量地联系起来了。

1924 年年轻的博士研究生德布罗意在光的二象性的启发下,提出了与光的二象性完全对称的设想,即实物粒子(如电子、质子等)也具有波-粒二象性的假设。他认为,"整个世纪(指 19 世纪)以来,在光学中,比起波动的研究方法来,如果说是过于忽视了粒子的研究方法的话,那么在实物的理论中,是否发生了相反的错误呢? 是不是我们把粒子的图像想得太多,而过分地忽略了波的图像呢?"他还注意到几何光学与经典力学的相似性,根据类比的方法,提出了实物粒子也具有波动性的假设。

德布罗意认为,质量为 $m$ 的粒子以速度 $v$ 匀速运动时,具有能量 $E$ 和动量 $P$;从波动性方面来看,它具有波长 $\lambda$ 和频率 $v$,而这些量之间的关系也和光波的波长、频率与光子的能量、动量之间的关系一样,应遵从下述公式

$$E = mc^2 = h\nu \tag{16.30}$$

$$P = mv = \frac{h}{\lambda} \tag{16.31}$$

所以对具有静止质量 $m_0$ 的实物粒子来说,若粒子以速度 $v$ 运动,则和该粒子相联系的平面单色波的波长是

$$\lambda = \frac{h}{P} = \frac{h}{mv} = \frac{h}{m_0 v}\sqrt{1 - \frac{v^2}{c^2}} \tag{16.32}$$

式(16.32)称为德布罗意公式。人们常把这种和物质相联系的波称为德布罗意波,薛定谔在诠释波函数的物理意义时,把这种波称为物质波。如果 $v \ll c$,那么

$$\lambda = \frac{h}{m_0 v} \tag{16.33}$$

以电子为例,电子经电场加速(加速电势差为 $U$)后,电子的速度将由关系式

$$\frac{1}{2} m_0 v^2 = eU, \quad v = \sqrt{\frac{2eU}{m_0}}$$

决定,代入式(16.33)得

$$\lambda = \frac{h}{\sqrt{2em_0}} \frac{1}{\sqrt{U}} \tag{16.34}$$

将 $h = 6.63 \times 10^{-34}$ J·s, $e = 1.60 \times 10^{-19}$ C, $m_0 = 9.11 \times 10^{-31}$ kg 等数据代入后,得

$$\lambda = \sqrt{\frac{150}{U}} \times 10^{-10} \text{ m} = \frac{1.225}{\sqrt{U}} \text{ nm}$$

由此可知,用 150 V 的电势差所加速的电子,德布罗意波长等于 0.1 nm,与 X 射线的波长同数量级;而当 $U = 10000$ V 时,$\lambda = 0.0122$ nm,所以德布罗意波长是很短的。

德布罗意曾设想用物质波概念分析玻尔氢原子的量子化条件,他认为电子的物质波绕圆轨道传播,当满足驻波条件时,物质波才能在圆轨道上持续地传播,这才是稳定的轨道(见图 16.19)。设 $r$ 为电子稳定轨道的半径,则有

$$2\pi r = n\lambda, \quad n = 1, 2, 3, \cdots$$

将物质波波长 $\lambda = \frac{h}{mv}$ 代入,即得

$$mvr = n \frac{h}{2\pi}, \quad n = 1, 2, 3, \cdots$$

这正是玻尔假设中有关电子轨道角动量量子化的条件。

图 16.19　电子驻波

## 16.5.2　戴维孙-革末实验

德布罗意提出物质波的概念以后,很快就在实验上得到证实。1927 年,戴维孙(C. J. Davisson)和革末(L. H. Germer)进行了电子衍射实验,实验装置如图16.20所示,电子枪发射的电子束,经电势差 $U$ 加速垂直投射到镍单晶的水平面上(经研磨加工而成的平面)。电子束在晶面上散射后进入电子探测器,其电流由电流计测出,实验发现,当加速电压为 54 V 时,沿 $\theta = 50°$ 的散射方向探测到电子束的强度出现一个明显的极大,如图 16.21 所示。这个测量结果不能用粒子运动来说明,但可以用 X 射线对晶体的衍射方法来分析。

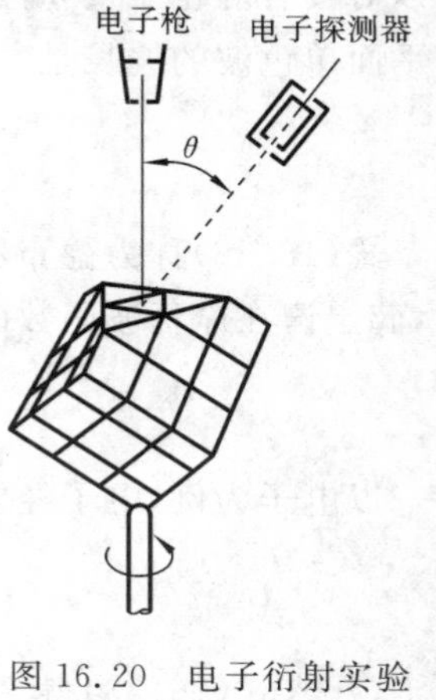

设晶体的晶格常量为 $a$,散射加强的平面间距 $d = a\sin\frac{\theta}{2}$(见图 16.22),这样,相邻两晶面的散射线的程差为 $2d\cos\frac{\theta}{2} = 2a\sin\frac{\theta}{2}\cos\frac{\theta}{2} = a\sin\theta$,满足加强的条件为

$$a\sin\theta = k\lambda$$

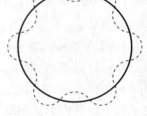

电子枪　　电子探测器

图 16.20　电子衍射实验

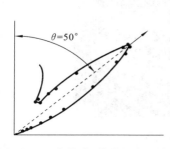
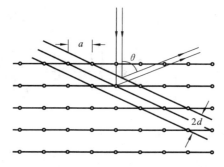

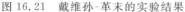

图 16.21　戴维孙-革末的实验结果　　　　图 16.22　电子束在晶面上散射加强计算图

这就是 X 射线在晶体上衍射时的布拉格公式。按照德布罗意假设,波长 $\lambda = \dfrac{h}{p}$,而当速度不大时,动量 $p$ 可用经典表达式,即

$$\lambda = \frac{h}{p} = \frac{h}{\sqrt{2meU}}$$

代入上式得

$$a\sin\theta = kh\,\frac{1}{\sqrt{2meU}}$$

对镍来说,$a = 2.15 \times 10^{-10}$ m,把 $a$、$e$、$m$、$h$ 和加速电压 $U = 54$ V 的值代入上式得

$$\sin\theta = 0.777k$$

由此可知,$k$ 只能为 1,即只有一个极大值,在 $\theta = \arcsin 0.777 = 50.9°$ 的方向上,它与实验值相差很小。这表明,电子确实具有波动性,而且也检验了德布罗意波长公式的正确性。戴维孙因发现电子在晶体中的衍射现象,获得 1937 年诺贝尔物理学奖。

电子束不仅在单晶体上反射时产生衍射现象,而且在穿过晶体薄片后在屏上也显示出有规律的条纹,这种图样和 X 射线通过晶体粉末后所产生的衍射条纹极其类似,说明了电子也和 X 射线一样,在通过晶体薄片后有衍射现象(见图 16.23),并且,证实了电子衍射时的波长也符合德布罗意公式。

1960 年,约恩孙(C. Jonson)直接做了电子双缝干涉实验,他在铜膜上刻出相距 $d \approx 1$ $\mu$m,宽 $b \approx 0.3$ $\mu$m 的双缝,将波长 $\lambda \approx 0.05 \times 10^{-10}$ m 的电子束垂直入射到双缝上,从屏上摄得了类似光的杨氏双缝干涉图样的照片。

电子的波动性获得了实验证实以后,在其他一些实验中也观察到中性粒子,如原子、分子和中子等微观粒子也具有波动性,德布罗意公式也同样正确。由此可见,一切微观粒子都具有波动性,德布罗意波的存在已是确实无疑的了,德布罗意公式已成为揭示微观粒子的波-粒二象性的统一性的基本公式,德布罗意因发现电子的波动

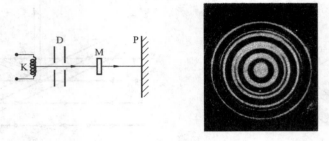

图 16.23　电子在多晶上的衍射

性,获得 1929 年诺贝尔物理学奖。

### 16.5.3　电子显微镜

在波动光学中曾指出显微镜的分辨本领与波长成反比,对于光学显微镜,即使用可见光中波长最短的紫外光,能观察到的最小物体也不能小于 0.2 $\mu$m。所以光学显微镜的最大分辨距离大于 0.2 $\mu$m,最大放大倍数也只有 1000 倍左右。自从发现了电子有波动性以后,注意到电子束的德布罗意波长比可见光波长短得多,那么,根据式(16.34),只要改变加速电势差 $U$ 就能方便地改变电子波的波长。例如,当加速电势差达到 10 万伏时,电子波的波长只有 0.004 $\mu$m,比可见光短 10 万倍左右,因而利用电子波来代替可见光制成的电子显微镜就能期望有极高的分辨本领,现有的电子显微镜不仅能直接看到如蛋白质一类的大型分子,而且能分辨单个原子的尺寸,为研究分子和原子的结构和外表提供了有力的工具。

光学显微镜是利用光经过不均匀介质时的折射现象,使从一点向各方向发出的光束通过由玻璃制成的透镜组重新会聚在一点上,达到成像和放大的目的。我们知道电子通过不均匀电场和磁场时也要发生偏转,并且电子在这样的电磁场中的运动规律服从几何光学的定律,电子显微镜就是利用电子波通过轴对称的不均匀电场和磁场组成的静电透镜、磁透镜,使电子波折射后重新聚焦成像并达到放大的作用。

电子显微镜具有很高的放大倍数和分辨本领,在现代工农业生产和科学研究中日益成为一种重要的工具,在医学和生物方面,可以用它来研究病毒和细胞组织的精细结构,还可以用来研究蛋白质及其他有机物质的分子结构。在金属物理方面,电子显微镜可以用来研究各种合金材料的结构、晶体的缺陷、位错和材料断面分析;在地质、矿物、冶金、化学、建筑材料以及半导体材料的研究中,电子显微镜也有着极广泛的用途。前面介绍的透射式电子显微镜只能观察极薄的样品,对一些电子束不能透过的固体样品(如集成电路、块状金属等),就不能用这种电子显微镜来进行观察和研究。近年来,一种新型的扫描电子显微镜逐步发展起来,其原理是这样的:由电子枪发射的电子经磁透镜的会聚,再经物镜的聚焦成为很细的一束电子束,打在观察样品的表面上,并从样品表面轰击出二次电子,二次电子的数量与样品表面的凹凸、材料性质有关,如果让电子束在样品表面逐点扫描移动,就能一点一点地产生代表整个样品表面形貌的二次电子信号,用一个接收器将这些电子信号放大,并在和电子束在样品面上的扫描同步的电视屏上显示出放大了的样品表面图像。图 16.24 所示的是光学显微镜与电子显微镜成像的原理对照。

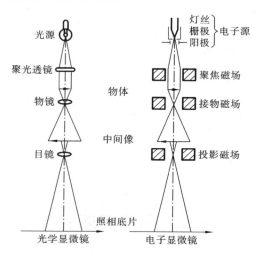

图 16.24　光学显微镜与电子显微镜成像比较

第一台电子显微镜是由德国鲁斯卡(E. Ruska)研制成功的,他对电子光学的基础工作做出贡献,获得 1986 年诺贝尔物理学奖。

**例 16.8**　一质量 $m=0.05$ kg 的子弹,以速率 $v=300$ m/s 运动着,其德布罗意波长是多少?

**解**　由德布罗意公式得

$$\lambda=\frac{h}{mv}=\frac{6.63\times10^{-34}}{0.05\times300}\ \text{m}=4.4\times10^{-35}\ \text{m}$$

由此可见,对于一般的宏观物体,其物质波波长是非常小的,很难显示波动性。

**例 16.9**　试估算热中子的德布罗意波长。(中子的质量 $m_n=1.67\times10^{-27}$ kg)

**解**　热中子是指在室温($T=300$ K)下与周围处于热平衡的中子,它的平均动能

$$\bar{\varepsilon}=\frac{3}{2}kT=\frac{3}{2}\times1.38\times10^{-23}\times300=6.21\times10^{-21}\ \text{J}\approx0.038\ \text{eV}$$

它的方均根速率

$$v=\sqrt{\frac{2\bar{\varepsilon}}{m_n}}=\sqrt{\frac{2\times6.21\times10^{-21}}{1.67\times10^{-27}}}\ \text{m/s}\approx2700\ \text{m/s}$$

相应的德布罗意波长

$$\lambda = \frac{h}{m_n v} = \frac{6.63 \times 10^{-34}}{1.67 \times 10^{-27} \times 2700} \text{ m} = 0.15 \text{ nm}$$

这一波长与 X 射线的波长同数量级，与晶体的晶面距离也有相同的数量级，所以可产生中子衍射。

**例 16.10**　电子在铝箔上散射时，第一级（$k=1$）最大的偏转角 $\theta$ 为 2°，铝的晶格常量 $\alpha$ 为 $4.05 \times 10^{-10}$ m，求电子速度。

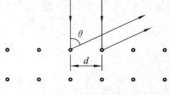

**解**　参看图 16.25，第一级最大的条件是

$$\alpha \sin\theta = k\lambda, \quad k = 1$$

图 16.25　电子束在铝箔上的散射

按德布罗意公式：

$$\lambda = \frac{h}{mv}$$

若 $m$ 按静质量计算，得

$$v = \frac{h}{m_0 \lambda} = \frac{h}{m_0 \alpha \sin\theta} = \frac{6.63 \times 10^{-34}}{9.11 \times 10^{-34} \times 4.05 \times 10^{-10} \sin 2°} = 5.14 \times 10^7 \text{ m/s}$$

# 16.6　不确定度关系

在经典力学中，运动物体在任何时刻都有完全确定的位置、动量、能量和角动量等，与此不同，微观粒子具有明显的波性。微观粒子在某位置上仅以一定的概率出现，也就是说，粒子的位置是不确定的。粒子的位置虽不确定，但基本上出现在某区域，如出现在 $\Delta x$（一维情形）或 $\Delta x$、$\Delta y$、$\Delta z$（三维情形）范围内，我们称 $\Delta x$、$\Delta y$、$\Delta z$ 为粒子位置的不确定量。

粒子的动量也是如此。如果物质波是单色平面波，则对应粒子的动量是单一的值，所以是确定的。但一般的物质波都不是单色波，即使是自由粒子的物质波，也不是单色波，而是由包括一定波长范围 $\Delta\lambda$ 的许多单色波组成，波长有一定的范围，这就使粒子的动量变得不确定了。由 $p = \frac{h}{\lambda}$ 可算出动量的可能范围 $\Delta p$，$\Delta p$ 也就是动量的不确定量。不仅如此，微观粒子的其他力学量如能量、角动量等一般也都是不确定的。

1927 年德国物理学家海森伯（W. Heisenberg）根据量子力学推出微观粒子在位置与动量两者不确定量之间的关系满足

$$\Delta x \Delta p \geqslant \frac{\hbar}{2}, \quad \Delta y \Delta p \geqslant \frac{\hbar}{2}, \quad \Delta z \Delta p \geqslant \frac{\hbar}{2} \tag{16.35}$$

式（16.35）称为海森伯坐标和动量的不确定度关系。它的物理意义是，微观粒子不可能同时具有确定的位置和动量，粒子位置的不确定量 $\Delta x$ 越小，动量的不确定量

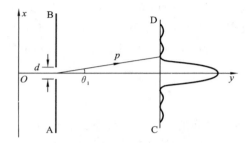

图 16.26　从电子的单缝衍射说明不确定度关系

$\Delta p_x$ 就越大,反之亦然。这一规律直接来源于微观粒子的波粒二象性,可以借助电子单缝衍射实验结果来说明。设有一束电子,以速度 $v$ 沿 $Oy$ 轴射向 AB 屏上的狭缝,缝宽为 $d$,在屏幕 CD 上得到衍射图样(见图 16.26)。显然这是电子波动性的表现。如果只考虑到达单缝衍射中央明区的电子,设 $\theta$ 为中央明纹旁第一级暗纹的衍射角,则近似有

$$\sin\theta_1 = \frac{\lambda}{d}$$

式中:$\lambda$ 为电子的德布罗意波长,$\lambda = \dfrac{h}{p}$。

如果电子用位置 $x$ 和动量 $p$ 来描述,在电子通过狭缝时,对一个电子来说,不能确定它是从缝中哪一点通过的,因此电子的位置在 $x$ 方向上的不确定量为 $\Delta x = d$。与此同时,由于衍射的缘故,电子速度的方向有了改变,因此动量 $p$ 在 $Ox$ 轴方向上的分量 $p_x$ 将具有不同的量值。如果只考虑电子出现在衍射明区之中,则

$$0 \leqslant p_x \leqslant p\sin\theta_1$$

因此,动量 $p_x$ 具有不确定量为

$$\Delta p_x = p\sin\theta_1 = \frac{h}{\lambda} \cdot \frac{\lambda}{d} = \frac{h}{d} = \frac{h}{\Delta x}$$

于是得

$$\Delta x \Delta p_x = h$$

如果考虑其他高次衍射条纹的出现,则 $\Delta p_x$ 还要大些,$\Delta p_x \geqslant p\sin\theta_1$。因而,一般地

$$\Delta x \Delta p_x \geqslant h \tag{16.36}$$

以上只是借助一个特例作粗略估算,严格地推导所得的关系式(16.36)。

不确定度关系仅是波粒二象性及其统计关系的必然结果,并非测量仪器对粒子的干扰,也不是仪器有误差的缘故,但是常有人将不确定度关系解释为“要将粒子位置测量得越准确,则它的动量就越不准确”,或者说成“测量位置的误差越小,测量动量的误差就越大”等。应该指出,这样的表述是不确切的。在历史上曾把式(16.36)

称为测不准关系,而"测不准"一词会使人作出上述错误的理解。

不确定度关系不仅存在于坐标和动量之间,也存在于能量和时间之间。如果微观粒子处于某一状态的时间为 $\Delta t$,则其能量必有一个不确定量 $\Delta E$,由量子力学可推出二者之间的关系为

$$\Delta E \Delta t \geqslant \frac{\hbar}{2} \tag{16.37}$$

式(16.37)称为能量和时间的不确定度关系。利用这个关系式我们可以解释原子各激发态的能级宽度 $\Delta E$ 和它在该激发态的平均寿命 $\Delta t$ 之间的关系,原子在激发态的典型的平均寿命 $\Delta t \approx 10^{-8}$ s。由式(16.37)可知,原子激发态的能级的能量值一定有不确定量 $\Delta E \geqslant \frac{\hbar}{2\Delta t} \approx 10^{-8}$ eV,这就是激发态的能级宽度。显然除基态外,原子的激发态平均寿命越长,能级宽度越小。原子由激发态跃迁到基态的光谱线也有一定宽度。

**例 16.11**　设子弹的质量为 0.01 kg,枪口的直径为 0.5 cm,试求子弹射出枪口时横向速度的不确定量。

**解**　枪口直径可以当作子弹射出枪口时位置的不确定量 $\Delta x$,由于 $\Delta p_x = m\Delta v_x$,由不确定度关系式得子弹射出枪口时横向速度的不确定量:

$$\Delta v_x \geqslant \frac{\hbar}{2m\Delta x} = \frac{1.05 \times 10^{-34}}{2 \times 0.01 \times 0.5 \times 10^{-2}} \text{ m/s} = 1.05 \times 10^{-30} \text{ m/s}$$

与子弹飞行速度每秒几百米相比,这速度的不确定量是微不足道的,所以子弹的运动速度是确定的。

**例 16.12**　电视显像管中电子的加速电压为 10 kV,电子枪的枪口直径设为0.01 cm,试求电子射出电子枪后的横向速度的不确定量。

**解**　电子横向位置的不确定量 $\Delta x = 0.01$ cm,由不确定度关系式得

$$\Delta v_x \geqslant \frac{\hbar}{2m\Delta x} = \frac{1.05 \times 10^{-34}}{2 \times 9.11 \times 10^{-31} \times 1 \times 10^{-4}} \text{ m/s} = 0.58 \text{ m/s}$$

电子经过 10 kV 的电压加速后速度约为 $6 \times 10^7$ m/s,由于 $\Delta v_x \ll v$,所以电子运动速度相对来看仍是相当确定的,波动性不起什么实际影响。电子运动的问题仍可用经典力学处理。

**例 16.13**　试求原子中电子速度的不确定量。取原子的线度约 $10^{-10}$ m。

**解**　原子中电子的位置不确定量 $\Delta r \approx 10^{-10}$ m,由不确定度关系得

$$\Delta v_x \geqslant \frac{\hbar}{2m\Delta r} = \frac{1.05 \times 10^{-34}}{2 \times 9.11 \times 10^{-31} \times 1 \times 10^{-10}} \text{ m/s} = 5.8 \times 10^5 \text{ m/s}$$

由玻尔理论可估算出氢原子中电子的轨道运动速度约为 $10^6$ m/s,可见速度的不确定量与速度大小的数量级基本相同。因此,原子中电子在任一时刻没有完全确定的位置和速度,也没有确定的轨道,不能看成经典粒子,波动性十分显著,电子的运

动必须用电子在各处的概率分布来描述。

**例 16.14**　实验测定原子核线度的数量级为 $10^{-14}$ m。试应用不确定度关系估算电子被束缚在原子核中的动能,从而判断原子核由质子和电子组成是否可能。

**解**　取电子在原子核中位置的不确定量 $\Delta r \approx 10^{-14}$ m,由不确定度关系得

$$\Delta p \geqslant \frac{h}{2\Delta r} = \frac{1.05 \times 10^{-34}}{2 \times 10^{-14}} \text{ kg} \cdot \text{m/s} = 0.525 \times 10^{-20} \text{ kg} \cdot \text{m/s}$$

由于动量的数值不可能小于它的不确定量,故电子的动量

$$p \geqslant 0.525 \times 10^{-20} \text{ kg} \cdot \text{m/s}$$

考虑到电子在此动量下有极高的速度,需要应用相对论的能量动量公式

$$E^2 = p^2 c^2 + m_0^2 c^4$$

故

$$E = \sqrt{p^2 c^2 + m_0^2 c^4} \approx 1.6 \times 10^{-12} \text{ J}$$

电子在原子核中的动能

$$E_k = E - m_0 c^2 \approx 1.6 \times 10^{-12} \text{ J}$$

理论证明,电子具有这样大的动能足以把原子核击碎,所以,把电子禁锢在原子核内是不可能的,这就否定了原子核是由质子和电子组成的假设。

# 16.7　波函数　薛定谔方程

上节告诉我们:要确定一个宏观物体的运动状态,可以同时指出它在某一时刻的位置和速度(或动量)。牛顿运动方程就是描述宏观物体运动的普遍方程。但对微观粒子而言,由于微观粒子运动具有二象性,所以它和宏观物体运动具有质的差别。那么微观粒子的运动状态是如何描述的呢? 微观粒子的运动方程又是怎样的呢? 为此,我们先介绍描写微观粒子运动状态的波函数的统计意义,然后建立反映微观粒子运动的基本方程——薛定谔方程。

## 16.7.1　波函数及其统计解释

前面曾指出具有能量 $E$ 和动量 $p$ 的自由运动的一个微观粒子,必然同时表现出波动性,因此,我们不能像经典物理那样,确定这个自由粒子在某一时刻的位置,而需要用波函数描述它的状态。自由粒子的能量 $E$ 和动量 $p$ 都是恒量,所以自由粒子的物质波的频率和波长也都不变。我们知道,频率为 $\nu$、波长为 $\lambda$、沿 $x$ 轴方向传播的平面波可以用下式表示:

$$y(x,t) = y_0 \cos 2\pi \left( \nu t - \frac{x}{\lambda} \right)$$

或将这个公式写成复数形式

$$y(x,t) = y_0 e^{-i2\pi\left(\nu t - \frac{x}{\lambda}\right)}$$

而只取其实数部分。如将关系式(16.30)和式(16.31)代入上式,我们便得到自由粒子的平面波,或者说,描写自由粒子波动性的平面物质波为

$$\Psi(x,t) = \Psi_0 e^{-i\frac{2\pi}{h}(Et - px)} \tag{16.38}$$

为了和一般波动区别开来,在式中用 $\Psi$ 代表 $y$。式(16.38)便是描述能量为 $E$、动量为 $p$ 的自由粒子的德布罗意波,并称 $\Psi$ 为波函数。

现在,我们用光波与物质波对比的方法来阐明波函数的物理意义。从波动的观点来看,光的衍射图样亮处光强大,暗处光强小。而光强与光振动的振幅平方成正比,所以图样亮处的光振动的振幅平方大,暗处的光振动的振幅平方小。但从微粒的观点来看,光强大的地方表示单位时间内到达该处的光子数多,光强小的地方,则表示单位时间内到达该处的光子数少。或从统计观点来看,这就相当于光子到达亮处的概率要远大于光子到达暗处的概率。因为这两种看法是等效的,所以结论是,光子在某处附近出现的概率与该处的光强成正比,也就是与该处光振动的振幅的平方成正比。

电子的衍射图样和光的衍射图样相类似,对电子及其他微观粒子来说,在微粒性与波动性之间,也应有类似的结论。既然光的强度正比于光振动的振幅平方,与此相似,物质波的强度也应与波函数的平方成正比,物质波强度较大的地方,也就是粒子分布较多的地方。粒子在空间某处分布数目的多少,与单个粒子在该处出现的概率成正比。因此,得到类似的结论:在某一时刻,在空间某一地点,粒子出现的概率正比于该时刻、该地点的波函数的平方,这是玻恩(M. Born)提出的波函数的统计解释。因此,德布罗意波(或物质波)既不是机械波,也不是电磁波,而是一种概率波。由波函数的统计解释可以看出,对微观粒子讨论运动的轨道是没有意义的,因为反映出来的只是微观粒子运动的统计规律,这与宏观物体的运动有着本质的差别。

在一般情况下,物质波的波函数是复数,而概率却必须是正实数,所以,在某一时刻空间某一地点粒子出现的概率正比于波函数与其共轭复数的乘积,即 $|\Psi|^2 = \Psi\Psi^*$。在空间某点 $(x,y,z)$ 附近找到粒子的概率与该区域的大小有关,在一个很小的区域 $x \to x + dx, y \to y + dy, z \to z + dz$ 范围内,$\Psi$ 可以认为不变,粒子在该区域内出现的概率将正比于体积元 $dV = dxdydz$ 的大小,有

$$|\Psi|^2 dV = \Psi\Psi^* dV \tag{16.39}$$

式中: $|\Psi|^2 = \Psi\Psi^*$ 表示在某一时刻在某点处单位体积内粒子出现的概率,称为概率密度。

一定时刻在空间给定的体积元 $dV$ 内出现粒子的概率应有一定的量值,不可能既是这个量值又是那个量值,因此波函数 $\Psi$ 必须是单值函数。又因为整个空间内出现粒子的总概率等于1,所以将式(16.39)对整个空间积分后,应有

$$\iiint | \Psi |^2 \mathrm{d}V = 1 \tag{16.40}$$

上式称为归一化条件。

综上所述，在量子力学中，用来描写微观粒子的状态的波函数是时间和空间的单值函数。空间某点波函数的模的平方表示粒子在该点附近出现的概率，根据对波函数的统计解释，必须要求波函数是单值、连续、有限而且是归一化的函数。

## 16.7.2　薛定谔方程

薛定谔方程是量子力学中的基本方程，像经典力学中的牛顿方程一样，它是不能由其他基本原理推导出来的，薛定谔方程的正确性只能靠实践来检验。下面介绍的是建立薛定谔方程的主要思路，并不是方程的理论推导。

自由粒子的运动，可用平面波函数式(16.38)描述。一个沿着 $x$ 轴运动，具有确定的动量 $p = mv_x$ 和能量 $E = \dfrac{1}{2}mv_x^2 = \dfrac{1}{2m}p^2$ 的粒子，它的平面波函数是

$$\Psi(x,t) = \Psi_0 e^{-i\frac{2\pi}{h}(Et-px)} \tag{16.41}$$

将此波函数对 $x$ 取二阶偏导数，得

$$\frac{\partial^2 \Psi}{\partial^2 x} = -\frac{p^2}{h^2}\Psi \tag{1}$$

对 $t$ 取一阶偏导数，得

$$\frac{\partial^2 \Psi}{\partial t} = -\frac{i}{h^2}E\Psi \tag{2}$$

用 $h^2/2m$ 乘式(1)，用 $ih$ 乘式(2)，并考虑限于低速的情形，利用自由粒子的动量和动能的非相对论关系 $E = p^2/2m$，最后得

$$-\frac{h^2}{2m}\frac{\partial^2 \Psi}{\partial^2 t} = ih\frac{\partial \Psi}{\partial t} \tag{16.42}$$

这就是一维运动自由粒子的波函数所遵循的规律，称为一维运动自由粒子含时的薛定谔方程。

如果粒子不是自由的而是在势场中运动，波函数所适合的方程可用类似方法来建立。考虑到粒子的总能量 $E$ 应是势能 $U(x,t)$ 和动能 $E_k$ 之和，即

$$E = \frac{p^2}{2m} + U(x,t)$$

将式(2)中的 $E$ 用上式代替

$$\frac{\partial \Psi}{\partial t} = -\frac{i}{h^2}\left[\frac{p^2}{2m} + U(x,t)\right]\Psi$$

于是得

$$-\frac{h^2}{2m}\frac{\partial^2 \Psi}{\partial^2 x} + U(x,t)\Psi = ih\frac{\partial \Psi}{\partial t} \tag{16.43}$$

　　这就是在势场中一维运动粒子的含时薛定谔方程。不难看出,自由粒子波函数所遵循的方程式(16.42)只是当 $U(x)=0$ 时的特殊情况。如果粒子在三维空间中运动,则上式可推广为

$$-\frac{\hbar^2}{2m}\left(\frac{\partial^2\Psi}{\partial x^2}+\frac{\partial^2\Psi}{\partial y^2}+\frac{\partial^2\Psi}{\partial z^2}\right)+U(x,y,z,t)\Psi=i\hbar\frac{\partial\Psi}{\partial t} \tag{16.44a}$$

　　如果采用拉普拉斯算符 $\nabla^2=\dfrac{\partial^2\Psi}{\partial x^2}+\dfrac{\partial^2\Psi}{\partial y^2}+\dfrac{\partial^2\Psi}{\partial z^2}$,上式也可写为

$$-\frac{\hbar^2}{2m}\nabla^2\Psi+U(x,y,z,t)\Psi=i\hbar\frac{\partial\Psi}{\partial t} \tag{16.44b}$$

　　这是一般的薛定谔方程。一般来说,只要知道粒子的质量和它在势场中的势能函数 $U$ 的具体形式,就可以写出其薛定谔方程,它是一个二阶偏微分方程。再根据给定的初始条件和边界条件求解,就可以得出描述粒子运动状态的波函数,其绝对值平方就给出粒子在不同时刻不同位置处出现的概率密度。如上所述,为了使波函数 $\Psi$ 是合理的,还必须要求 $\Psi$ 是单值、有限、连续而且归一化的函数。因为这些条件的限制,只有当薛定谔方程中总能量 $E$ 具有某些特定值时才有解。这些 $E$ 值称为能量的本征值,而相应的波函数则称为本征解或本征函数,这就是量子力学中处理微观粒子运动问题的一般方法。

　　当势能 $U$ 与时间无关而只是坐标的函数时,可用分离变量法把波函数 $\Psi(x,y,z,t)$ 写成空间坐标函数 $\psi(x,y,z)$ 和时间函数 $f(t)$ 的乘积,即

$$\Psi(x,y,z,t)=\psi(x,y,z)f(t) \tag{16.45}$$

将式(16.45)代入式(16.44(b))中,并适当整理,可得

$$\left[-\frac{\hbar^2}{2m}\nabla^2\psi(x,y,z)+U(x,y,z,t)\psi(x,y,z)\right]\frac{1}{\psi(x,y,z)}=i\hbar\frac{\partial f(t)}{\partial t}\frac{1}{f(t)} \tag{16.46}$$

　　因为上式的左边只是坐标 $(x,y,z)$ 的函数,而右边只是时间 $t$ 的函数,所以只有两边都等于同一个常数时,等式才成立,以 $E$ 表示这个常数,则有

$$f(t)=\mathrm{e}^{-\frac{\mathrm{i}}{\hbar}Et} \tag{16.47}$$

式(16.46)积分后可得

$$-\frac{\hbar^2}{2m}\nabla^2\psi+U(x,y,z,t)\psi=E\psi \tag{16.48a}$$

或

$$\nabla^2\psi-\frac{2m}{\hbar^2}(E-U)\psi=0 \tag{16.48b}$$

　　由于指数只能是无量纲的纯数,可见 $E$ 必定具有能量的量纲。这样式(16.47)可以写成式(16.48b),这就是定态薛定谔方程。由于波函数 $\Psi$ 含有 $t$ 的因子是 $\mathrm{e}^{-\frac{\mathrm{i}}{\hbar}Et}$,所以概率密度

$$|\Psi|^2=\Psi\Psi^*=|\psi|^2\mathrm{e}^{-\frac{\mathrm{i}}{\hbar}Et}\cdot\mathrm{e}^{+\frac{\mathrm{i}}{\hbar}Et}=|\psi|^2$$

与时间无关。由于这个性质,这样的态称为定态。

# 16.8　薛定谔方程在一维问题中的应用

从本节开始,我们将定态薛定谔方程应用到几个具体问题上,通过这些例子的求解,可以对量子力学的应用有一个初步的理解。

## 16.8.1　一维无限深势阱

若粒子在保守力场的作用下被限制在一定范围内运动,例如,电子在金属中的运动,由于电子要逸出金属需克服正电荷的吸引,因此电子在金属外的电势能高于金属内的电势能,其一维的势能图如图 16.27(a)所示,其形状与陷阱相似,故称为势阱。质子在原子核中的势能曲线也是势阱(见图 16.27(b))。为了使计算简化,提出一个理想的势阱模型——无限深势阱。

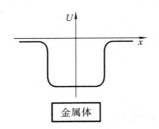
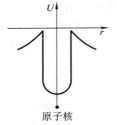

（a）电子在金属中的势能曲线　　　（b）质子在原子核中的势能曲线

图 16.27　一维势阱能曲线

设一维无限深势阱的势能分布如下:

$$U(x) = \begin{cases} 0 & 0 < x < a \quad （阱内） \\ \infty & x \leqslant 0, x \geqslant a \quad （阱外） \end{cases}$$

其势能曲线如图 16.28 所示。

按照经典理论,处于无限深势阱中的粒子,其能量可取任意的有限值,粒子在宽度为 $a$ 的势阱内各处的概率是相等的。但从量子力学来看,这些问题又当如何呢?下面我们应用薛定谔方程来讨论处于一维无限深势阱中粒子的运动。

由于势能与时间无关,需由定态薛定谔方程求解 $\psi(x)$,考虑到势能是分段的,列方程求解也需分阱外、阱内两个区间进行。

在阱外,设波函数为 $\psi_e$,定态薛定谔方程为

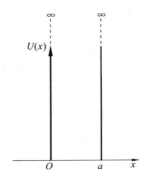

图 16.28　一维无限深势阱

$$-\frac{\hbar^2}{2m}\frac{\mathrm{d}^2\psi_e}{\mathrm{d}x^2}+\infty\psi=E\psi_e$$

对于 $E$ 为有限值的粒子,要使上述方程成立,唯有 $\psi_e=0$。

在阱内,设波函数为 $\psi_i$,定态薛定谔方程为

$$-\frac{\hbar^2}{2m}\frac{\mathrm{d}^2\psi_i}{\mathrm{d}x^2}=E\psi_i$$

令

$$k^2=\frac{2mE}{\hbar^2}$$

于是方程可改写为

$$\frac{\mathrm{d}^2\psi_i}{\mathrm{d}x^2}+k^2\psi_i=0$$

其解为

$$\psi_i(x)=C\sin(kx+\delta)$$

式中:$C$ 和 $\delta$ 是两待定常数。

因为在阱壁上波函数必须是单值、连续,即应有

$$\psi_i(0)=\psi_e(0)=0$$
$$\psi_i(a)=\psi_e(a)=0$$

由此得

$$\psi_i(0)=C\sin(\delta)=0,\quad \delta=0$$
$$\psi_i(a)=C\sin(ka)=0,\quad ka=n\pi,\quad n=1,2,3,\cdots$$

对波函数归一化,有

$$\int_0^a |\Psi(x,t)|^2\,\mathrm{d}x=\int_0^a |\psi(x,t)|^2\,\mathrm{d}x=\int_0^a\left[C\sin\frac{n\pi}{a}x\right]^2\mathrm{d}x=1$$

求得

$$C=\sqrt{\frac{2}{a}}$$

于是得定态波函数,

$$\begin{cases}\psi_e(x)=0\\[2mm]\psi_i(x)=\sqrt{\dfrac{2}{a}}\sin\dfrac{n\pi}{a}x,\quad n=1,2,3,\cdots\end{cases}\tag{16.49}$$

最后得波函数

$$\begin{cases}\Psi_e(x)=0\\[2mm]\Psi_i(x)=\sqrt{\dfrac{2}{a}}\sin\dfrac{n\pi}{a}x\,\mathrm{e}^{-\frac{\mathrm{i}}{\hbar}Et},\quad n=1,2,3,\cdots\end{cases}\tag{16.50}$$

我们将一维无限深势阱中粒子运动的特征总结如下:

（1）粒子的能量不能连续地取任意值，只能取分立值，因为 $k^2 = \dfrac{2mE}{\hbar^2}$，而 $k = \dfrac{n\pi}{a}$，所以

$$E = \frac{\hbar^2 k^2}{2m} = \frac{n^2 \pi^2 \hbar^2}{2ma^2} = E_n \quad n = 1, 2, 3, \cdots \qquad (16.51)$$

$$E_1 = \frac{\pi^2 \hbar^2}{2ma^2} \qquad (16.52)$$

（2）粒子的最小能量状态称为基态，最小能量称为基态能，如图 16.29 所示。式（16.52）表明，$a$ 越小，$E_1$ 就越大，粒子运动越剧烈。按照经典理论，粒子的能量是连续分布的，其能量可以为零。但若能量为零，则动量必须为零，于是动量的不确定度 $\Delta p$ 就不存在，根据不确定度关系，只有 $\Delta x \to \infty$ 才有可能。实际上，粒子处于势阱中，它的 $\Delta x$ 被势阱的宽度 $a$ 所限制，从而导致最小能量的出现，这种最小能量有时称为零点能。零点能的存在与不确定度关系是协调一致的，许多实验证实了微观领域中能量量子化的分布规律，并证实了零点能的存在。

（3）图 16.30 给出了势阱中粒子的波函数 $\psi(x)$ 和粒子的概率密度 $|\psi(x)|^2$ 的分布曲线。从图中可以看出，粒子出现的概率是不均匀的，当 $n = 1$ 时，在 $x = \dfrac{a}{2}$ 处粒子出现的概率最大；当 $n = 2$ 时，在 $x = \dfrac{a}{4}$ 和 $\dfrac{3a}{4}$ 处概率最大，等等，概率密度的峰值个数和量子数 $n$ 相等，这又与经典概念很不相同。若是经典粒子，因为在势阱内不受力，粒子在两阱壁间作匀速直线运动，所以粒子出现的概率处处一样；对于微观粒子，只有当 $n \to \infty$ 时，粒子出现的概率才是均匀的。

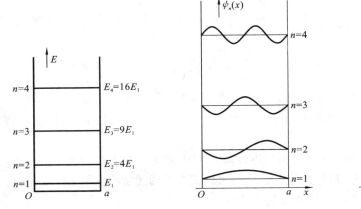

图 16.29　势阱中的能级

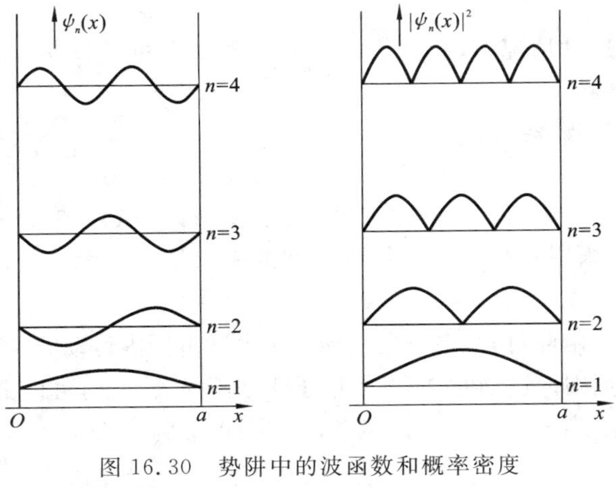

图 16.30　势阱中的波函数和概率密度

（4）图 16.30 还表明，对无限深势阱，定态薛定谔方程的解为驻波形式，即粒子的物质波在阱中形成驻波，波函数在势阱中，只可能是半个正弦波的整数倍的状态，

而且在阱壁处($x=0$，$x=a$)对不同能量的粒子对应的波均为波节，粒子出现的概率为零。

如果势阱不是无限深，粒子的能量又低于阱壁，理论证明，粒子也有到达阱外的可能，即粒子在阱外不远处出现的概率不为零（见图 16.31）。从经典理论看，这是很难理解的，但却得到了实验证实。

一维势阱是研究二维或三维势阱的基础，金属体内的自由电子可看作三维势阱中的粒子。

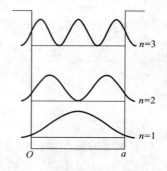

图 16.31　有限深势阱中的概率分布

**例 16.15**　设想一电子在无限深势阱中运动，如果势阱宽度分别为 $1.0\times10^{-2}$ m 和 $10^{-10}$ m。试讨论这两种情况下相邻能级的能量差。

**解**　根据势阱中的能量公式

$$E=\frac{n^2\pi^2\hbar^2}{2ma^2}=\frac{h^2}{8ma^2}n^2$$

得到两相邻能级的能量差为

$$\Delta E=E_{n+1}-E_n=(2n+1)\frac{h^2}{8ma^2}$$

可见两相邻能级间的距离随着量子数的增加而增加，而且与粒子的质量 $m$ 和势阱的宽度 $a$ 有关。

当 $a=1$ cm 时

$$E=\frac{(6.63\times10^{-34})^2}{8\times9.11\times10^{-31}\times10^{-2}}n^2=6.04\times10^{-34}\times n^2\ \text{J}=3.77\times10^{-15}\times n^2\ \text{eV}$$

$$\Delta E=(2n+1)\times3.77\times10^{-15}\ \text{eV}$$

在这种情况下，相邻能级之间的距离是非常小的，我们可以把电子的能量看作是连续的。

当 $a=10^{-10}$ m 时，

$$E=3.77\times10^{-15}\times n^2\ \text{eV}$$

$$\Delta E=(2n+1)\times3.77\ \text{eV}$$

在这种情况下，相邻能级之间的距离是非常大的，这时电子能量的量子化就明显地表现出来。

由此可知，电子在小到原子尺度范围内运动时，能量的量子化特别显著。在普通尺度范围内运动时，能量的量子化就不显著，此时可以把粒子的能量看作是连续变化的。

当 $n\gg1$ 时，能级的相对间隔近似为

$$\frac{\Delta E_n}{E_n}\approx\frac{2n\ \dfrac{h^2}{8ma^2}}{n^2\ \dfrac{h^2}{8ma^2}}=\frac{2}{n}$$

可见能级相对间隔 $\dfrac{\Delta E_n}{E_n}$ 随着 $n$ 的增加成反比地减小,当 $n\to\infty$ 时,$\Delta E_n$ 较之 $E_n$ 要小得多。这时,能量的量子化效应就不显著了,可认为能量是连续的,经典图样与量子图样趋于一致。所以,经典物理可以看作是量子物理中量子数 $n\to\infty$ 时的极限情况。

**例 16.16**　试求在一维无限深势阱中粒子概率密度的最大值的位置。

**解**　一维无限深势阱中粒子的概率密度为

$$|\psi_i(x)|^2=\frac{2}{a}\sin^2\frac{n\pi}{a}x,\quad n=1,2,3,\cdots$$

将上式对 $x$ 求导一次,并令它等于零

$$\left.\frac{\mathrm{d}|\psi_i(x)|^2}{\mathrm{d}x}\right|_{x=0}=\frac{4m\pi}{a^2}\sin\frac{n\pi}{a}x\cos\frac{n\pi}{a}x=0$$

因 $\cos\dfrac{n\pi}{a}x=0$,于是

$$\frac{n\pi}{a}x=(2N+1)\frac{\pi}{2},\quad N=0,1,2,\cdots,n-1$$

由此解得最大值的位置为

$$x=(2N+1)\frac{a}{2n}$$

例如,$n=1$,$N=0$,最大值位置 $x=\dfrac{1}{2}a$;

$n=2$,$N=0,1$,最大值位置 $x=\dfrac{1}{4}a,\dfrac{3}{4}a$;

$n=3$,$N=0,1,2$,最大值位置 $x=\dfrac{1}{6}a,\dfrac{3}{6}a,\dfrac{5}{6}a$。

可见,概率密度最大值的数目和量子数 $n$ 相等。

相邻两个最大值间的距离 $\Delta x=\dfrac{1}{n}a$。如果阱宽 $a$ 不变,当 $n\to\infty$ 时,$x\to0$。这时最大值连成一片,峰状结构消失,概率分布均匀,这与经典理论的结论趋于一致。

若有一粒子在图 16.32 所示的力场中沿 $x$ 方向运动,其势能分布如下

$$U(x)=\begin{cases}U_0,&0<x<a\\0,&x<0,x>a\end{cases}$$

这种势能分布称为方势垒。

对于从区域 I 沿 $x$ 方向运动的粒子,当粒子能量 $E>U_0$ 时,无论从经典理论或量子力学来看,粒子都可以穿过区域 II 到达区域 III。不同的是,从量子力学观点来看,考虑到微观粒子的波动性,粒子在分界面处还有反射,故在区域 I 有入射波和反射波;在区域 II 有透射波和反射波;

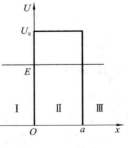

图 16.32　势垒

在区域Ⅲ只有透射波。当粒子能量 $E<U_0$ 时，从经典理论来看，由于粒子动能必须为正值，故不可能进入区域Ⅱ，将被全部弹回来。但从量子力学来分析，粒子仍可以穿过区域Ⅱ而进入区域Ⅲ，大量事实证明，量子力学的结论是正确的，下面作简单说明。

设粒子的质量为 $m$，以一定的能量 $E$ 由区域Ⅰ向区域Ⅱ运动，因 $U_0$ 与时间无关，所以也是个定态问题。

在区域Ⅰ，设波函数为 $\psi_1(x)$，薛定谔方程为

$$-\frac{\hbar^2}{2m}\frac{\mathrm{d}^2\psi_1}{\mathrm{d}x^2}=E\psi_1$$

在区域Ⅱ，设波函数为 $\psi_2(x)$，薛定谔方程为

$$-\frac{\hbar^2}{2m}\frac{\mathrm{d}^2\psi_2}{\mathrm{d}x^2}+U_0\psi_2=E\psi_2$$

在区域Ⅲ，设波函数为 $\psi_3(x)$，薛定谔方程为

$$-\frac{\hbar^2}{2m}\frac{\mathrm{d}^2\psi_3}{\mathrm{d}x^2}=E\psi_3$$

考虑 $E<U_0$ 的情况，令 $k_1^2=\dfrac{2mE}{\hbar^2}$，$k_2^2=\dfrac{2m(U_0-E)}{\hbar^2}$，这样 $k_2$ 为实数，将 $k_1$ 和 $k_2$ 代入方程得

$$\begin{cases} \dfrac{\mathrm{d}^2\psi_1}{\mathrm{d}x^2}+k_1^2\psi_1=0 \\[2mm] \dfrac{\mathrm{d}^2\psi_2}{\mathrm{d}x^2}-k_2^2\psi_2=0 \\[2mm] \dfrac{\mathrm{d}^2\psi_3}{\mathrm{d}x^2}+k_1^2\psi_3=0 \end{cases} \tag{16.53}$$

其解为

$$\begin{cases} \psi_1(x)=A\mathrm{e}^{ik_1x}+A'\mathrm{e}^{ik_1x} \\ \psi_2(x)=B\mathrm{e}^{ik_2x}+B'\mathrm{e}^{ik_2x} \\ \psi_3(x)=C\mathrm{e}^{ik_1x}+C'\mathrm{e}^{ik_1x} \end{cases} \tag{16.54}$$

上面三式中的第一项表示沿 $x$ 轴正方向传播的平面波，第二项表示沿 $x$ 轴负方向传播的反射波。由于粒子到达区域Ⅲ后，不会再有反射，因而 $C'=0$。再由波函数的单值、连续条件：$\psi_1(0)=\psi_2(0)$，$\dfrac{\mathrm{d}\psi_1(0)}{\mathrm{d}x}=\dfrac{\mathrm{d}\psi_2(0)}{\mathrm{d}x}$，$\psi_1(a)=\psi_2(a)$，$\dfrac{\mathrm{d}\psi_1(a)}{\mathrm{d}x}=\dfrac{\mathrm{d}\psi_2(a)}{\mathrm{d}x}$，可以求得其他五个积分常数，从而得到粒子在这三个区域中的波函数（具体计算略）。图 16.33 所示的是粒子在三个区域中波函数的情况。

在粒子总能量低于势垒壁高（$E<U_0$）的情况下，粒子有一定的概率穿透势垒。粒子能穿透比其动能更高的势垒的现象，称为隧道效应，通常用贯穿系数表示粒子贯

穿势垒的概率，它定义为在 $x = a$ 处透射波的
"强度"（模的平方）与入射波"强度"之比，即

$$T = \frac{|\psi_3(a)|^2}{A^2} \sim e^{-\frac{2}{\hbar}\sqrt{2m(U_0 - E)}a} \quad (16.55)$$

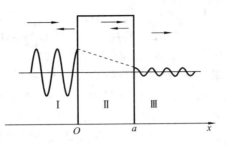

图 16.33　隧道效应

可见，粒子的贯穿系数与势垒的宽度和
高度有关，当势垒加宽（$a$ 变大）或变高（$U_0$ 变
大）时，势垒贯穿系数变小；当势垒很宽和能
量差很大的情况下，穿透势垒的概率几乎等
于零，在这种情况下，由量子力学得出的结论
与从经典力学得出的结论相符合，这是对应原理的又一表现。

　　微观粒子穿透势垒的现象已被许多实验所证实。例如，原子核的 $\alpha$ 衰变、电子的
场致发射、超导体中的隧道结等都是隧道效应的结果。利用隧道效应已制成隧道二
极管（由日本物理学家江琦玲于奈（Esaki）发现半导体中的隧道效应，获得了 1973 年
诺贝尔物理学奖）、约瑟夫森效应等固体电子元件。利用隧道效应还研制成功扫描隧
道显微镜（scanning tunneling microscopy，STM），它是研究材料表面结构的重要
工具。

## 16.8.2　扫描隧道显微镜

　　1982 年，宾尼希（G. Binnig）和罗雷尔（M. Rohrer）等人利用电子的隧道效应研
制成功扫描隧道显微镜。我们知道，金属的表面处存在着势垒，阻止内部的电子向外
逸出，但由于隧道效应，电子仍有一定的概率穿过势垒到达金属的外表面，并形成一
层电子云。电子云的密度随着与表面距离的增大呈指数形式衰减，衰减长度约为
1 nm。因此，只要将原子线度的极细的探针
和被研究样品的表面作为两个电极，当样品
与针尖的距离非常接近时，它们的表面电子
云就可能重叠（见图 16.34）。若在样品和探
针之间加微小电压 $U_b$，电子就会穿过两个电
极之间的势垒，流向另一个电极，形成隧道
电流。这种隧道电流 $I$ 的大小是电子波函数
重叠程度的量度，与针尖和样品表面之间的
距离 $s$ 以及样品表面平均势垒高度有关，其关系式为

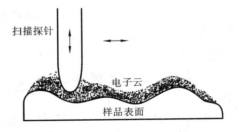

图 16.34　扫描隧道显微镜原理图

$$I \propto U_b e^{-A\sqrt{\bar{\varphi}}s}$$

式中：$A$ 是常量。

　　隧道电流对针尖与表面间的距离极其敏感，当间距在原子尺寸范围内改变一个
原子距离时，隧道电流可以有上千倍的变化，如果设法控制隧道电流保持恒定，并控

制针尖在样品上的扫描,则探针在垂直于样品方向上的高低变化,就反映出样品表面的起伏情况。利用 STM 可直接绘出表面的三维图像。目前横向分辨率已达到 0.1 nm,纵向分辨率达到 0.01 nm,而电子显微镜的分辨率为 0.3~0.5 nm。扫描隧道显微镜的出现,使人类第一次能够实时地观察单个原子在物质表面上的排列状态以及表面电子行为有关性质,在表面科学、材料科学和生命科学等领域的研究中有着重大的意义。由于这一重大的发明,1986 年诺贝尔物理学奖一半授予宾尼希和罗雷尔,另一半授予电子显微镜的发明者鲁斯卡。

### 16.8.3　谐振子

在量子力学中,谐振子是一个十分重要的物理模型,许多受到微小扰动的体系,都可以近似地看成是谐振子系统,如分子的振动、晶格振动、原子表面振动等。

如果在一维空间中运动的粒子的势能为

$$U=\frac{1}{2}kx^2=\frac{1}{2}m\omega^2x^2$$

其中 $\omega=\sqrt{\frac{k}{m}}$ 是一常量,$x$ 是振子离开平衡位置的位移,则这种体系称为线性谐振子或一维谐振子。此时定态薛定谔方程可表示为

$$\frac{\mathrm{d}^2\psi}{\mathrm{d}x^2}+\frac{2m}{\hbar^2}\Big(E-\frac{1}{2}m\omega^2x^2\Big)\psi=0$$

由于其解相当复杂,此处从略,在这里仅指出,根据数学推证,只有当式中的能量 $E$ 满足

$$E_n=\Big(n+\frac{1}{2}\Big)\hbar\omega,\quad n=0,1,2,\cdots \tag{16.56}$$

时,相应的波函数才满足单值、连续和有限等条件。$n$ 称为量子数。由此可见,从量子力学的观点来看,线性谐振子的能量,并不像经典力学中那样可以取任意的、连续变化的数值,它只应是一些分立的、不连续的量值,就是说能量是量子化的,其能级是均匀分布的,两相邻能级间的间隔均为 $\hbar\omega$,如图 16.35 所示。

应该指出,普朗克在推导黑体辐射公式时,假定频率为 $\nu$ 的谐振子只能处于能量为 $nh\nu(n=1,2,\cdots)$ 的状态。而从量子力学得到谐振子的最小能量并不为零,而是 $\frac{1}{2}\hbar\omega=\frac{1}{2}h\nu$,这也是我们已经提到的零点能。这个和早期量子理论不同的结论,实际上是微观粒子波动性的本质表现。零点能的存在已为光的散射实验所证实,光被晶格散射是由于原子的振动,按经典理论,

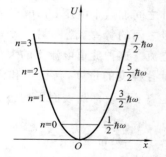

图 16.35　一维谐振子的能级

当温度趋于绝对零度时,原子能量趋于零,即原子趋于静止,这时将不会引起光散射。然而,实验表明,当温度趋于绝对零度时,散射光的强度并不趋于零,而是趋于一个不为零的极限值。这说明,即使在绝对零度,原子并不静止,仍有零点振动。

# 16.9　量子力学中的氢原子问题

我们在前面讨论过玻尔如何应用经典理论和量子化条件,导出了氢原子能级的公式。现在介绍量子力学中是如何处理氢原子问题的。由于求解氢原子的薛定谔方程的数学方法比较复杂,这里只简略地说明其求解的方法以及讨论有关的结论。

## 16.9.1　氢原子的薛定谔方程

在氢原子中,电子的势能函数为

$$U = -\frac{e^2}{4\pi\varepsilon_0 r}$$

式中:$r$ 为电子距离核的距离。

由于核的质量很大,为简便起见,假设原子核是静止的。将 $U$ 代入薛定谔方程得

$$\frac{\partial^2\psi}{\partial x^2} + \frac{\partial^2\psi}{\partial y^2} + \frac{\partial^2\psi}{\partial z^2} + \frac{2m}{\hbar^2}\left(E + \frac{e^2}{4\pi\varepsilon_0 r}\right)\psi = 0 \qquad (16.57)$$

考虑到势能是 $r$ 的函数,为了方便起见,采用球极坐标 $(r, \theta, \varphi)$ 代替直角坐标 $(x, y, z)$,因

$$\frac{1}{r^2}\frac{\partial}{\partial r}\left(r^2\frac{\partial\psi}{\partial r}\right) + \frac{1}{r^2\sin\theta}\frac{\partial}{\partial\theta}\left(\sin\theta\frac{\partial\psi}{\partial\theta}\right) + \frac{1}{r^2\sin^2\theta}\frac{\partial^2\psi}{\partial\varphi^2} + \frac{2m}{\hbar^2}\left(E + \frac{e^2}{4\pi\varepsilon_0 r}\right)\psi = 0$$

$$(16.58)$$

在一般情况下,波函数 $\psi$ 既是 $r$ 的函数,又是 $\theta$ 和 $\varphi$ 的函数,通常采用分离变量法求解,即设

$$\psi(r, \theta, \varphi) = R(r)\Theta(\theta)\Phi(\varphi) \qquad (16.59)$$

其中 $R(r)$、$\Theta(\theta)$、$\Phi(\varphi)$ 分别只是 $r$、$\theta$、$\varphi$ 的函数,经过一系列的数学换算后,得到三个独立函数 $R(r)$、$\Theta(\theta)$、$\Phi(\varphi)$ 所满足的三个常微分方程

$$\frac{\mathrm{d}^2\Phi}{\mathrm{d}\varphi^2} + m_l^2\Phi = 0 \qquad (16.60)$$

$$\frac{1}{\sin\theta}\frac{\mathrm{d}}{\mathrm{d}\theta}\left(\sin\theta\frac{\mathrm{d}\Theta}{\mathrm{d}\theta}\right) + \left[\lambda - \frac{m_l^2}{\sin^2\theta}\right]\Theta = 0$$

$$\frac{1}{r^2}\frac{\mathrm{d}}{\mathrm{d}r}\left(r^2\frac{\mathrm{d}R}{\mathrm{d}r}\right) + \left[\frac{2m}{\hbar^2}\left(E + \frac{e^2}{4\pi\varepsilon_0 r}\right) - \frac{\lambda}{r^2}\right]R = 0 \qquad (16.61)$$

其中 $m_l$ 和 $\lambda$ 是引入的常数。解此三个方程,并考虑到波函数应满足的标准条件,即

可得到波函数 $\psi(r,\theta,\varphi)$。

## 16.9.2　量子化条件和量子数

在求解上述三个方程时,很自然地得到氢原子的一些量子化特性。

**1. 能量量子化和主量子数**

在求解方程式(16.61)时,为了使 $R(r)$ 满足标准条件,氢原子的能量必须满足量子化条件

$$E_n = -\frac{me^4}{32\pi^2\varepsilon_0^2h^2}\frac{1}{n^2} = -\frac{me^4}{8\varepsilon_0^2h^2}\frac{1}{n^2} \tag{16.62}$$

式中:$n=1,2,3\cdots$,称为主量子数。

式(16.62)与玻尔所得到的氢原子能级公式是一致的,但玻尔是人为地加上量子化的假设,量子力学则是求解薛定谔方程中自然地得出量子化结果的。

**2. 轨道角动量量子化和角量子数**

求解方程式(16.59)和式(16.60)时,要使方程有确定的解,电子绕核运动的角动量必须满足量子化条件

$$L = \sqrt{l(l+1)}\frac{h}{2\pi} \tag{16.63}$$

式中:$l=0,1,2,\cdots,n-1$,称为角量子数或副量子数。

可见量子力学的结果与玻尔理论不同,虽然两者都说明角动量的大小是量子化的,但按量子力学的结果,角动量的最小值为零,而玻尔理论的最小值为 $\frac{h}{2\pi}$。实验证明,量子力学的结果是正确的。

**3. 轨道角动量空间量子化和磁量子数**

求解薛定谔方程还指出,电子绕核运动的角动量 $L$ 的方向在空间的取向不能连续地改变,而只能取一些特定的方向,即角动量 $L$ 在外磁场方向的投影必须满足量子化条件

$$L_z = m_l\frac{h}{2\pi} \tag{16.64}$$

式中:$m_l=0,\pm1,\pm2,\cdots,\pm l$,称为磁量子数。

对于一定的角量子数 $l$,$m_l$ 可取 $(2l+1)$ 个值,这表明角动量在空间的取向只有 $(2l+1)$ 种可能,图 16.36 画出 $l=1$ 和 $l=2$ 的电子轨道角动量空间取向量子化的示意图。

综上所述,氢原子中电子的稳定状态是用一组量子数 $n$、$l$、$m_l$ 来描述的,在一般情形下,电子的能量主要取决于主量子数 $n$,与角量子数 $l$ 只有微小关系。在无外磁场时,电子能量与磁量子数 $m_l$ 无关,因此,电子的状态可以用 $n$、$l$ 来表示。习惯上常用 s、p、d、f 等字母分别表示 $l=0,1,2,3$ 等状态。具有角量子数 $l=0,1,2,\cdots$ 的电子

常分别称 s 电子、p 电子、d 电子及 f 电子等(参见表 16.2)。

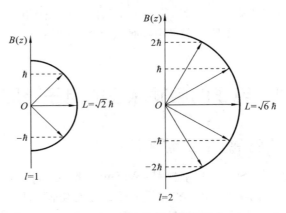

图 16.36　角动量的空间量子化

表 16.2　氢原子内电子的状态

|  | $l=0$ | $l=1$ | $l=2$ | $l=3$ | $l=4$ | $l=5$ |
|---|---|---|---|---|---|---|
|  | s | p | d | f | g | h |
| $n=1$ | 1s |  |  |  |  |  |
| $n=2$ | 2s | 2p |  |  |  |  |
| $n=3$ | 3s | 3p | 3d |  |  |  |
| $n=4$ | 4s | 4p | 4d | 4f |  |  |
| $n=5$ | 5s | 5p | 5d | 5f | 5g |  |
| $n=6$ | 6s | 6p | 6d | 6f | 6g | 6h |

## 16.9.3　氢原子中电子的概率分布

在量子力学中,没有轨道的概念,取而代之的是空间概率分布的概念。在氢原子中,求解薛定谔方程得到的电子波函数 $\psi(r,\theta,\varphi)$,对应每一组量子数 $(n,l,m_l)$,有一确定的波函数描述一个确定的状态。

$$\psi_{n,l,m_l}(r,\theta,\varphi)=R_{n,l}(r)\Theta_{l,m_l}(\theta)\Phi_{m_l}(\varphi) \tag{16.65}$$

它表示电子出现在距核为 $r$,方位在 $\theta$、$\varphi$ 处的体积元 $dV$ 中的概率,其中 $|\Phi|^2\,d\varphi$ 表示出现在 $\varphi$ 和 $\varphi+d\varphi$ 之间的概率。$|\Theta|^2\sin\theta d\theta$ 表示电子出现在 $\theta$ 和 $\theta+d\theta$ 之间的概率。由式(16.59)解得 $\Phi(\varphi)$,知 $|\Phi|^2$ 为常数,因而概率分布与 $\varphi$ 的变化无关,也就是说,概率的角向分布对于 $z$ 轴具有旋转对称性。当氢原子处于基态时($n=1,l=0$),电子出现在玻尔半径 $a_1$ 附近的概率最大,这与玻尔理论是一致的。

玻尔理论认为电子具有确定的轨道,量子力学得出电子出现在某处的概率,不能断言电子在某处出现，为了形象地表示电子的空间分布规律，通常将概率大的区域用浓影、概率小的区域用淡影表示出来，称为电子云图。必须指出，所谓电子云，并不表示电子真的像一团云雾罩在原子核周围，而只是电子概率分布的一种形象化描述而已。

# 16.10　电子的自旋原子的电子壳层结构

## 16.10.1　施特恩-格拉赫实验

1921 年，施特恩（O. Stern）和格拉赫（W. Gerlach）为验证电子角动量的空间量子化进行了实验，他们的实验思想是：如果原子磁矩在空间的取向是连续的，那么原子束经过不均匀磁场发生偏转，将在照相底板上得到连成一片的原子沉积；如果原子磁矩在空间取向是分立的，那么原子束经过不均匀偏转后，在底板上得到分立的原子沉积。实验装置如图 16.37(a)所示。$K$ 为原子射线源，加热使其发射原子，通过隔板 $B$ 的狭缝后，形成很细的一束原子射线。进入很强的不均匀磁场区域后，打在照相底板 P 上。整个装置放在真空容器中。施特恩和格拉赫最初的实验是用银原子做的，后又用氢原子做类似的实验。实验发现，在不加磁场时，底板 P 上沉积一条正对狭缝的痕迹。加上磁场后呈现上下对称的两条沉积，如图 16.37(b)所示，说明原子束经过不均匀磁场后分为两束，这一现象证实了原子具有磁矩且磁矩在外磁场中只有两种取向，即空间取向是量子化的。

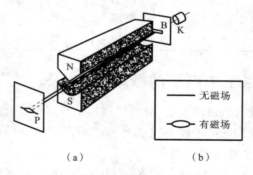

（a）　　　　　　　　（b）

图 16.37　施特恩-格拉赫实验

尽管施特恩-格拉赫实验证实了原子在磁场中的空间量子化，但由于实验给出的氢原子在磁场中只有两个取向的事实，都是空间量子化的理论所不能解释的。按照空间量子化理论，当 $l$ 一定时，$m$ 有 $2l+1$ 个取向，由于 $l$ 是整数，$2l+1$ 就一定是奇数。银（或氢）原子束在磁场中应有奇数个取向，照相板上原子的沉积应为奇数条，而不可能只有两条。

## 16.10.2 电子的自旋

为了说明上述施特恩-格拉赫实验的结果,1925 年,两位荷兰学者乌伦贝克(G. E. Uhlenbeck)和古兹密特(S. A. Goudsmit)提出了电子自旋的假说。他们认为电子除轨道运动外,还存在着一种自旋运动,具有自旋角动量 $S$ 以及相应的自旋磁矩 $\mu_s$。电子的自旋磁矩与自旋角动量成正比,而方向相反。上述实验表明:自旋磁矩在外磁场中也是空间量子化的,在磁场方向上的分量 $\mu_{sz}$ 只能有两个量值;同时表明自旋角动量也是空间量子化的,在磁场方向分量 $S_z$ 也只有两个可能的量值。

与电子轨道角动量以及角动量在磁场方向上的分量相似,可设电子的自旋角动量为

$$S = \sqrt{s(s+1)}\frac{h}{2\pi}$$

而在外磁场方向上的分量为

$$S_z = m_s \frac{h}{2\pi} \tag{16.66a}$$

上两式中 $s$ 称为自旋量子数,$m_s$ 称为自旋磁量子数。因 $m_s$ 所能取的量值和 $m_l$ 相似,共有 $2s+1$ 个值,但施特恩-格拉赫实验指出,$S_z$ 只有两个量值,这样,令

$$2s+1=2$$

即得自旋量子数

$$s = \frac{1}{2}$$

从而自旋磁量子数为

$$m_s = \pm\frac{1}{2}$$

与此相应,我们有:

$$S = \sqrt{\frac{3}{4}}\frac{h}{2\pi} \tag{16.66b}$$

$$S_z = \pm\frac{1}{2}\frac{h}{2\pi} \tag{16.66c}$$

上式表示自旋磁矩在外磁场方向上也只有两个分量。

引入电子自旋的概念,使碱金属原子光谱的双线(如钠黄光的 589.0 nm 和 589.6 nm)等现象得到了很好的解释。

## 16.10.3 原子的电子壳层结构

总结前面的讨论,原子中电子的状态应由下列四个量子数来确定:

(1) 主量子数 $n=1,2,3,\cdots$,主量子数 $n$ 可以大体上决定原子中电子的能量。

（2）副量子数 $l=0,1,2,\cdots,n-1$，副量子数可以决定电子轨道角动量。一般来说，处于同一主量子数 $n$ 而不同副量子数 $l$ 的状态中的电子，其能量稍有不同。

（3）磁量子数 $m_l=0,\pm1,\pm2,\cdots,\pm l$，磁量子数可以决定轨道角动量在外磁场方向上的分量。

（4）自旋磁量子数 $m_s=\pm\dfrac{1}{2}$，自旋磁量子数决定电子自旋角动量在外磁场方向上的分量。

下面将根据四个量子数对原子中电子运动状态的限制，来确定原子核外电子的分布情况。

电子在原子中的分布遵从下列两个原理。

（1）泡利不相容原理。

原子内电子的状态由四个量子数 $n$、$l$、$m_l$、$m_s$ 来确定，泡利（W. Pauli）指出：在一个原子系统内，不可能有两个或两个以上的电子具有相同的状态，亦即不可能具有相同的四个量子数，这称为泡利不相容原理。当 $n$ 给定时，$l$ 的可能值为 $0,1,\cdots,n-1$ 共 $n$ 个；当 $l$ 给定时，$m_l$ 的可能值为 $-l,-l+1,\cdots,0,\cdots,l-1,l$，共 $2l+1$ 个；当 $n$、$l$、$m_l$ 都给定时，$m_s$ 取 $\dfrac{1}{2}$ 和 $-\dfrac{1}{2}$ 两个可能值。所以，根据泡利不相容原理可以算出，原子中具有相同主量子数 $n$ 的电子数目最多为

$$Z_n=\sum_{l=0}^{n-1}2(2l+1)=\frac{2+2(2n-1)}{2}\times n=2n^2$$

1916 年，柯塞耳（W. Kossel）认为绕核运动的电子组成许多壳层，主量子数 $n$ 相同的电子属于同一壳层。$n$ 相同，不同的 $l$，组成了分壳层，对应于 $n=1,2,3,\cdots$ 的壳层分别用 K、L、M、N、O、P 等来表示。可见当 $n=1$ 而 $l=0$ 时，K 壳层上可能有两个电子（s 电子），以 $1s^2$ 表示；又当 $n=2$ 而 $l=0$ 时（L 壳层，s 分层），可能有两个电子（s 电子），以 $2s^2$ 表示；再当 $n=2$ 而 $l=1$ 时（L 壳层，p 分层），可能有 6 个电子（p 电子），以 $2p^2$ 表示；所以 L 壳层上最多可能有 8 个电子，以此类推。表 16.3 列出原子内主量子数 $n$ 的壳层上最多可能有的电子数 $Z_n$ 和具有相同 $l$ 的分层上最多可能有的电子数。

（2）能量最小原理。

原子系统处于正常状态时，每个电子趋向占有最低的能级，能级基本上取决于主量子数 $n$，$n$ 越小，能级也越低，所以离核最近的壳层，一般首先被电子填满，但能级也与副量子数 $l$ 有关。因而在某些情况下，$n$ 较小的壳层尚未填满，而 $n$ 较大的壳层上却开始有电子填入了。这一情况在周期表的第四个周期中就开始表现出来。关于 $n$ 和 $l$ 都不同的状态的能级高低问题，我国科学家徐光宪总结出这样的规律，即对于原子的外层电子而言，能级高低由 $(n+0.7l)$ 值来确定，该值越大，能级就越高。例如，

表 16.3　原子中壳层和分层的最多可能有的电子数

| $l$ | 0 | 1 | 2 | 3 | 4 | 5 | 6 | $Z_n$ |
|---|---|---|---|---|---|---|---|---|
| $n$ | s | p | d | f | g | h | i | |
| 1,K | 2 | — | — | — | — | — | — | 2 |
| 2,L | 2 | 6 | — | — | — | — | — | 8 |
| 3,M | 2 | 6 | 10 | — | — | — | — | 18 |
| 4,N | 2 | 6 | 10 | 14 | — | — | — | 32 |
| 5,O | 2 | 6 | 10 | 14 | 18 | — | — | 50 |
| 6,P | 2 | 6 | 10 | 14 | 18 | 22 | — | 72 |
| 7,Q | 2 | 6 | 10 | 14 | 18 | 22 | 26 | 98 |

4s 和 3d 两个状态,4s 的 $(n+0.7l)=4$,3d 的 $(n+0.7l)=4.4$,故有

$$E(4s) < E(3d)$$

这样,4s 态应比 3d 态先为电子所占有。

# *习　题　16

一、选择题

(1) 用一定频率的单色光照射在某种金属上,测出其光电流 $I$ 与电势差 $U$ 的关系曲线如图 1 中实线所示。然后在光强度 $I$ 不变的条件下增大照射光的频率,测出其光电流的曲线用虚线表示。符合题意的图是(　　　)。

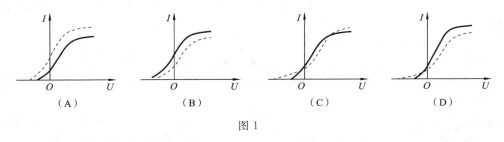

图 1

(2) 康普顿散射的主要特点是(　　　)。

(A) 散射光的波长均与入射光的波长相同,与散射角、散射体性质无关

(B) 散射光中既有与入射光波长相同的,也有比入射光波长长的和比入射光波长短的,这与散射体性质有关

(C) 散射光的波长均比入射光的波长短,且随散射角增大而减小,但与散射体的性质无关

(D) 散射光中有些波长比入射光的波长长,且随散射角增大而增大,有些散射光波长与入射光波长相同,这都与散射体的性质无关

(3) 假定氢原子原是静止的,质量为 $1.67 \times 10^{-27}$ kg,则氢原子从 $n=3$ 的激发态直接通过辐射跃迁到基态时的反冲速度大约是( )。

(A) 4 m/s　　　　　(B) 10 m/s　　　　　(C) 100 m/s　　　　　(D) 400 m/s

(4) 关于不确定关系 $\Delta p_x \Delta x \geqslant \dfrac{\hbar}{2}$,有以下几种理解:

(a) 粒子的动量不可能确定

(b) 粒子的坐标不可能确定

(c) 粒子的动量和坐标不可能同时准确地确定

(d) 不确定关系不仅适用于电子和光子,也适用于其他粒子

其中正确的是( )。

(A) (a)(b)　　　　(B) (c)(d)　　　　(C) (a)(d)　　　　(D) (b)(d)

(5) 直接证实了电子自旋存在的最早的实验之一是( )。

(A) 康普顿散射实验　　　　　　　　(B) 卢瑟福散射实验

(C) 戴维孙-革末实验　　　　　　　　(D) 施特恩-格拉赫实验

二、填空题

(1) 氢原子从能量为 $-0.85$ eV 的状态跃迁到能量为 $-3.4$ eV 的状态时,所发射的光子能量是_____ eV,这是电子从 $n=$_____ 的能级到 $n=2$ 的能级的跃迁。

(2) 光子波长为 $\lambda$,则其能量 $\varepsilon=$_____;动量的大小 $p=$_____;质量 $m=$_____。

(3) 设描述微观粒子运动的波函数为 $\Psi(r,t)$,则 $\Psi\Psi^*$ 表示_____;$\Psi(r,t)$ 须满足的条件是_____;其归一化条件_____。

(4) 根据量子力学理论,氢原子中电子的动量矩为 $L=\sqrt{l(l+1)}\hbar$,当主量子数 $n=3$ 时,电子动量矩的可能取值为_____。

(5) 锂($Z=3$)原子中含有 3 个电子,电子的量子态可用 $(n,l,m_l,m_s)$ 四个量子数来描述,若已知基态锂原子中一个电子的量子态为 $(1,0,0,\frac{1}{2})$,则其余两个电子的量子态分别为_____和_____。

三、用辐射高温计测得炉壁小孔的辐射出射度(辐射本领)为 22.8 W/cm²,求炉内温度。

四、从铝中移出一个电子需要 4.2 eV 的能量,今有波长为 200 nm 的光投射到铝表面。

试问:(1)由此发射出来的光电子的最大动能是多少? (2)遏止电势差为多大? (3)铝的截止(红限)波长为多大?

五、设太阳照射到地球上光的强度为 8 J/(s·m²),如果平均波长为 500 nm,则每秒钟落到地面上 1 m² 的光子数量是多少? 若人眼瞳孔直径为 3 mm,每秒钟进入人眼的光子数是多少?

六、若一个光子的能量等于一个电子的静能,试求该光子的频率、波长、动量。

七、波长 $\lambda_0=0.0708$ nm 的 X 射线在石蜡上受到康普顿散射,求在 $p/2$ 和 $p$ 方向上所散射的 X 射线波长各是多少?

八、实验发现基态氢原子可吸收能量为 12.75 eV 的光子。

试问:(1)氢原子吸收光子后将被激发到哪个能级?

(2)受激发的氢原子向低能级跃迁时,可发出哪几条谱线? 请将这些跃迁画在能级图上。

九、具有能量 15 eV 的光子,被氢原子中处于第一玻尔轨道的电子所吸收,形成一个光电子。

问此光电子远离质子时的速度为多大？它的德布罗意波长是多少？

十、光子与电子的波长都是 0.2 nm，它们的动量和总能量各为多少？

十一、从某激发能级向基态跃迁而产生的谱线波长为 400 nm，测得谱线宽度为 $10^{-5}$ nm，求该激发能级的平均寿命。

十二、一波长为 300 nm 的光子，假定其波长的测量精度为百万分之一，求该光子位置的测不准量。

十三、有一宽度为 $a$ 的一维无限深势阱，用测不准关系估算其中质量为 $m$ 的粒子的零点能。

十四、粒子在一维无限深势阱中运动，其波函数为

$$\psi_n(x) = \sqrt{\frac{2}{a}} \sin \frac{n\pi x}{a}, \quad 0 < x < a$$

若粒子处于 $n=1$ 的状态，在 $0 \sim \frac{1}{4}a$ 区间发现粒子的概率是多少？

十五、求出能够占据一个 $d$ 分壳层的最大电子数，并写出这些电子的 $m_l, m_s$ 值。

十六、写出以下各电子态的角动量的大小：(1) 1s 态；(2) 2p 态；(3) 3d 态；(4) 4f 态。

```
┌────────────┐
│ 阅 读 材 料 │
└────────────┘
```

# 红 外 技 术

　　1800 年,英国天文学家赫歇耳(W. Herschel)在研究太阳光谱的热效应时,发现产生热效应最大的位置是在可见光谱的红端之外,当时称为"看不见的光线",到 1835 年,安培将它称为"红外线"。

　　红外线也是一种电磁辐射,它的波长介于可见光红端至微波之间,为 0.75 nm～1000 μm。在实际的应用时,根据不同波长的红外线在地球大气层中传播特性的不同,通常把整个红外辐射分为近红外、中红外、远红外和极远红外诸波段,其具体的波长范围如图 16.38 所示。

图 16.38　红外辐射波段

　　虽然 19 世纪初人们已了解存在着红外辐射,但对这个光谱区的研究仅仅停留在学术上,后来在实验中发现,每种处于绝对零度以上的物体均辐射一定波长的电磁波,而对于大多数处于常温状态的物体而言,所辐射电磁波的波长主要位于红外波段。这一特性对于观察和测定肉眼无法观察的对象具有特殊的意义,正是这一发现和它在军事方面的重要用途,使红外技术迅速发展起来。第二次世界大战期间,相继出现了红外探测、红外夜视等军用红外技术。以后,尤其是 20 世纪 50 年代以来,随着半导体工艺和激光技术的发展,为红外技术提供了灵敏度高、响应速度快的光子探测器件和单色性好、能量集中的相干光源,从而使红外技术获得了突飞猛进的发展。目前,红外技术已广泛地应用于工业、农业、国防、医疗、交通、通信等各个方面,形成相对独立的工程领域。

## 1. 红外技术的物理基础

### 1) 热辐射的基本规律

红外辐射最显著的特性是热效应,也遵从热辐射的一般规律,即

　　(1) 斯特藩-玻耳兹曼定律　黑体的总辐出度(即黑体单位表面单位时间辐射出的所有波长的能量)$M_0$ 与热力学温度 $T$ 的四次方成正比。

$$M_0 = \sigma T^4$$

式中:$\sigma$ 是斯特藩-玻耳兹曼常量,其值为 $5.56 \times 10^{-8}$ W/(m² · K⁴),它表明温度越高,黑体辐射总能量越大。

　　(2) 维恩位移定律　黑体辐射中,辐射能量峰值对应的波长 $\lambda_m$ 与热力学温度 $T$

成反比,即

$$\lambda_m T = b$$

式中:常量 $b = 2.898 \times 10^{-3}$ m·K,它表明随着温度的升高,黑体具有最大辐射能的波长要向短波方向移动。

2) 辐射度量学的基本定律

一般来说,由物体表面某一单位面积向空间各个方向发射的辐射功率是不同的。对于黑体辐射,黑体表面单位面积向空间某方向单位立体角发射的辐射功率,和该方向与表面法线夹角的余弦成正比,这个规律称为朗伯余弦定律。虽然朗伯定律是个理想化的规律,但在实际中遇到的许多辐射源,在一定范围内都十分接近朗伯余弦定律。大多数绝缘材料,在相对于表面法线方向的观察角不超过 60° 时,都遵守朗伯余弦定律。而对于导电材料,在工程计算中当观察角不超过 50° 时,也还能运用朗伯余弦定律。通常把满足朗伯余弦定律的辐射源称为朗伯源或漫反射源。

为了描述辐射源的辐射功率在空间和源表面的分布特性,引入了辐射亮度(又叫辐射率或面辐射强度)的概念,即单位面积发出的沿某一方向单位立体角发射的辐射功率。一般来说,辐射亮度的大小与源面上的位置及方向有关。由于辐射亮度 $L$ 和辐出度都是表征辐射功率的物理量,而 $M$ 是单位面积向半球空间发出的功率,因此二者的关系为

$$M = \int_{\text{半球空间}} L\cos\theta \mathrm{d}\Omega = \int_{2\pi\text{球面度}} L\cos\theta \mathrm{d}\Omega$$

式中:$\theta$ 为源表面法线与某一辐射方向的夹角;$\mathrm{d}\Omega$ 为 $\theta$ 方向上的立体角元。

根据辐射亮度的定义和朗伯余弦定律可以推得,朗伯辐射源的辐射亮度是一个与方向无关的常量,$L = M/\pi$。这是因为辐射源的表观面积(源面元在观测方向的投影)随表面法线与观测方向夹角的余弦变化而变化,而朗伯源的辐射功率角分布又遵从余弦定律,所以在观测到辐射功率大的方向,所看到的辐射源的表观面积也大。二者之比即辐射亮度,应与观测方向无关。

3) 比辐射率和热辐射体的分类

我们已经知道,黑体是入射辐射的吸收比等于 1 的物体,它发射热辐射的本领也是最大的。一般物体并不能把投射到它表面的辐射功率全部吸收,即吸收比小于 1,它发射热辐射的本领也没有黑体那么大。通常把一个物体的法向辐射率与同温度黑体的法向辐射率之比称为比辐射率(或发射率),作为表示这个物体的辐射特性的参数,用 $\varepsilon$ 表示。物体的比辐射率一般与物体的温度、材料类型、表面状态以及波长有关,有时也与发射方向有关,通常把辐射体分为三类:(i) 黑体 $\varepsilon = 1$,$\varepsilon$ 不随波长变化;(ii) 灰体 $\varepsilon < 1$ 且为常数,$\varepsilon$ 不随波长变化;(iii) 选择性辐射体 $\varepsilon < 1$,且随波长变化。常见物体的比辐射率如表 16.4 所示。

表 16.4　常见物体的比辐射率

| 材　　　料 | 温度/℃ | 比辐射率 $\varepsilon$ |
|---|---|---|
| 铝板:抛光的 | 100 | 0.05 |
| 阳极氧化的 | 100 | 0.55 |
| 铜:抛光的 | 100 | 0.05 |
| 严重氧化的 | 20 | 0.78 |
| 铁:抛光的 | 40 | 0.21 |
| 氧化的 | 100 | 0.69 |
| 钢:抛光的 | 100 | 0.07 |
| 氧化的 | 200 | 0.79 |
| 普通红砖 | 20 | 0.93 |
| 水泥表面 | 20 | 0.92 |
| 抛光玻璃板 | 20 | 0.94 |
| 沙 | 20 | 0.90 |
| 土壤:干燥的 | 20 | 0.92 |
| 水分饱和的 | 20 | 0.95 |
| 蒸馏水 | 20 | 0.96 |
| 光滑的冰 | −10 | 0.96 |
| 雪 | −10 | 0.85 |
| 人的皮肤 | 32 | 0.98 |

　　表中的数据只能作为参考,因为发射辐射的特性与表面状态有关。表面处理的条件不同,就可得出不同的比辐射率,金属的比辐射率在表面抛光的条件下都是很低的,氧化后就变化很大,而且随温度的升高而增大。非金属的比辐射率都很高,但是它随温度的升高而下降。对于灰体,辐出度可写成 $M_0 = \varepsilon\sigma T^4$,而辐射亮度为 $L = \dfrac{\varepsilon\sigma}{\pi}T^4$。由于一切物体辐出度与它的吸收比的比值和物体的性质无关,总是等于同温度的黑体的辐出度,即 $\dfrac{M}{\alpha} = M_0$,由此可得 $\varepsilon = \alpha$。这是一个很重要的关系,即任何物体的比辐射率总是等于它的吸收比。

**2. 红外辐射源**

　　通常把红外辐射源分成三类:作为标准用于定标的黑体型辐射源、实验室用的辐射源以及经常作为红外系统目标的辐射源。

（1）黑体型辐射源　用于红外仪器绝对校准的最重要的辐射源是空腔辐射器，也称黑体炉。一般黑体炉由腔体、加热部分、控温部分和保温层构成。目前的商品黑体炉在 300～800 K 的温度范围和(0.99±0.01)％ 的发射率情况下，可达到 ±1 K 的温度精确度。

（2）实用红外辐射源　在实验室中和生产、生活实际中使用的红外辐射源种类很多，其工作方式也各不相同。

① 钨带灯　通常用于 $\lambda < 2~\mu m$ 的红外仪器。钨带安装在一个玻璃灯泡内，辐射从一个横向窗口发出，其光度标准温度为 2850 K。

② 能斯特灯　主要用于光谱仪器中，灯中有用氧化锆（$ZrO_2$）、氧化钇（$Y_2O_3$）和氧化铈（$CeO_2$）或氧化钍（$ThO_2$）的混合物烧结而成的圆柱体或空心圆棒，其长度为 2～5 cm，直径为 1～3 mm，两端绕以铂丝作为电极，其工作温度在 1500～2000 K 之间，有效光谱范围在 15 $\mu m$ 以内，在 2～15 $\mu m$ 的平均发射率为 0.66。

③ 硅碳棒　即 SiC 棒，做成两端粗中间细，作为辐射源的中间部分直径约 5 mm，长 5～10 mm，两端用银或铝做电极，其工作温度为 1200～1400 K，最大的辐射在 8～9 $\mu m$，2～15 $\mu m$ 范围内发射率的平均值为 0.8。

④ 高压水银灯　在实验室中，常用高压水银灯作为 40～1400 $\mu m$ 范围的远红外辐射源，由于管内的水银蒸汽具有 $10^5 \sim 10^7$ Pa 的压强，所以它发射的是连续谱。

⑤ 激光器　激光器由于其亮度高、方向性和相干性好的特性，日益成为一种重要的辐射源。

（3）目标和背景的红外辐射。

任何物体在一定温度下都将产生红外辐射。例如，常温下物体辐射的峰值波长约为 9 $\mu m$。因此，可以利用适当的红外系统对物体进行探测和识别，这样的物体就是所谓目标。同时，任一目标总是处在由一些其他物体所组成的环境之中，这些物体也要发出一定波长和强度的红外辐射，它将对目标的探测起干扰作用，这便是背景的辐射，目标和背景实际上是相对而言的。

### 3. 红外辐射在大气中的传输

红外辐射在大气传输过程中，将产生很大的衰减，其最主要的原因是大气中各种成分的吸收和散射。大气由许多气体成分组成，如表 16.5 所示。

表 16.5　大气成分

| 成　　分 | 浓度（体积百分比） | 是否吸收红外辐 |
|---|---|---|
| 氮（$N_2$） | 78.088 | |
| 氧（$O_2$） | 20.949 | |
| 氩（Ar） | 0.93 | |
| 二氧化碳（$CO_2$） | 0.033 | 吸收 |

| 成　　分 | 浓度(体积百分比) | 是否吸收红外辐 |
|---|---|---|
| 氖(Ne) | $1.8\times10^{-3}$ | |
| 氦(He) | $5.24\times10^{-4}$ | |
| 甲烷(CH$_4$) | $1.4\times10^{-4}$ | |
| 氪(Kr) | $1.14\times10^{-4}$ | |
| 二氧化氮(N$_2$O) | $5\times10^{-5}$ | 吸收 |
| 一氧化碳(CO) | $2\times10^{-5}$ | 吸收 |
| 氙(Xe) | $8.6\times10^{-6}$ | |
| 氢(H$_2$) | $5\times10^{-6}$ | |
| 臭氧(O$_3$) | 可变 | 吸收 |
| 水蒸气(H$_2$O) | 可变 | 吸收 |
| 重水(HDO) | 可变 | 吸收 |

　　从表中可以看出,大气中的水汽、二氧化碳、臭氧等对红外辐射的传播有着重要影响,水汽在大气中的含量随天气条件有很大的变化,体积比从 $10^{-5}\sim0.01$,它在红外波段有很多吸收带,如 $1.1~\mu m$、$1.38~\mu m$、$1.87~\mu m$、$2.7~\mu m$ 和 $6.3~\mu m$,在 $18~\mu m$ 以外还有更多的吸收带。二氧化碳在大气中的分布比较均匀,它在 $2.7~\mu m$、$4.3~\mu m$ 和 $14.5~\mu m$ 处各有一个相当强的吸收带,臭氧在高空的浓度增加,它在 $9.6~\mu m$ 处有一个吸收带,除此之外,大气中还有一些含量很少的气体,如二氧化氮、一氧化碳等在红外波段也有吸收。

　　当红外辐射在大气中传输时,要受到上述各种气体的吸收作用而衰减,图 16.39 所示的是 $0\sim15~\mu m$ 波段的红外辐射通过 $1800~m$ 水平距离的大气透射率随波长的变化曲线。从图中可以看出,能通过大气的红外辐射基本上被分割为三个波段,即 $0.3\sim2.5~\mu m$、$3.2\sim4.8~\mu m$、$4.8\sim13~\mu m$。通常把这三个波段称为"大气窗口",有效地利用这些窗口,是红外技术中必须考虑一个重要因素。

　　在大气中还存在着许多悬浮微粒,如尘埃、水滴等,红外辐射在传输过程中还受这些微粒散射而衰减。微粒散射引起的衰减是一个极其复杂的问题,它与微粒的大小、形状、性质、浓度以及红外辐射的诸多因素有关。

　　目前,根据季节、气候的变化,已经建立了许多大气透射率的计算模型,其中以FORTRON 语言描述的模型 LOWTRAN,是目前比较满意的模型。

### 4. 红外探测器

　　红外探测器是指能够将红外辐射信号转换为电、光或机械信号,以便于接收、记

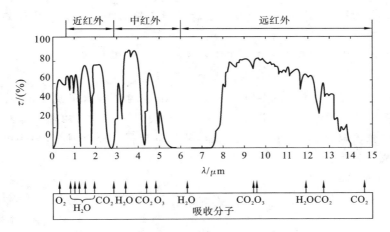

图 16.39　海平面上 1800 m 水平路程的大气透过率

录的器件,目前常用的红外探测器按其所依赖的物理过程,大致可分为热探测器和光电探测器两类。

　　热探测器是利用红外辐射的热效应。当红外辐射入射到探测器时,会引起探测器材料的温度变化,从而导致某些物理参数的变化。由于温度升高有一过程,此类探测器的响应时间一般较长。同时,由于热探测器是对接收到的能量产生响应,因此无波长选择性,即对各种波长具有相同的响应率。

　　光电类探测器是利用材料的光电效应工作的,主要有以下几种。

　　(1) 利用外光电效应(我们所熟悉的光电效应)制成的红外器件,如光电管、光电倍增管、光电图像变换器和像增强器等。

　　(2) 利用内光电效应(也称光电导效应)制成的光电导探测器。当红外辐射照射到某些半导体材料时,其中一些电子和空穴吸收光子后,由束缚态转变为自由态,从而使导电率增加,这就是内光电效应。常见的光电导探测器主要有锑化铟(InSb,3~14 $\mu$m,77 K 冷却)、碲镉汞(HgCdTe,8~14 $\mu$m,77 K 冷却)、硫化铅(PbS,0.7~3.3 $\mu$m,195 K 冷却)、硒化铅(PbSe,0.7~3.3 $\mu$m,250 K 冷却)等光电导探测器。

　　(3) 利用光生伏特效应制成的探测器。当红外辐射照射在一些半导体材料的 PN 结上时,使结内势垒减弱,在结两端产生一个附加电势,这就是光生伏特效应,最常见的光生伏特探测器有硅光电池和锗光电池,另外还有砷化铟(InAs)、锑化铟(InSb)、碲锡铅(PbSnTe)、碲镉汞(HgCdTe)等几种电池。

　　与热探测器不同,光电探测器的响应与波长有关,因此可以探测某些特定波长范围的红外辐射,同时,这类探测器的响应时间短、灵敏度高。但是,这类探测器也有一个很大的缺点,即在环境温度下由于热激发而产生大量载流子,成为噪声信号,影响探测灵敏度,因此这类探测器必须在低温下工作。

　　红外探测器只能把入射的红外辐射转变为电信号或光信号输出,而不能显示物体的形状，红外成像器件则可产生整个目标的辐射分布图像。目前的红外成像器件大致有以下三类。

（1）将红外波段的图像转变为可见光波段的图像，从而可以直接用眼睛观察，如红外胶卷、变像管、像增强器和微通道板像增强器等。

（2）将接收到的红外图像转换为视频信号输出，各类摄像管属于此类。

（3）将获得的图像分解为许多像点的组合，使每个点排列的辐射信息由电子或机械的方法依次取出、放大并传给显示器，从而得到辐射分布图像，如热像仪和电荷耦合器件成像仪等。

**5. 红外技术的应用**

红外技术的应用十分广泛。在工农业生产、医疗卫生和科学研究中，红外技术主要用于红外测温、红外加热、红外无损检测、红外光谱分析、红外热成像、红外遥感等。特别在军事上，红外技术得到了广泛应用，如红外夜视、红外侦察、红外制导、红外雷达等。

红外探测器只能把入射的红外辐射转变为电信号或光信号输出，而不能显示物体的形状，红外成像器件则可产生整个目标的辐射分布图像。目前的红外成像器件大致有以下三类。

（1）将红外波段的图像转变为可见光波段的图像，从而可以直接用眼睛观察，如红外胶卷、变像管、像增强器和微通道板像增强器等。

（2）将接收到的红外图像转换为视频信号输出，各类摄像管属于此类。

（3）将获得的图像分解为许多像点的组合，使每个点排列的辐射信息由电子或机械的方法依次取出、放大并传给显示器，从而得到辐射分布图像，如热像仪和电荷耦合器件成像仪等。

# 习 题 答 案

**习题 9**

一、(1) D  (2) C  (3) C  (4) B  (5) C

二、(1) $1.2 \times 10^{-24}$ kg·m/s, $\frac{1}{3} \times 10^{28}$, $4 \times 10^3$ Pa

(2) $\overline{w} = \frac{3}{2}kT$, $\bar{\varepsilon} = \frac{i}{2}kT = \frac{5}{2}kT$, $E = \frac{n}{M} \cdot \frac{i}{2}RT = \frac{5}{2} \cdot \frac{n}{M}RT$

(3) $3.89 \times 10^2$ m/s, $4.41 \times 10^2$ m/s, $4.77 \times 10^2$ m/s

(4) 2000 m/s, 500 m/s  (5) 不变, 增大

三、(1) $f(v)dv = \frac{dN}{N}$ 表示分布在速率 $v$ 附近, 速率区间 $dv$ 内的分子数占总分子数的百分比

(2) $Nf(v)dv = \frac{f(v)Ndv}{V} = \frac{dN}{V}$ 表示分布在速率 $v$ 附近、速率区间 $dv$ 内的分子数密度

(3) $Nf(v)dv = dN$ 表示分布在速率 $v$ 附近、速率区间 $dv$ 内的分子数

(4) $\int_0^v f(v)dv = \frac{1}{N} \int_0^v dN$ 表示分布在 $v_1 \sim v_2$ 区间内的分子数占总分子数的百分比

(5) $\int_0^\infty f(v)dv = 1$ 表示分布在 $0 \sim \infty$ 的速率区间内所有分子, 其与总分子数的比值是 1

(6) $\int_{v_1}^{v_2} Nf(v)dv = \int_{v_1}^{v_2} dN$ 表示分布在 $v_1 \sim v_2$ 区间内的分子数

四、(1) $\frac{1}{2}kT$ 表示在平衡态下, 分子热运动能量平均地分配在分子每一个自由度上的能量

(2) $\frac{3}{2}kT$ 表示在平衡态下, 分子的平均平动动能(或单原子分子的平均能量)

(3) $\frac{i}{2}kT$ 表示在平衡态下, 自由度为 $i$ 的分子平均总能量

(4) $\frac{n}{M} \cdot \frac{i}{2}RT$ 表示由质量为 $n$、摩尔质量为 $M$、自由度为 $i$ 的分子组成的系统的内能

(5) $\frac{i}{2}RT$ 表示 1 摩尔自由度为 $i$ 的分子组成的系统内能

(6) $\frac{3}{2}RT$ 表示 1 摩尔自由度为 3 分子组成的系统的内能, 或者说热力学体系内, 1 摩尔分子的平均平动动能之总和

五、(1) $f(v) = \begin{cases} av/Nv_0, & 0 \leqslant v \leqslant v_0 \\ a/N, & v_0 \leqslant v \leqslant 2v_0 \\ 0 & v \geqslant 2v_0 \end{cases}$ (2) $a = \frac{2N}{3v_0}$ (3) $\frac{1}{3}N$ (4) $\frac{11}{9}v_0$ (5) $\frac{7}{9}v_0$

六、3739.5 J, 2493 J, 6232.5 J

七、(1) 1  (2) 1 : 4

八、7.5 m

九、(1) $5.44 \times 10^8$ s$^{-1}$　　(2) 0.714 s$^{-1}$

十、$2.3 \times 10^3$ m

**习题 10**

一、(1) D　(2) C　(3) B　(4) C　*(5) D

二、(1) 绝热,等压,等压　(2) $\dfrac{2}{i+2}$,$\dfrac{i}{i+2}$　(3) 1.6,$\dfrac{1}{3}$　(4) 不变,增加　*(5) 0,$R\ln\dfrac{V_2}{V_1}$

三、(1) 224 J,吸热　(2) -308 J,放热

四、(1) 623.25 J,0　(2) 1038.75 J,415.5 J

五、略

六、$\dfrac{RT_0}{2}$

七、略

八、(1) 70%　(2) 500 K　(3) 100 K

九、$1-\dfrac{T_3}{T_2}$,不是

十、(1) 71.4 J,2000 J　(2) 从上面计算可看到,当高温热源温度一定时,低温热源温度越低,温度差越大,提取同样的热量,则所需做功也越多,对制冷是不利的

**习题 11**

一、(1) A　(2) D　(3) C

二、(1) 相同　(2) $\dfrac{q}{6\varepsilon_0}$,0

三、(1) $6.74 \times 10^2$ N/C,向右　(2) $14.96 \times 10^2$ N/C,向上

四、$\dfrac{\lambda}{2\pi\varepsilon_0 R}$,沿 $x$ 轴正向

五、0,$3.48 \times 10^4$ N/C,$4.10 \times 10^4$ N/C,沿半径向外

六、(1) 0　(2) $\dfrac{\lambda}{2\pi\varepsilon_0 r}$,沿径向向外　(3) 0

七、$\dfrac{1}{2\varepsilon_0}(\sigma_1-\sigma_2)\boldsymbol{n}$,$-\dfrac{1}{2\varepsilon_0}(\sigma_1+\sigma_2)\boldsymbol{n}$,$\dfrac{1}{2\varepsilon_0}(\sigma_1+\sigma_2)\boldsymbol{n}$

八、$\boldsymbol{E}_0=\dfrac{r^3\rho}{3\varepsilon_0 d^3}\overrightarrow{OO'}$,$\boldsymbol{E}_{0'}=\dfrac{\rho}{3\varepsilon_0}\overrightarrow{OO'}$,证略

九、$\dfrac{q_0 q}{6\pi\varepsilon_0 R}$

十、$\dfrac{-\lambda}{2\pi\varepsilon_0 R}$,$\dfrac{\lambda}{2\pi\varepsilon_0}\ln 2+\dfrac{\lambda}{4\varepsilon_0}$

**习题 12**

一、(1) C

二、(1) 提高电容器的容量,延长电容器的使用寿命　(2) 5∶6

三、$q_B=-1\times10^{-7}$ C,$q_C=-2\times10^{-7}$ C,$U_A=2.3\times10^3$ V

四、(1) 内球带电 $+q$;球壳内表面带电则为 $-q$,外表面带电为 $+q$,且均匀分布,$\dfrac{q}{4\pi\varepsilon_0 R}$

（2）外壳接地时，外表面电荷$+q$入地，外表面不带电，内表面电荷仍为$-q$，0

*（3）$\dfrac{R_1}{R_2}q$，$\dfrac{(R_1-R_2)q}{4\pi\varepsilon_0 R_2^2}$

*五、（1）$\dfrac{Qr}{4\pi\varepsilon_0\varepsilon_r r^3}$，$\dfrac{Qr}{4\pi\varepsilon_0 r^3}$　（2）$\dfrac{Q}{4\pi\varepsilon_0\varepsilon_r}\left(\dfrac{1}{r}+\dfrac{\varepsilon_r-1}{R_2}\right)$，$\dfrac{Q}{4\pi\varepsilon_0 r}$　（3）$\dfrac{Q}{4\pi\varepsilon_0\varepsilon_r}\left(\dfrac{1}{R_1}+\dfrac{\varepsilon_r-1}{R_2}\right)$

*六、$\varepsilon_r$

七、（1）$1.82\times10^{-4}$ J　（2）$1.01\times10^{-4}$ J　（3）$4.49\times10^{-12}$ F

## 习题 13

一、（1）C　（2）B　（3）B　（4）A

二、（1）$\dfrac{\sqrt{2}\mu_0 I}{2\pi a}$，方向垂直正方形平面　（2）能，不能　（3）零，正或负或零　（4）相同，不相同

三、（1）0.24 Wb　（2）0　（3）0.24 Wb 或$-0.24$ Wb

四、$\dfrac{\mu_0 I}{2\pi R}\left(1-\dfrac{\sqrt{3}}{2}+\dfrac{\pi}{6}\right)$，方向垂直向里

五、$1.2\times10^{-4}$ T，$1.33\times10^{-5}$ T，0.1 m

六、0

七、$6.37\times10^{-5}$ T

八、（1）$4\times10^{-5}$ T，方向垂直纸面向外　（2）$2.2\times10^{-6}$ Wb

九、$10^{-6}$ Wb

十、（1）$\dfrac{\mu_0 Ir}{2\pi R^2}$　（2）$\dfrac{\mu_0 I}{2\pi r}$　（3）$\dfrac{\mu_0 I(c^2-r^2)}{2\pi r(c^2-b^2)}$　（4）0

十一、（1）$\dfrac{\mu_0 Ir^2}{2\pi a(R^2-r^2)}$　（2）$\dfrac{\mu_0 Ia}{2\pi(R^2-r^2)}$

十二、$\dfrac{\mu_0 I_1 I_2 a}{2\pi d}$，向左，$\dfrac{\mu_0 I_1 I_2}{2\pi}\ln\dfrac{d+a}{d}$，向下，$\dfrac{\mu_0 I_1 I_2}{\sqrt{2}\pi}\ln\dfrac{d+a}{d}$，向上

十三、$BI\overrightarrow{ab}$，垂直于$\overrightarrow{ab}$，向上

十四、（1）$8.0\times10^{-4}$ N，$8.0\times10^{-5}$ N，$9.2\times10^{-5}$ N　（2）$7.2\times10^{-4}$N，0

十五、（1）0，0.866 N　（2）$4.33\times10^{-2}$ N・m　（3）$4.33\times10^{-2}$ J

十六、$3.6\times10^{-6}$ N・m

十七、（1）$6.7\times10^{-4}$ m/s　（2）$2.8\times10^{29}$ m$^{-3}$

十八、（1）$2.5\times10^{-4}$ T　（2）1.05 T　*（3）1.05 T

## 习题 14

一、（1）B　（2）A　（3）D　（4）C　（5）B　（6）D　（7）B

二、（1）磁力　（2）洛伦兹力，涡旋电场力，变化的磁场　（3）端点，$\dfrac{1}{2}B\omega l^2$，中点，0

（4）$\oint_l \boldsymbol{H}\cdot \mathrm{d}\boldsymbol{l}=I+\dfrac{\mathrm{d}\phi_D}{\mathrm{d}t}=\int_{s_1}\left(\boldsymbol{j}_0+\dfrac{\partial \boldsymbol{D}}{\partial t}\right)\cdot \mathrm{d}\boldsymbol{s}$，$\oint_l \boldsymbol{E}\cdot \mathrm{d}\boldsymbol{l}=-\dfrac{\mathrm{d}\phi_m}{\mathrm{d}t}=-\int\dfrac{\partial \boldsymbol{B}}{\partial t}\cdot \mathrm{d}\boldsymbol{s}$，$\oint_s \boldsymbol{B}\cdot \mathrm{d}\boldsymbol{s}=0$，$\oint_s \boldsymbol{D}\cdot \mathrm{d}\boldsymbol{s}$

$=\sum q_0=\int_V \rho_0 \mathrm{d}V$

三、0.40 V

四、$\dfrac{\mu_0 Iv}{2\pi}\ln\dfrac{a+b}{a-b}$,沿 $NeM$ 方向,$\dfrac{\mu_0 Iv}{2\pi}\ln\dfrac{a+b}{a-b}$

五、(1) $\dfrac{\mu_0 Il}{2\pi}\left[\ln\dfrac{b+a}{b}-\ln\dfrac{d+a}{d}\right]$　(2) $\dfrac{\mu_0 l}{2\pi}\left(\ln\dfrac{d+a}{d}-\ln\dfrac{b+a}{b}\right)\dfrac{\mathrm{d}I}{\mathrm{d}t}$

六、$1.6\times10^{-8}$ V,沿顺时针方向

七、$-klvt$,沿顺时针方向

八、(1) $\dfrac{1}{6}B\omega l^2$　(2) $b$ 点电势高

九、$\dfrac{\mu_0 Iv}{\pi}\ln\dfrac{a+b}{a-b}$,向左

十、$\left(\dfrac{\sqrt{3}R^2}{4}+\dfrac{\pi R^2}{12}\right)\dfrac{\mathrm{d}B}{\mathrm{d}t}$,$a\rightarrow c$

十一、$\dfrac{\mu_0 I^2}{16\pi}$

**\* 习题 15**

一、(1) D　(2) D　(3) A　(4) C　(5) A

二、(1) c,c　(2) $0.3\times10^{-7}$ s　(3) $\dfrac{\sqrt{3}}{2},\dfrac{\sqrt{3}}{2}$　(4) $0.25m_\mathrm{e}c^2$　(5) 4　(6) 4

三、(1) $-1.5\times10^8$ m/s　(2) $5.2\times10^4$ m/s

四、(1) $0.816c$　(2) $0.707$ m

五、$8.89\times10^{-8}$ s

六、(1) $1.8\times10^8$ m/s　(2) $-9\times10^8$ m

七、$\pi$ 介子能到达地球

八、98.2°

九、(1) $2.57\times10^3$ eV　(2) $3.21\times10^5$ eV

十、725

十一、9.1%

十二、$5.6\times10^9$ kg/s,$1.13\times10^{13}$ 年

**\* 习题 16**

一、(1) D　(2) D　(3) A　(4) B　(5) D

二、(1) 2.55,4　(2) $hc/\lambda,h/\lambda,h/(c\lambda)$　(3) 粒子在 $t$ 时刻在$(x,y,z)$处出现的概率密度,单值、有限、连续,$\iiint|\Psi|^2\mathrm{d}x\mathrm{d}y\mathrm{d}z=1$　(4) $0,\sqrt{2}\hbar,\sqrt{6}\hbar$　(5) $\left(1,0,0,-\dfrac{1}{2}\right),\left(2,0,0,\dfrac{1}{2}\right)$或$\left(2,0,0,-\dfrac{1}{2}\right)$

三、$1.42\times10^3$ K

四、(1) 2.0 eV　(2) 2.0 V　(3) 296 nm

五、$2.01\times10^{19}$ s$^{-1}$ • m$^{-2}$,$1.42\times10^{14}$ s$^{-1}$

六、$1.236\times10^{20}$ Hz,0.0024271 nm,$2.73\times10^{-22}$ kg • m • s$^{-1}$

七、0.0731 nm,0.0756 nm

八、(1) 4　(2) 略

九、$7.0\times10^5$ m/s,1.04 nm

十、$3.315 \times 10^{-24}$ kg・m/s,$6.2 \times 10^3$ eV,$0.51$ MeV

十一、$5.3 \times 10^{-8}$ s

十二、30cm

十三、$\dfrac{h^2}{2ma^2}$

十四、0.091

十五、$m_l = 0, \pm 1, \pm 2, m_s = \pm \dfrac{1}{2}$

十六、(1) 0  (2) $\sqrt{2}\hbar$  (3) $\sqrt{6}\hbar$  (4) $\sqrt{12}\hbar$